農業・協同・公共性

田代 洋一

筑波書房

はしがき

本書は、これまで単著に収めることのなかった筆者の論文・報告のいくつかを、「兼業農業の時代」と「協同の時代」の観点に沿って拾遺したものである。現状分析や時論に携わってきた者としては、時代遅れの反故をとりだす感がないでもない。しかしこの間の研究分野におけるテーマの変遷はすさまじかった。自分一人の関心で目先のテーマばかり追いかけてきたつもりの個人の研究生活にも、時代は大きな影を落としている。であれば、その影を拾って歩くこともあながち意味のないことではないのではないか。

時代の分水嶺は一九八〇年代なかば頃。前半は閉鎖システムの時代。それを「兼業農業の時代」として第Ⅰ部で捉えた。後半はグローバリゼーション時代。そこにおける「協同」の意味を第Ⅱ部で考えた。

前半の農業と後半の協同の間には距離があるかも知れない。いや決してそうではないという思いを序章に託し、現時点にたって、共同体（むら）、市民社会、格差社会、公共性、協同といった現代的な諸論点を整理した。本書のタイトルに「公共性」を入れたが、公共性論を具体的に論じているわけではない。農業と協同の一つの媒介項に公共性（公共圏）を入れて考えていきたいという思いである。

第Ⅰ部の第1章は地域労働市場の展開下における「兼業農業の時代」の基調を描いた。第2章は逆に地域労働市場に恵まれない遠隔地における畑作・畜産農業の展開をみた。第3章は第Ⅰ部の総括であり、第Ⅱ部へのつなぎである。第4章は「兼業農業の時代」の「後の祭り」としての過疎地域の問題を考えた。執筆は九〇年代だが、問題の系譜から第Ⅰ部に入れた。

第Ⅱ部の第5章は都市における農的空間のあり様を英独にみた。第6章はヨーロッパ型生協の苦戦、そして第7章は生協の新たな展開としての事業連合の国際比較。いずれも海外での調査に基づくものである。第8章はマルクスの土地所有・農民像の追跡で、ヒアリング調査に基づくこれまでの諸章とトーンを異にする。

末尾には長目の「自註」を付し、若干の補足を行なった。初出は序章を除き章末に記した。目次の章タイトルには執筆年次を入れた。

二〇〇八年二月

田代　洋一

目次

目次

第4章　中山間地域政策の検証と課題（1999）……153

目　次

序章　共同体・協同・公共性——地域農業協業組織分析序論

はじめに

ここ十年ほど地域農業再編の担い手としての集落営農、その農業生産法人化に着目して共同研究を行ってきた。その中間取りまとめは一応行なったものの(1)、研究は事態の進展ともどもなお途上にある。「マルクス主義」には家族農業経営や自作農的土地所有に対する先験的ともいえるこだわりがあるが、私は必ずしも与しないし、マルクスの本意とも思わない（本書第8章）。家族農業経営の広範な崩壊が進みつつ、その資本主義的な再編もまた完遂されえない以上、個別経営・所有を前提としつつもその協業組織化が日本農業の担い手確保として重要だと位置づけている。

のみならずグローバリゼーションが国境を限りなく低めつつ国民経済や地域経済を直撃するなかで、「むら」に依拠して地域農業を守ろうとする集落営農化の動きは、即時的に「対抗」の意義を秘めるものと（過大）評価しうる。であればこそ体制の側もまた国家政策を通じて品目横断的政策等の対象として集落営農化へむかうエネルギーを取り込もうとする。補助金で釣る伝統的政策に飼い慣らされてきた日本の農家・集落もまたそれに唯々諾々と従う面をもっており、協業の実態をもたない販売と経理の一元化をもって「集落営農」（「ペーパー集落営農」）とするような歪みが政策的に創り出されている。

このようにみてくれば集落営農は、今日のグローバリゼーションとその下での農業の解体的再編過程の渦中にあって複雑な性格をもっており、その分析は日本農業の一つの歴史的総括にも値するといえる。

集落営農は多かれ少なかれ、「むら」（中世以来の生産・生活共同体としての農業集落）に依拠した協業組織といえる。しかし「むら」をめぐっては戦前戦後の長い研究史にもかかわらず極めて初歩的な混乱が引き続いている。大塚史学に代表される西洋経済史的な常識では近代社会にそもそも共同体は存在しないものとされ、より現代的な「市民社会論」「公共性論」も地縁血縁的な「古い共同体」を市民社会＝公共圏から排除するべきものというのが通説になっている。

従って、集落営農の現代的意義を確認するためにはこれら一連の領域についての検討が必要である。もとよりその知見はないので「序論」とせざるをえないが、にもかかわらず叙述は研究史の整理にかかりポレミックにならざるをえない。

Ⅰ　共同体

1　共同体論

集落営農はその典型的な形態においては農業集落に依拠している。日本の農業集落はおよそ中世後期あたりに成立したとされるが、今日でも一三・五万の農業集落がカウントされている。結論を先にいえば筆者はこの農業集落をもって日本農村の基礎的な村落共同体（「むら」）とする。「基礎的」というのは、共同体は必ずしも単体的なものではなく幾重にも重層する存在であり、そのなかで最も基礎的な生産・生活共同体であるという意味である。

共同体論をめぐる古典として大塚久雄『共同体の基礎理論』（原著は一九五五年、一九七〇年に改版されて岩波現代文庫に所収）がある。筆者が所属する政治経済学・経済史学会（旧土地制度史学会）では二〇〇六年六月の研究大会で「大塚久雄『共同体の基礎理論』を読み直す」をテーマとするシンポジウムをもち、後に同じタイトルで刊行された(2)。「なぜ、いま、大塚共同体論なのか」が直ちに問われる企画だったが、企画・司会した小野塚知二は、二〇世紀末以降の「寄る辺なき」時代、「およそこれまでに人類が経験してきた共同体的なものをすべてさらい直す必要があるであろう」として、「有機体的な共同性」もその一つに例示し、さらに「公共性は共同性が克服された上ではじめて成立しうる概念」というのが学会の「通説的理解」だが、自分は「共同性を前提とした公共性という理解も成り立ちうるのではないか」としている。

シンポジウムでこのような論点が深まったとは必ずしもいえないが、筆者はこの小野塚の問題意識と理解に賛成である。そのうえで大塚の「理論」がそのような「共同性」「公共性」論にとって有効かが問われる。大塚は戦前から戦後にかけての日本の状況のなかでその近代化・民主化、国民経済の対米従属性からの脱却を主体的課題とし、克服すべき前近代の中核に共同体を位置づけた。大塚共同体論はいうまでもなくマルクスやウェーバーの叙述に依拠しつつ理論的整序を図ったものだが、その背後にこのような強烈な近代化の問題（時代）意識があったことがここではポイントである。というのは日本の村落論は後述するようにこれまた強烈な時代の問題（課題）意識に規定されてきたからである。いいかえれば大塚「理論」を二一世紀のグローバリゼーションの時代に「読み直す」にはそのような時代意識が不可欠だが、学会シンポジウムとしてはやむをえぬことながら、「学」の内部での「読み直し」にとどまったようである。

大塚は、前近代の歴史を共同体における共同占取と私的占取の対立として捉え、生産力の発展を背景に後者が前者を圧倒していく過程としてアジア的、古典古代的、ゲルマン的形態を継起的を位置づけ、共同占取される共同地（コモンズ）の「揚棄」をもって共同体の消滅と近代の始まりを説いた。

このような大塚共同体論では、共同体は基本的には共同地の存在と同義にならざるをえない。もちろん大塚はゲルマン的形態では庭畑地や耕地と区別される共同地も「総有」され「持分化されて私的占取関係のうちに組み込まれている」とし[3]、共同体構成員は村落の支配下にある土地を「くまなく私的に占取」し、共同体は「個々の私的個人間の単なる『結合関係』として現れている」としている。これは大筋ではマルクスの叙述にそったものだが、「持分化されて」云々はいい過ぎである。マルクスは「共同体が、共同的に利用される狩猟地、牧草地等々のかたちで特殊的な経済的存在をもっている場合でも、それは、それぞれの個人的所有者によって個人として利用されているのであって、国家の代理人……としての彼らに利用されるのではない」[4]としている。後にマルクスは資本論で「分割地経営の第二の補完」として「家畜の飼養を可能にする唯一のものである共有地」の存在を指摘しており、マルクスの経済学研究の出発点は彼の故郷における入会地からの農民の締め出しだった（本書第8章）。後述するように「家畜の飼養」はゲルマン共同体の生産力段階にあっては農法的に不可欠であり、そのための外囲としての共同地もまた不可欠の存在だった。

このように共同地の存在を共同体の指標とすれば、何らかの共同地（コモンズ）の残存を探し回ることになり、そのような努力は今日では主として途上国をフィールドに続けられている。

しかし共同地所有という条件を外してみれば、共同体は今日も現存する。日本の農業集落（むら）は中世からグローバリゼーション時代の今日まで命脈を保ち、今なお人々の定住の場として存在し、集落営農等の基盤になっている。大塚理論の現代的検証（継承）を図るには「共同地（コモンズ）なき共同体は可能なのか」、「共同地を私的所有地に剝奪しつくした私的所有者の共同体はありえないのか」を問う必要がある。

磯辺俊彦は大塚共同体論を批判しつつ、「それがいかなる歴史的定在であるにせよ、労働する主体とその客体的条件の本源的結合は、必然的に一定の共同体を前提とし、基礎としている」と結論する。ここで「労働する主体と客体的条件の結合」とは端的に自作地所有をさす。従って自作農は「共同体を前提とし、基礎としている」ことになり、そこから「集団的自作農制」が導き出される(5)。その史的背景にはゲルマン共同体に通じる一種の「総有」的な理解があろう。

しかし自作農的土地所有が共同体を前提とするとするなら、およそ今日の世界の自作農的土地所有はことごとく共同体を前提することになるが、その実証はない。マルクスはそもそも何らかの共同体を前提とした所有を本源的所有としているが、磯辺は、引用文にみられるように、その「本源的」を、自作農における「労働する主体とその客体的条件の結合」にも冠することにより（つまり自作農的所有を本源的所有にすり替え）、自作農的土地所有は共同体を前提しているとするトートロジーに陥っている(6)。

大塚がヨーロッパの共同体を「基礎理論」として普遍化したとすれば、磯辺は後述する「むらの領土」をもった土地結合体としての日本の水田農業の共同体を前述の一種の総有性に擬して日本水田農業の共同体を普遍化したともいえる。このような問題を含みつつも、大塚の共同地的共同体論に対して、共同地なき共同体、私的所有者（利用者）の共同体は可能なのか、という問題を提起した点で磯辺のそれは現代的意義をもつ。

2　水利共同体

問題は、なぜ共同体が現存するのかであり、その点に磯辺と異なる証明を与える必要がある。それは一般的には、大塚の純粋資本主義では消滅するはずの小農が現代資本主義のただなかに広範に存在しており、自立した経営体たるには幼弱なその存在が、何らかの共同、協同を必要とする点に求められる。マルクスの「分割地経営の第二の補完」云々の趣旨でもある。

しかしそのような小農の（過渡的な）経営的な幼弱性一般から一義的に現代の共同体を説くことはいうまでもなく

無理がある。なぜなら、日本の「むらの領土」をもった水田農業集落（むら）的な共同体は、同じ日本の畑作地帯でさえ見出しがたいからである。日本の「むら」は、入会地の消滅や近代化によりヨーロッパ畑作集落と同様に入会共同体の側面を喪失した。しかし水利共同体としては厳存している。

大塚は、形式的平等をもたらす「耕区制」（共同耕地を三〇～六〇の耕区に分け、村民はその耕区ごとにいくばくかの地片を占取する）こそがゲルマン共同体の「生産関係」の本質を示すものとし、通説での三圃制は「一定の生産力段階」と「ヨーロッパの風土」がもたらしたところの「中世ヨーロッパに特有な、牧畜と結合した畑作農業にもとづく特殊事情にすぎぬといって、恐らく差し支えないであろう（たとえば、モンスーン地帯の集約的な水田耕作のばあいにはこうした農耕様式が成立しがたいのではあるまいか）」としている(7)。

しかし「牧畜と結合した畑作農業にもとづく特殊事情」といってしまうと、ではヨーロッパ農業の本質は何なのかが問われる。耕地内で家畜を飼養できなかった生産力段階のヨーロッパ畑作農業では、共同地は三圃制とともに地力維持メカニズムの根幹をなしていた(8)。この共同地に依存していた地力維持メカニズム（家畜飼養基盤）が農業革命を経て圃場内に取り込まれ、圃場内で完結するようになれば、外圃としての共同地は無用の存在になり、私有地に剥奪しつくされ、共同体は崩壊することになる(9)。

それに対してアジア・モンスーン地帯の水田稲作の地力維持は入会地とともに水に依存していた。水田農業においても肥料が外給されるようになると入会地の機能は薄れるが、水田農業が水田農業である限り、水への依存は継続している(10)。

大塚は「生産関係」（所有、ここでは耕区制）を重視し、抽象的には「生産力」（ここでは有畜畑作農業）を指摘し、農業生産力の根底にある地力再生産メカニズムが畑作農業と水田農業では異なることは言及していたが、それに対応して共同地の歴史的意義が異なり、共同体のあり方も異なる点については言及しなかった。

翻って日本の今日の集落営農を考えれば、それは水田集落に限定されるのではないか。筆者は畑作農業地帯で集落営農をさがしたが、構想や組織としてはあっても、機能として実在するそれは見いだしがたかった。南九州の畑作地帯の農業集落をみると、それは「とち」よりも「ひと」の集団であり、それ故に集落が作られたり分かれたりした。北海道からは畑作の地域協業組織が報告されているが、水田農業のような土地結合というより、労働力・資本結合の側面を強くもとう。

ここで先のシンポジウムに戻ると、三品英憲「大塚久雄と近代中国農村研究」（前掲書）は、戒能通孝が中国では村の領域が明確でなく、村は行政的で高持百姓意識がなく、彼らを主体とする共同体としての日本の「自然村」あるいはゲルマン共同体的なものがないとしたことを紹介し、そこから、大塚がゲルマン共同体の「総有関係」のさらなる根底ある「個々人の結合」のあり方に及ばなかったのは、彼が「高持百姓意識」に支えられた日本農村を「無自覚のイメージ」として前提したからではないかと推論している。

筆者もまた農業総合研究所に在職中に満鉄経験者から中国農村には「むら」がないということをよく聞かされたことを思い出す。三品の力点は大塚と戒能の比較にあるが、ここで注目されるのは戒能が依拠した東亜研究所・満鉄調査部「慣行班」による「華北農村慣行調査」の対象村はことごとく高梁・トウモロコシ・大豆・落花生・粟・麦・薯・棉花・野菜等の畑作地帯である点である。つまり戒能も大塚も三品の言い方を借りれば水田農業の「無自覚のイメージ」で畑作農業をみていたことになる(11)。とすれば、問題は三品が強調するように日欧中の比較とともに、畑作農業と水田農業の比較という観点が必要である。

では水田農業であれば、「むらの領土」をもった共同体があり、それに基づく集落営農が展開するのかといえば、そうではない端的な事例を我々は隣の韓国にみることができる(12)。韓国は日本と同じ灌漑湛水農業地帯であるが、日本のような「領土をもった共同体」としての「むら」は見出せない。また農業集落は血縁によって分断され、血縁ごとに都市の遠くの血縁との間により強固な血縁共同体を組織しているようにみえる。

なぜか。一つには韓国における植民地時代から今日に至る歴史を通じて、水利共同体の機能が行政や国家に吸収されてしまったことがあげられる(13)。

しかしそこで直ちに起こる疑問は水利共同体の破壊がなぜ可能か、それが経済合理的かである。日本においてはそれが可能でも合理的でもなく、にもかかわらず崩壊の危機に瀕していることから、新たに農地・水・環境保全対策が講じられようとしている。

韓国の場合、なぜそうでなかったのか。ここからは全くの仮説であるが、日韓の水田農業の系譜が異なるのではないか。もっといえば韓国水田農業は華北畑作農業における畑地灌漑の系譜に属するのではないか(14)。韓国では「田」は畑を本来意味し、その上に「水」を乗せると「畓」の一文字となり、焼畑稲作が雑草防除の必要から水を張った水田栽培化したという説もあるとされる。

稲作の起源をめぐっては、焼畑における陸稲栽培が平地におりて水田に直播され水稲栽培に転じたとするのがこれまでの通説だったが、最近では池橋宏により異説が提出されている(15)。池橋は、①一年生の野生稲が湿地に直播されて栽培化されたという説に対して、現代の農業者でも直播は技術的に困難であること、②水田に湛水するには一定以上の雨量が必要で、焼畑が自然に水田化するのは困難であり、そもそも水田の起源が示されていない、③陸稲の方が水稲よりも特殊化しており野生稲から遠くなっていることを指摘し、水辺の多年生植物としての野生稲からの株分け（「田植」）が湛水田になされたのが稲作の起源であるとし、それは東南アジアの水辺で漁撈とともに営まれるようになったとする。水稲と水田の同時成立である。そしてこのような稲作が越人（タイ語系人）の手で山東半島から朝鮮半島を経て日本に伝来したと推測する（前述のように朝鮮稲作の系譜に問題は残るが）。

通説の照葉樹林農耕説は一学派による高度の実証がロマンと渾然一体になっており、門外漢の筆者には池橋説の方がリーズナブルに感じられる。いずれにせよ通説にたてば稲作は畑作と同じ畑作起源をもつことになるが、池橋説にたてば初めから土地利用・地力維持メカニズムからして異なる農業形態になる。

いずれにせよ「今日の共同体」という観点から畑作農業と水田農業、同じ水田農業でもその出自の相違等に着目し、地域協業組織の可能性や多様性について地域比較研究を深める必要がある。

3　日本の村落共同体

これまでの行論においては、日本の基礎的な村落共同体を農業センサス集落調査が対象とする農業集落においてきた。しかしこれは全く通説ではない。通説は実態としての藩政村をもって基本的な村落共同体としている。前述のように共同体はそもそも重層的なものだから藩政村をもって共同体の一つ（だった）とすることには異論はない。問題は重層的な共同体のうちのどれをもって基礎的（土台的、基底的）とするかにより、共同体の性格に対する理解が大きく異なりうる点である。

あらかじめ日本村落の重層性について整理しておくと、農業センサス上の「農業集落」（それ自体は行政用語）が今日では一三・五万である（一九六〇年一五万二四三二）。それに対して藩政村（近世村）は、天保元（一八三〇）年で六万三五四〇、町村制施行前の明治二一（一八八八）年には七万〇四三五だから、アバウトにいって六〜七万といってよかろう。単純平均的には一藩政村＝二・四農業集落である。

これらの近世以来の村は、明治合併により一万五八二〇の明治合併村に合併され（一明治合併村＝四・五藩政村）、その後は「大字」「部落」「旧村」等と呼ばれるようになった。さらに昭和の合併により明治合併村が今度は「旧村」と呼ばれるようになり、さらに平成合併をむかえ昭和合併村がさて何と呼ばれるのかが現段階である。

これらの諸範域のうち、戦前の農村社会学、戦後の歴史学等が歴史的な村落共同体として注目してきたのは藩政村

（大字、部落）である（以下、通説とする）。それは人によって「自然村」とか「自治村落」とも命名されてきた。そして通説では明治合併村と藩政村との対立や諸関係が、行政村と自然村のそれとしてもっぱら取り上げられてきた。それは理由のないことではない。同時代的には明治合併村が藩政村をどう扱うのかが入会問題一つとっても焦眉の問題であり、その時代を対象とする今日の歴史学等においても問題意識は同様である。

研究史を通観すれば[16]、戦前期には自然村（藩政村）が評価され、戦後改革期には自然村が封建的なものとされ、その反射で行政村（明治合併村）が評価され、高度成長破綻期には農村経済更正運動等との関わりで自然村が評価され、公共性論の高まりとともに行政村の評価に傾く[17]、という交互評価の歴史をたどってきた[18]。

このような社会学や歴史学の分野での動向に対して、農林統計や農業経済学の分野ではもっぱら農林業センサスの農業集落調査が捉えた農業集落に依拠してきた[19]。まず一九五五年臨時農業基本調査は農業集落を「農家が農業上相互に最も密接に共同しあっている農家集団」と属人的に捉え、それは「もともと自然発生的な『ムラ』であり、家と家とが地縁的・血縁的に結びつき、各種の集団や社会関係を形づくってきた農村社会における単位的な地域社会」「農村の地域社会における最小の単位」だと位置づけている。

それに対して一九七〇年センサスは、五五年センサスを踏まえつつ、「農業集落を属地的にとらえ、一定の土地範囲（地理的な領域）と家（社会的な領域）とを成立要件とした農村の地域社会」と定義している。ここでは「むらの領土」がポイントであり、「むらの土地」「領土」をもつ日本の（水田）農業集落によりふさわしい指標設定なった。

同書（調査）は数々のファクト・ファインディングを行ったが、とくに農業集落と大字との範域関係が興味深い。すなわち①農業集落＝大字が二七％、②農業集落が大字より小さいのが五八％、③大字がないが一一％となっている[20]。①が多いのが北陸と近畿であり、歴史学のフィールドに取り上げられるのが多いのが実はこの地域でもある。

集落調査の設計・執筆にあたったのは農林省の中堅統計マンであり、農林統計がモットーとする「虚心坦懐」を旨として明確な指標に基づいて村落の基礎単位として析出したのが以上の結果である。農業経済学で農家悉皆調査の単位とされるのはいうまでもなくこの農業集落であり、農林行政等も生産調整等の割当単位として農業集落を活用し、行政にとって農業集落は「うまく」機能してきた。

かくして問題は藩政村（大字）と農業集落のいずれが基礎的な村落共同体かである。結論からいって従来の社会学や歴史学は、このような相違を無視あるいは軽視してきたといえる。藩政村と明治合併村の対立・関係を解明するという問題意識からすれば、藩政村が焦点となることは当然のことであり、そのことが非難されるべきではない。しかし藩政村をもって自然発生的な村落共同体としてしまうと、認識の歪みが生じる。それが問題であり、とくに「自然村」や「自治村落」論はそうである。

「自然村」や「自治村落」は実態的には藩政村をさすが、それは決して自然発生的な村落ではなく、近世における村切・村請政策により徴税・統治単位として人為的に上から作られた行政村に他ならない。

もちろん藩政村は全く恣意的に作られたものではないだろうから、それが何らかの歴史的な地域単位を踏まえていたことは想像できる。例えば中世の惣村に起源するという説もある(21)。しかし惣村の存在は先進地に限定される。木村礎は中世村と近世村の関係の検討を総括して「近来の『村』は行政的に設定されたものだが、小名集落（及び耕地、つまり小名ムラ）はそのようなことはなく（自然集落という言い方もある）、したがって、歴史的には小名集落の方が『村』より古いこと。これはつまり『小名（こな）』の原型は〝小さな名（みょう）〟だったのではないか、ということであって、小さな名の集合体が、やがて近世の『村』になった、と考えるわけである」としている(22)。本人が仮説的に述べていることであり、歴史学でこのような見解がどのように扱われているのかは知らないが、ともあれそのような歴史的共同体を統治の観点から集合したのが近世村といえるだろう。ここでの「小名」は農業センサスのいう農業集落に近いのかも知れない。

ともあれ藩政村は行政村として権力的規制を伴い、それをもって日本の基礎的な村落共同体とすると、あたかも村落共同体そのものが行政的・権力規制的なものであるかのミスリーディングを犯す。その代表例が自治村落論である。その一人である牛山敬二は、農業集落に重なる農事実行組合の役割を重視すべきとする大門正克や森武麿の見解を、『部落会』も『農事実行組合』も、その（藩政村＝自治村落の――引用者）自治領域内の生活ないし生産上の便宜にすぎないことを示しているように思われる」と批判して、大字（藩政村）を半封建的共同体ではなく自治村落として把握すべきとしている。彼の場合は、「近世以来のむら＝自治村落」「『部落』（大字）＝自治村落」と明示している(23)。しかし「生活ないし生産上の便宜」を基礎としないでいかなる村落共同体があるのだろうか。

ここでやや唐突だが最初の大塚久雄に戻る。大塚は共同体には「支配と抵抗の二面性」があるとした。その場合、大塚は自然村落としての共同体と制度上の村を区別せず、後者の経済外強制も前者の共同態規制に基づくものとした。そしてその面からも共同体が経済外強制を伴う前近代的なものとして厳しく非難され、その揚棄こそが近代化であり歴史の進歩とされたのである。筆者はゲルマン共同体が自然村と行政村を兼ねるものなのか、ゲルマン共同体も子細に見れば、日本の農業集落と行政村のような範域の相違があるのか知らない。もし前者であればあるほど大塚の認識はヨーロッパ畑作農業に限定されたものといえよう。また日本の自治村落論者は宇野派が多いが、その認識は意外に講座派・大塚史学に近い。

生産・生活上の最も基礎的な村落共同体は、中世以来おそらくいくたの変遷を経つつも、今日に至るまで連綿として農業集落として存在してきた。しかし農業集落もまた藩政村に包摂された以上は、その規律に服し、その規律をもって共同体の規律とせざるをえない。また例えば土地所有、水利、入会(24)等に係る共同体の利害を対外的に主張しようとすれば、行政・権力単位としての藩政村の力をかり、藩政村の利害として主張することになる。藩政村もまたその意味で村落共同体の面をもち、指摘されるような地域公共関係の担い手たりうる。

しかし大字＝農業集落である地域を除いて(25)、多くの藩政村＝大字は今日では痕跡を失った。それが行政村としての弱さであり、農業集落が生産・生活単位であるが故に命脈を保ち、明治合併村（旧村）が学校区や農協支所があったことにより今日も一定の存在感を保っているのと対象的である（本書第3章）。藩政村の多くは中抜きされた。

Ⅱ　格差社会と共同体

1　格差社会

二一世紀の日本社会を特徴づける言葉は「格差社会化」であろう。しかし果たして「格差社会」という捉え方でよいのか。「化」というと以前は格差社会ではなかったかのようにもとれるが、それでよいのか。それをさけるために「格差拡大社会」という言い方もされるが、前者の問いに答えるものではない。それらも含めて「格差社会化」の諸論点を整理する。

「格差」については、かつて山田盛太郎に率いられた土地制度史学会は、高度経済成長期の資本蓄積メカニズムの根幹に賃金・所得等に関する大企業―中小零細企業―零細農耕の三層の格差構造があるとした。山田の構想は、日本の内需を制約し、日本の新鋭重化学工業が輸出産業化し世界大に問題を拡大していく根底に零細農耕という低賃金基盤があり、それを土地国有化により止揚することにより全構造を破砕するという、およそ変革主体のない変革論だった。山田が三層の格差構造を事実として指摘した点は優れるが、そもそもなぜ三層の格差構造なのかをめぐっては、山田自身が特段に解明を要なさない自明の事実としていたこともあり、人によっては固定資本装備率の差に基づく物的生産性格差とする説明もなされた。その一半の責任は生産力→生産関係という山田の直線的な唯物史観理解にあった。

そのなかで筆者は、零細農耕から析出される切り売り労賃水準起点での低賃金兼業労働の存在に格差構造の基盤を求めた（本書第1章）。零細農耕という非資本主義生産様式、いわば資本主義の外囲から低賃金労働力を獲得する過程は、高度成長がそのまっただなかで資本の原始的蓄積過程を随伴することでもある(26)。この点は社会学における「社会階層と社会移動に関する調査」（いわゆるＳＳＭ調査）データ等によっても確認される。こうして日本資本主義は、資本プロパーの蓄積軌道の外部に低賃金基盤を求めたわけである。

資本にとってはその限りで外囲としての零細農耕が必要とされた。資本にとって零細農耕は規模の経済が働かず賃金財の価格を高からしめる点で負の存在であり、そこで基本法農政は零細農耕制の打破を主要命題としたが、他方では零細農耕自体が低賃金基盤たりえるなかで、零細農耕を「必要悪」とする農業保護政策がとられたのである。基本法農政の農業構造政策は挫折して価格支持政策が政策主流となり、農村にも政府米価を通じて高度成長の溢出効果を均霑した。

このような構造が可能だったのは、当時の日本が貿易・資本の自由化を掲げながらもなお基本的には保護主義的な国境政策をとり、国際均衡よりも国内均衡を優先しえた点に求められる。次々と農産物の自由化がなされつつも、コメ・牛肉・オレンジの自由化は未だしだった。日本資本主義は国境の内側に閉じこもって低賃金労働力に依拠しつつ物づくりに励み、それを固定レートで輸出しまくって輸出経済大国化した。

このような構造はしかし早晩行き詰まる。第一は、外囲としての零細農耕は労働力の排出基盤としては単純再生産さえ許されず、先細りするからである。兼業農家総数のピークは一九七〇年、Ⅱ兼農家数は七〇年代後半に頭打ちし、Ⅰ兼からⅡ兼への移行率も七〇年代前半にピークに達する。そして一九七九年には時間当たりの賃金率で農業所得が農業の臨時的賃労働を下回るに至り、以降回復することがなかった。この農業所得と農村切り売り労賃の均衡関係の崩壊は、農業が、少なくとも量的には切り売り労賃市場への販売も不可能な高齢労働力等に担われ、低賃金基盤たりえなくなったことを意味するといえる。そして人夫日雇いといった種類の切り売り労働力自体がみいだせない地域も現れだした(27)。

第二は、いうまでもなくグローバル化である。これまでのように国境の内に閉じこもり物づくりに励むクローズドシステムは貿易黒字を累積して経済摩擦を強めるのみで、その維持は不可能になった。そのことは既に一九七〇年代前半の変動相場制への移行、七〇年代半ばの高度成長の破綻にみえていたが、本格化するのは一九八〇年代半ばのプラザ合意以降の急速なグローバル化・円高化（オープンシステムへの移行）とそれに対応する前川レポートの経済構造調整路線下においてだった。

経済構造調整は、超円高化に伴う国内の賃金・現材料の高騰に耐ええない企業の海外進出、海外低賃金の積極的活用を促進し、日本は遅ればせながら多国籍企業帝国主義に仲間入りする。その一つの到達点が製造工程のアジア各国への分散配置（フラグメンテーション）と生産集積による緊密な生産ネットワーク、東アジア共同体のいわば物的基盤の形成である。

しかしこのような多国籍企業帝国主義化とともに、なお製造業が国内に残り、そして国内供給が不可欠なサービス業が肥大化していく限り、日本資本主義はグローバル競争に耐えうる新たな低賃金基盤を国内に確保しなければならない。先の原蓄過程が先細りしたあとでは、それは資本蓄積の「内なる」低賃金基盤を創出することを意味する。もちろん外国人労働力の導入も一つの手段ではあるが、日本では限界がある

このようなグローバル化時代の基本課題に応えたのが、構造調整から構造改革への転換、そのテコとしての規制緩和、その一環としての労働規制の緩和であり、正規労働力の非正規労働力化、非正規労働力の大量創出である。一九八六年には男女機会均等法と労働者派遣法が制定され、女性労働のパート化・派遣化が進む。さらに一九九五年の日経連による「新時代の『日本的経営』」で、長期蓄積能力活用型、専門能力活用型、雇用柔軟型への階層化が図られ、

それに対応して供給源である大学の偏差値格差化も進む。これにより青年男子労働力の派遣化が進むが、さらに九九年改正で派遣に係る業務を原則自由化し製造業ラインの組立作業にまで浸透するようになる。

正規雇用者もまた非正規雇用者との競合関係のなかで、長時間労働、「値崩れ」、成果主義による「請負化」により、「雇用が融解する」状況を呈する。両者を貫くのは労働法規制の機能不全である(28)。非正規雇用は、このような二重の意味での新たな低賃金基盤の創出なのである。

非正規労働力の増大は日本に限らず世界的な現象であり、その限りでグローバル化（労働条件の途上国水準への低位平準化）がもたらしたものといえるが、日本においては、企業別本工（正社員）労働組合という労働者階級組織化の特殊性があり(29)、七〇年代なかばからの「ストなし国」化、労働運動の右傾化と退潮、グローバル化・情報化に伴う外資系企業や多国籍企業の専門・技術・事務系の男子職員を核とする「新中間層」の形成（橋本健二）等の要因が重畳しているといえる。

「格差社会」とは、このような構造転換を通じて現出した世界の謂に他ならない。だからそれはたんなる所得格差といった量的な格差や貧富といった一般的な格差に解消されるべきものでなく、あくまで階級社会の再編であり、労働者階級の内部（階層）編成の再編なのである(30)。しかも階層編成一般の再編ではなく、「ワーキング・プア」という言葉に象徴される被生活保護世帯の最低生活費を下回るような労働者階級の内部編成の「底を抜いた」ような層の大量創出である。後藤道夫によれば就業世帯におけるワーキングプア世帯の割合は九七年一四％から二〇〇二年一八％に増えている。また非正規労働者数は八七年の七一一万人から二〇〇六年の一六六三万人に増えている（正規労働者は八七年の三三三七万人からピークの九七年の三八一二万人を経て〇六年は三三四九万人に縮小）(31)。

だから格差社会論は新自由主義の思想の一部だと批判するのは(32)、本質において正しいが、しかし格差などない、格差があってなぜ悪いと首相がうそぶく世の中で、それに反論する格差社会論者との間に自らの線を引くよりも、連携を模索しつつ、その階級社会性を強調すべきだろう。

とはいえ、なぜ階級社会が格差社会と呼ばれ、もっと端的に階級社会論が説得力をもたないのかの解明は必要であり、そのことが格差社会出現の重要な要因を成しているともいえる。それは端的にいって労働者階級が一九七〇年代なかば以降、階級対立の一方の極としてのfür sichなそれではなく、マルクスのいうたんなるan sichな存在になってしまったことであろう。

加えてグローバリゼーション（市場経済のグローバル化・隅々化）は「ばらける」（一九九一年『広辞苑』第四版に初登場）人びとの時代を創り出した。「ばらける」とは「まとまっていたものがばらばらになる」ことである。かくしてワーキングプアという労働者内階層も「グローバリゼーション時代のばらける階級」の一階層でしかない(33)。しかし同時に、そのような状況を打破する動きも青年層のなかからワーキング・プアの組織化という形で生まれた。生協労組でもセパ（専任とパート）両軍の連携が模索されるようになった。このような動きが本格化すれば日本は変わりうるだろう。

前述の「底を抜いた」労働再編は蓄積構造を変えた。平成一六年度労働経済白書は、八〇年代、九〇年代の各景気回復局面では企業の経常利益の上昇と賃金上昇とがパラレルに進んだが、二〇〇二年からの回復過程では経常利益は上昇したが、賃金は低下し続けた。白書は「デフレ下における企業の人件費抑制圧力が強いことが考えられる」としているが、蓄積構造（資本・賃労働関係）が変わったとみるべきである。平成不況の一〇年は資本が自らの内部に新たな低賃金基盤・蓄積構造を創出する「産みの苦しみ」の一〇年でもあった。国際的に低位水準の労働分配率もさらに低下せざるをえない。特に資本金一〇億円以上の企業のそれは九〇年代末から著しく低下している（平成一九年度同白書）。

そのことは零細農耕が最終的に資本にとって不要になったことを意味する。資本は今や自前で低賃金基盤と独自の蓄積構造をもつにいたった。不要どころかWTO・FTAを通じる自由貿易体制とその下での多国籍企業帝国主義の展開にとって、零細農耕が存在することが積極的な阻害要因に転じた。一九八〇年代後半から強まった日本農業不要論はかくして最終局面に入り、二〇〇七年にかけての経済財政諮問会議等における日豪FTA（EPA）論議においてピークに達し、農業がFTA（EPA）の障害物として位置づけられた。そこでの基調は、内外の資本に日本の農業・農地を投資（投機）の場として開放する、日本資本もまた海外に農業進出し、農産物輸出する。要するに「国境なき農業の時代」の創出である(34)。株式会社の農地所有権取得が執拗に要求される根因もそこにある。

かくして農業が存続しうるためには、新たな論理と位置づけが必要である。そのために農業や農村が何を訴えるべきかが問われている。新基本法は食料の安定確保と多面的機能の発揮を掲げた。これ自体は正しい。だが問題はそれをどう実現するかで、新基本法が他方で追求する「担い手」の選別・集約は、むしろ多国籍企業帝国主義化の一環でしかないところに、その根本矛盾がある。

格差社会化はより直接的にも農業に影響する。国民一人当たり食料消費支出額は長期減少傾向にあるが、世帯主年齢階層別にみると若い層ほど絶対額で少なく、かつ減少率が高い。また購入食品単価も若い層ほど低い。ここには年齢層による消費生活の相違とともに、若い層ほど低所得者が多い点が影響している。格差社会化に伴う「食の二極化」現象（新鮮・安全志向と低価格訴求）である。

米価の下落にもその点が現れている。米価下落の直接の原因は米過剰に求められている。需給論からすれば過剰が原因であることは間違いない。そこで後述する「農政の見直し」の一環として農政は過剰米の政府買い上げを行った。その結果、米価は一時下げ止まったが、二、三ヶ月で再び下がりだした。そこから過剰だけが原因ではないこともまた明らかになったといえる。もう一つの原因は低所得者をはじめとする消費者の低価格米志向であり、これまた格差社会化の一つの結果といえる。

かくして格差社会化は農業にとって決して他人事ではないのである。

2　格差社会と地域格差

格差社会は地域格差を伴う。しかしかつての三層の格差構造の時代のように、階級層格差という縦格差を横に倒せば地域格差が描ける時代とは異なる。格差社会論は農業・農村を看過した都市内格差としてしか、あるいはせいぜい「都市と郊外」格差としてしか捉えられない。

同時にグローバリゼーションは極端な地域格差を引き起こすと同時に、地域格差問題を「問題」たらしめなくする。一九八〇年代なかばからのグローバリゼーション対応としての国際的経済構造調整は、多国籍企業の立地戦略に国土利用を委ねるようになる。それまでの国土利用計画、総合開発計画は多かれ少なかれ「国土の均衡ある発展」を標榜し、過疎過密の解消をめざしていた。それを拠点開発とその溢出効果によって果たそうという戦略は失敗に帰さざるをえなかったが、目的は国民国家の領土経営だった。

それに対してグローバル競争の時代は、多国籍企業の立地戦略に国土と地域を委ね、多国籍企業の誘致競争に国土と地域を追い込む（いわゆる競争国家化、グローバル国家化）。問題はもはや均衡ではなく効率である。規制緩和政策は国境の壁を限りなく低め、グローバリズムが地域を直撃することを野放しにする。このような下では「国土の均衡ある発展」政策はとりようがない。それが五全総であり、国土形成計画の美辞麗句のみの世界である（本書第4章）。

小泉内閣のもとで規制緩和政策を我田引水的に強行した宮内義彦はいう。「いま日本の人口分布からすると、田中角栄さんの『均衡ある国土の発展』政策によって地方の人口が多すぎたままの状態になっていると思います。……もう少し所得配分を自然にゆだねることでおそらく過疎地の人口は徐々に町村等の中心地に移動し、また地方の中核都市がさらに発展するようになり、最後に東京を中心とする首都圏、京阪圏の関西等が世界に対する情報発信基地としての役割を担い、経済効率が格段の向上を見せるはずです」(35)。このような意図にリードされた規制緩和がかつてない地域格差を生んだ。

三層の格差構造の時代にも「第一の過疎」の問題はあった。しかし少なくとも主観的には格差解消をめざす政策もあった。だから問題は農業問題として現れた。今や「第二の過疎」の時代にあって、政策基調は規制緩和という格差拡大策にしかない。そのもとで問題はたんなる農業問題ではなく、地域経済、地域生活を含む地域格差問題として現れざるをえない。そこでの地域農業再生は地域経済再生の一環としてのみありえ、農業問題は相対的に地域と生活に論点を拡大シフトすることになろう。

3　共同体の二面性

企業地域の「底が抜ける」ような崩壊現象のなかで地域再生の動きもまた起こっている(36)。それら動きの特徴をまとめると、第一に、地域再生の取組は地域の人びとが「地域にあるもの」を見つめ直すことから始まるといえる。外から企業を誘致する時代ではなくなった。外部の溢出効果を期待できる時代ではなくなった。地域資源を見直し、そこに再生の手がかりを見いだすしかない。第二に、地域再生に営利企業や協同組合、自治体等の力が不可欠だが、地域再生の一定の成果をあげている事例の多くに共通するのは、住民組織（ＮＰＯ）が企業や自治体を自分たちの使い勝手のよいものに変えていくケースが多い。

そして何らかの地域共同体がこのような住民の動きの一つの基盤になっている事例もみられる。グローバリズムが地域を直撃し、崩壊させようとするなかで、それに抗して地域集団的に地域生活を守ろうとする動きをみせている。集落営農や各種の地域活性化の取り組みは「抵抗」というにはあまりにan sichで弱々しいものながら、結果的にグローバリズムに対峙させられている。

そうであればまた支配の側も共同体を利用しようとする。ここで冒頭の大塚共同体論に戻ると、前述のように大塚は歴史的共同体を「支配と抵抗」の二面性をもつものとした。先に大塚が「支配」の面をより強くみていたかの点には疑問を呈したが、しかし大塚が「支配と抵抗」の二面性をもつとした点は今日に引き継がれるべき論点である。支配も抵抗も、個ではなく面としての方が効率的であり、あるいは面的にのみ可能なのである。

そもそも日本の保守は「伝統的な家族や共同体に基本的な価値を置く理念」(37)をもつが、そこから、前述のように一方では、規制緩和、格差社会化、地域格差を是とする新自由主義がはびこるとともに、他方では、その下で社会的緊張を緩和する社会的統合を果たすための受け皿作りとして共同体を活用する動きも出てくる。

共同体の社会的統合手段としての政策的取り込みとしては、古くは国民生活審議会調査部会コミュニティ問題小委員会「コミュニティ——生活の場における人間性の回復」(一九六九年)に始まる自治省主導のコミュニティ戦略として、一小学校区一公民館づくり、コミュニティ・リーダーの育成がめざされた(38)。それは第二次高度成長を通じて高度成長が地域を席巻するなかで古い地域共同体の崩壊の危機への対応でもあった。また同時期の農政では生産調整や農地流動化の必要性から地域農政が標榜されるようになり、戦前期の農村経済更正運動や「むら」の機能が再評価されることになった(39)。

それに対してグローバリゼーション時代の格差社会化、地域格差、地域社会崩壊の危機のなかで、「共同体」への期待が高まっている。「米国式利益社会から日本的共同社会への転換」(中曽根康弘)(40)がそれだが、伝統的な家族や農村の共同体が崩壊し、企業が共同体としての役割を放棄するなかで、「やはり自然なのは、国家が共同体をおぜん立てするのではなく、民間の中から、あるいは市場の中から、自生的に共同体が再生されること」が期待されている(41)。要するに「周辺化した『下流』を家族や地域『共同体』に囲いこみ、社会的統合を保守主義的に、つまり、『上から』果たそうとすること」である(42)。

いまや「第二次コミュニティブーム」(小田切徳美)といわれる時代であり、総務省「コミュニティ研究会」、農水省「農村のソーシャル・キャピタルに関する研究会」等が相次いで設けられ、二〇〇七年の国土形成計画素案では「新たな『公』による地域づくり」が標榜される。「新たな公」とは従来の「公と私の中間的な領域」であり、地域共同体もその一つにカウントされよう(43)。

二〇〇七年から始まる農政の品目横断的経営安定対策は、第一義的には認定農業者を「担い手」として直接支払いの対象としつつ、そこから落ちこぼれる「非担い手」も集落営農経営を構成することで政策対象化することとしている。そして、それも含めて「担い手」のみを対象とする産業政策としての農業政策に対して、「非担い手」も含めた地域ぐるみの農地・水・環境保全対策で地域政策を展開する。

このような状況下で集落営農の育成やその法人化は、今や地域においてフィーバーの状況を呈している。農政を末端で担う自治体や農協は、一握りの担い手という特定者の利益支援はそもそも行い難く、また育成の決め手も欠くなかで、あげて政策対応努力を集落営農の育成に注いでいるのが現状である。また農協陣営のなかには法人等の大規模経営の農協離れを阻止すべくJA出資法人の育成に励むものもある。

集落営農はそもそも地域、地域農政の自生的な動きとしてでてきたものであり、協業を核とするものだった。農政は一面では集落営農において主たる従事者を特定し、法人化を図ることで自らの構造政策・担い手育成政策に取り込もうとし、二〇ヘクタール以上という面積要件、五年以内の法人化、主たる従事者の所得均衡等の要件クリアを厳しく迫った。

しかし他面では「非担い手」の抱き込みという社会的統合策を図り、当面は販売と経理の一元化をもってよしとした。そこから協業実態を十分に伴わない、販売と経理を一元化しただけの「ペーパー集落営農」も出現し、本来の協業組織としての集落営農をスポイルすることにもなった。

さらに二〇〇七年夏の参議院選挙で自民党が一人区をはじめ大敗したことを契機に、自民党はその危機バネを働かせて「農政の見直し」を主導し、経営安定対策の面積要件を市町村の地域水田農業ビジョンに事実上委ね、集落営農組織も「集落総参加により組織化した段階のものから、オペレーターに実質的に経営が委ねられているものまで、多様な実態にあることを踏まえ、集落営農組織の法人化や主たる従事者の所得目標等の要件についての現場での指導が、画一的なものや行き過ぎにたものにならないよう」にし、そして相変わらず自らの画一性の誤りを「現場での指導」のそれにすり替えつつ、選別・構造政策を要件緩和している。

要件緩和はしないよりましだが、根本は要件緩和ではなく要件の撤廃であり、政策対象限定的な選別政策を廃棄し、政策総体を立て直すことである。

かくして集落営農に取り組む「むら」は、一面ではグローバル化の地域浸透に対する防波堤になろうとしつつ、他面では地域格差、農村崩壊の危機の受け皿として社会的統合策に取り込まれていく。それは大塚が指摘した共同体の「抵抗と支配」の二面性の現代版ともいえよう。

Ⅲ　市民社会・公共性・共同体・協同

1　市民社会と公共性

大塚のいう共同体の解体の後に浮上するのは市民社会である。「市民社会ということばは一八世紀において、所有関係がすでに古代的および中世的共同体から脱け出ていたときに現れた。市民社会らしい市民社会はやっとブルジョワジーとともに展開する」（マルクス『経済学批判』）。ただしここでマルクスのいう「市民社会」は、「国家と爾余の観念的上部構造の土台をいつでもなしているところの、じかに生産と交通から展開する社会組織」のことである。つまり国家に対峙される社会組織としての「市民社会」は、歴史的には「ブルジョワジーとともに」顕出するが、それはいつの時代にも社会の「上部構造の土台」「全歴史の真の竈」として超歴史的に存在するものでもあるという歴史的・超歴史的な二重規定において捉えられていた。

日本の市民社会論は、大塚久雄、丸山真男、遅れて内田義彦や平田清明、傍系として高島善哉等に関連して語られるが、このうち大塚、丸山自身は「市民社会」という言葉を使うことは少なく、大塚は「国民経済」、丸山は「国民国家」をより多く語ったとされる。同時期に同じく「国民」と「民族」を語った者に上原専禄がいる。

それに対して「近代」をとった「市民社会」を明示的に語ったのは内田義彦と平田清明であるが、その含意は意外にクリアではない。

内田の市民社会論は戦中期の大河内一男等の生産力論を引き継ぎつつ、市民社会とは一物一価の価値法則が貫徹する社会であり、そこでは資本も、所有する資本ではなく機能する資本として自然と人間の物質代謝の過程を合理的に担うものとされた(44)。内田にとって「市民社会は歴史的実在ではなく、抽象的概念」であり、「市民社会」というより「純粋資本主義」と呼んだ方がふさわしいかも知れない。後に内田は戦前日本資本主義だけでなく高度成長期のそれにも市民社会が脆弱ないしは欠如しているとして、「市民社会なき資本主義」を批判し続けた。

日本の社会科学が、このようにいち早く市民社会論を展開しえた「理由はおそらく最初から経済社会とは区別された意味での市民社会を定立しなければならなかったからであろう。そうさせたものこそ天皇制という制度の存在であったといえよう」(45)、あるいは「現代日本の資本主義が市民社会を欠いている」(46)が故であったといえる。この「欠如としての市民社会」は、いいかえれば「幻視される市民社会」であり、それ故に理念型化し超歴史化していくことになった。

内田が「市民社会なき資本主義」を批判したのに対して、「市民社会なき社会主義」を国家社会主義として告発したのが平田である。平田の市民社会の規定も分かりづらいが、後の比較的わかりやすい表現では「私個人がその存在を——共生・競争・対立の諸相において——相互に確認し、その行為を相互に承認しあい、そこに相互に形成しあっている関連としての社会の存在を改めて自認する。それが市民社会の最も手近で、しかも対自的な把握である」としている(47)。

それらに対して高島の場合は日本の「市民社会」を「市民制社会」とし、それは「われわれの憲法」を「見れば、市民制社会というものが、ああこんなものかな、そっくりそのままではないとしてもわかるような気がする」(48)としている。ここでも語られるのは「理念型」であるが、内田や平田よりも直截的であり、要するに基本的人権の守られ活かされる社会である。

このような日本における問題提起は、そのイデオロギーの担い手を欠く超歴史的な抽象性と相俟って、第二次高度成長とそれがもたらした大衆社会的・経済大国的な状況に埋没していくが、あたかもその切れた糸を拾い上げるように、一九八〇年代、東欧ではポーランドの「連帯」、チェコの「市民フォーラム」等を通じて「市民社会」が反体制運動の「象徴言語」(49)となり、それが「西欧へ逆輸入」(50)されることになる。

その理論的根拠の一つになったのが、「市民社会（bürgerliche Gesellschaft）の一カテゴリーについての探究」と副題されたハーバマスの“Strukturwandel der Öffentlichkeit”（一九六二）であり、日本では一九七五年に『公共性の構造転換』として邦訳・出版された。そしてアメリカでは一九八九年にタイトルを“Structural Tranformation of the Public Sphere”と意訳したかたちで翻訳出版され、これを契機に欧米において市民社会との関連で「公共性」「公共圏」が語られるようになる。さらに一九九〇年の再版で先の副題のbürgerliche GesellschaftがZivilgesellschatに変更され(51)、長い序文が付される。ブルジョワジーが市民としてたちあらわれる「近代市民（ブルジョワ）社会」から市民が市民として登場する「市民社会」への転換である。

一九九〇年再版はいう。「本書の中心的な問題提起は、今日では《市民社会（Zivilgesellschaft）の再発見》という標題のもとに議論されている」と。また「われわれの目の前で繰り広げられた中欧と東欧での〈遅ればせの革命〉が公共圏の構造転換にアクチュアリティを与えた」とも(52)。そしてこのような市民社会論が公共性論とともに日本に再輸入される(53)。

このような同書のいわずもがなの経緯をたどったのは、「市民社会」を「公共圏」として「再発見」「再定義」（市民社会のあるべきあり方としての公共圏）した同書の米訳、再版がほかならぬ一九八九、一九九〇年に集中し、それがハーバマス自らがいうように中東欧革命の年であるという共時性の確認のためである。そしてこの共時性こそが「公共性」の歴史的性格を規定していると思われる。

ハーバマスは世界を「システムの世界」と「生活世界」に分ける。システムの世界は「権力に制御された行政システム」と「市場に制御された経済システム」の世界、要するに国家と営利企業が支配する世界であり、目的合理性の世界である。それに対して生活世界は「使用価値志向」であり、人びとが「生活の諸関係のなかで連帯をつくりだしていく」「コミュニケーション的行為」の世界である。ハーバマスのいう「市民社会とは、公共的なコミュニケーションと討議の非公式のネットワークのことである」(54)。「市民社会」は、このように生活世界を含んで「システムの世界」に対峙する社会であり、その「制度的な核心をなすのは、自由な意思にもとづく非国家的・非経済的な結合関係（Assoziationen）」であり、その公開された意見形成の場が「公共圏」である。

このような国家や市場に対置される「市民社会」は、今日では国連の経済社会プログラムからＮＧＯ、ＮＰＯ、果ては反グローバリズム運動においても、ハーバマス流のプチブル・インテリ臭を脱して広く市民権を得て日常用語として使われている(55)。

そのうえで公共性論の歴史性を問いたい。ハーバマスは今日の「社会国家」（福祉国家のこと）においてシステム世界が生活世界を「植民地化」することをいかに阻止するかを実践的課題とする。その際には彼は「システム的に統合された行為領域」としての「経済と国家装置」の「内部を民主的に転換する、いいかえれば政治的に統合された状態に転換するとすれば、そのシステム的な特性を損ない、したがってその機能面の能力を妨害することがもはや避けられないような行為領域なのである。国家社会主義の破産はこのことを立証した」と断定する。ここで「国家社会主義」とは現存した社会主義、国権的社会主義をさすといってよかろう。要するに国権的社会主義の崩壊は、資本主義と官僚制の「変革」の不可能性を立証したと断じるのである。

そのうえでハーバマスは、「目標は、もはや自立した資本制的な経済システムと自立した官僚制的な支配システムとの《止揚》などではなく、生活世界の領域を植民地化しようとするシステムの命令の干渉を民主的に封じ込めることである」とする。いいかえれば「連帯という社会的統合の力」が行政や経済の「権力に対抗して貫徹され、それによって生活世界の使用価値志向的な要素が通るようになることをめざすのである」。

この断定的で飛躍した議論には幾多の疑問がある。なによりもまず第一に、現存した国権的社会主義の崩壊をもって社会主義的変革の試みそのものを否定しつくせるのか。そもそも現存した国権的社会主義を社会主義と呼びうるのか。

第二に、国家や市場を彼岸のシステムとして此岸の生活システムを対置し、前者のシステムに手をつけずにその「干渉を民主的に封じ込める」のは、行政と経済と生活が既に相互に深く浸透し影響しあっている現実世界に対して著しく現実性を欠いた、あたかも宇宙の悪の王国に対するスターウォーズのごとき図式に過ぎないのではないか。

第三に、市場から切り離された個人とは脱階級的な市民に他ならず、市場から切り離された生活世界とは消費世界に他ならず、脱階級的な消費者としての市民にハーバマスが期待するほどの社会的統合力はあるのか。

第四に、同じことの裏返しだが、ハーバマスは中東欧の「革命を先導したのは、教会、人権擁護団体、エコロジーやフェミニズムの目標を追求する反体制サークルといった自発的な結社（アソシエーション）だった」としている。同時に彼は「西欧型の社会では事情が異なる。西欧型市民社会では、自発的な結社は民主主義的な法治国家の制度的枠組のなかで設立される」としているが、国権的社会主義国で体制的に囲い込まれた労働者階級や労働組合ではなく、その外側に反体制勢力が形成されることは、ある意味でみやすい構図だが、それをもって市民社会や公共圏一般から階級を閉め出すのは経験主義的な論理の飛躍でしかない(56)。ハーバマスは同書でブルジョワ的公共圏と市民的公共圏を主として取り上げ、チャーチスト運動等の「人民的」公共圏については「歴史のなかで抑圧された市民的公共圏の一変種として重視しないでおいてもかまわないと思った」としているが、それがもたらした理論的なバイアスは彼自身にとっても意外に大きかったのではないか。

しかしここはハーバマス理論それ自体の検討の場でもなければその能力もない。ここで確認すべきことは、社会主義体制と冷戦体制の崩壊、市場経済への一元化・隅々化としてのグローバリゼーションと、市民社会、公共性の概念は共時的だった。このような時代性から公共性を規定すれば、それは繰り返しになるが社会主義体制、冷戦体制の崩壊、それによる市場経済への一元化としてのグローバリゼーションの席巻により、体制間矛盾（冷戦体制）と階級対立、資本主義の体制変革を第一義とする変革プログラムが崩壊した時代、階級的正義を未来社会に向けての普遍的正義として語りえなくなった時代、資本主義のオールタナティブを見いだせなくなった時代に、それらに代わるものとして登場した「ラディカル・デモクラシーによる正統化の過程と変革」の理論だといえる(57)。すなわち特定の者（階級、階層、民族、ジェンダー、ハンデキャップ等）ではなく、全ての異質な人びとに公開された討論を通じて、共通する関心事についての合意形成を図り普遍的正義を達成していくことが「公共性」であり、それを追求する場が「公共圏」としての「市民社会」である。「今日の市民社会論は、国家と市場に対抗しつつ両者を制御する公共圏としての地平を鮮明にしつつある」(58)。

しかし現実の世界は諸利害、階級、民族等が対立し合う世界に他ならない。先にみたように日本でさえ格差社会化に対抗する労働運動が台頭している。そこには階級は厳存している。グローバリゼーション時代はそれぞれが「錦の御旗」としての「公共性」を奪い合うカオスの時代であり、そこでは様々な公共性が語られる。

ランダムにとりだせば、例えば法哲学的な公共性だが、そこでは国法の公共性が問われる。すなわち「善き生の諸構想の対象をなす価値ではなく、善き生の構想を自ら発展させ、それに従って自己を形成させる諸個人の能力の養成と保護、およびそれに必要な資源・環境の公平な配分と整備に関わる諸価値」すなわち「正義」こそが公共性とされる。ここで「善き生」とは様々な生活価値観（ウェーバーの「神々」）をさし、それを超える普遍的な諸価値（「神」）とは、具体的には「生命・安全・自己決定への自由・教育を受ける権利・人格の尊厳・平等な尊敬と配慮への権利等々」だとされる(59)。

これらはいってみれば民主主義社会における憲法的価値、基本的人権の一部であり、それを自由主義が「公共性」として再正統化するに過ぎない。民主主義を標榜する社会において、この抽象度のレベルでの諸価値に対する異論はほとんどなかろう。だから公共性だといえばそれまでだが、それ以上のものではない。その程度のことは前述のように夙に高島善哉が「市民制社会」として指摘したことである。

また一口に「必要な資源・環境の公平な配分と整備」といっても前述の格差社会のもとで、その「いかに」が問われる。

そもそもこのような議論では、何をもって正義と断定するのかの手続きが不明である(60)。手続き論は一国規模を超えれば直ちに問われる。冷戦体制崩壊後の、なかんずく九・一一以降の世界は、そのような西欧民主主義的価値の普遍性が問われ、その相対化が進んでいる。そこでは西欧民主主義的な正義が唯一の正義ではなく、改めて国際的正義が問われるが、自由主義的な正義論に立脚する公共性論は、一国規模を超えられない。

そこで問われるのは国際公共性あるいはグローバル公共性であり、それに対応してグローバル市民社会が説かれることになる(61)。

2 共同体と公共性

一九七五年にハーバマスの著書が「公共性」として邦訳されたことは前述した。しかしÖffentlichkeitを「公共性」と訳したことがよかったかは疑問が残る。いわんやpublicnessといった和製英語まででっちあげたのは。筆者は米訳のpublic sphereの方が適切であり、日本語としては花田の「公共圏」、あるいは「公開圏」の方が適切かと思う。なぜなら日本語の「公」や「公共」の使われ方は複雑だからである。星野英一の整理によると(62)、西欧・中国では「公」は「人民皆のこと」だが、日本では「官」のことであり、前者の「公」は「公開の討論」の意味、すなわち「公共」の意味を含むが、日本にはその含意はない。また「公共」も「公共団体」「公共企業体」「公共事業」等の用法があるが、公共団体は国により存立目的を与えられた公法上の法人、公共企業体の「公社」は今では株式会社化されてしまった。「公」は天皇制国家における裏返された「私」だったのである。公共事業とは国の直轄・補助事業のことであり、要するに「公共」は国民みんなのため(「公共の福祉」)を標榜しつつ「官」が独占するものだった。「公益」の「公」は国民一般をさすが、何をもって公益とするかは国家が決める「公益国家独占主義」だと星野は呼ぶ。要するに「公」も「公共」も官の色彩が濃厚なのである。さらに星野は、現代には国家的公共性と市民的公共性の対立があるとし、後者の「市民の共通の利益」を真の「公共性」とすべきとする小林直樹の説を紹介している。

そして今日では「公共の精神」が改正教育基本法前文、二条二項で強調され、学校に「公の性質」が求められる(63)。要するに官が「みんなのもの」「みんなのため」を強要するのである。まさに「みんなのため」をめぐる国家と市民(社会)のせめぎ合いのなかに日本語の「公共性」はある。

そしてそれは「共同体」とも絡む。杉山信一は、かつては「家族の集合が地縁的な郷土社会を形成し、その郷土社会においてこれらは公共精神を養い地方自治社会を構成していることが、個人主義に立つ欧米に対する大東亜共栄圏のアイデンティティとされた」とする平野義太郎『大アジア主義の歴史的基礎』（河出書房、一九四五）を引きつつ、ここで「郷土社会」とは「東洋的社会の結合原理が、水田稲作農業における治水・水利の必要から生み出した、村落協同体」をさすとする(64)。要するに天皇制国家、大東亜共栄圏の社会基盤としての水利共同体論である。

このようななかにあって、共同体は公共性論からみてはなはだやっかいな存在である。一般的には、共同体は同質の血縁的地縁的構成員からなる有機的な閉鎖社会として捉えられ、異質な者への公開性を旨とする「公共圏」の正反対物と捉えられる(65)。その意味では、そのような共同体に依拠してグローバリゼーションに対峙しようとするのはアナクロニズム以外の何ものでもないことになる。

共同体が一面でもつ排他性は、今日、集落営農の組織化による担い手農家からの農地の貸し剥がし等として新自由主義的農政のイデオローグから激しく非難されている。集落営農が後から参加を希望する者に対して禁止的な加入条件をつきつけたりする時には、その閉鎖性が前面に出る。

しかし果たしてそれだけなのだろうか。それでよいのだろうか。集落営農は「むら」の領土に依拠した、その意味で排他的・閉鎖的集団である。しかし同時に集落営農は営農というよりは定住条件の確保という生活領域に係わるものとして、農業者のみならず農家、地域住民全体に係わることになる。そしてその面では直売所の設置や都市農村交流も追求され、地域・市民への開放を旨としている。さらに集落営農は「むら」から発しつつも、大型機械の利用、リーダーやオペレーターの確保をめぐって明治合併村規模への拡大もみせている。集落営農が集落営農を組織する、集落営農がその連合体を作るといった組織間協同もみられる。今日の地縁共同体を昔ながらの閉鎖された「むら」と固定的にみることは現実を見誤る。

集落営農に限らず、今日の自治体の広域合併のなかで、明治合併村（今日の学校区）単位などの「小さな自治」「小さな役場」「地域自治組織」が追求されている(66)。これは集落の狭域性と合併自治体の超広域性の両方を打破しつつ住民自治の新たな基礎単位を模索する動きだといえよう。

山口定は、「そこに生まれる関係者間の連帯感をベースにして使用することにすれば、『共同体』には二つの異なった種類がある」とし、一つは血縁地縁に基づく家族、ムラから市町村を経て国に至る地域社会のような「運命共同体」、もう一つは「人々の選択によって生まれた組織・集団でありながら、そこに生まれる関係の長期にわたる持続や、共通の苦難と幸せの体験を拠点として連帯感が生じた結果誕生する『選択的（連帯）共同体』」、「個人主義的共同体」だとする(67)。星野も「古い共同体」と「新しい共同体」を語る。

後者は敢えて「共同体」と呼ぶまでもなく、マルクスやハーバマスのいうassociationの一つといえよう。にもかかわらず山口が敢えて「共同体」としたのは、意識的にか無意識的にかそれがassociation一般ではなく、何らかの地域を踏まえているからではなかろうか。多かれ少なかれ定住者の社会としての地域社会は、多かれ少なかれ「運命共同体」の面をもたざるをえない。とすれば問題は運命共同体か選択的共同体かではなく、地域に根ざしつつ運命共同体を連帯共同体に作り替えることであろう。その鍵を握るのが公共性であり、その核心は公開性である。めざすは「地域に開かれた集落営農」である(68)。

3　協同と公共性

共同体と並んで公共性にとってやっかいなのは協同組合である。ハーバマスは、「市民社会という語には、労働市場・資本市場・財貨市場をつうじて制御される経済の領域という意味はもはや含まれていない」としつつ、前述の「市民社会の制度的な核心」をなす「自由な意思に基づく非国家的・非経済的な結合関係（association）」を「順不同にいくつか」例示し、「協同組合、政党、労働組合、オールタナティブな施設にまで及ぶ」としている。また「私が批判的公開性の担い手として想定できたのは、対内的に民主化された団体と政党だけだった。政党や団体の内部の公共圏は、まだ再生能力のある公共的なコミュニケーションの潜在的な結節点であるように思われたのである」と過去形で語っている。それは「国家官僚制の巨大な複合体」等に対する「力の均衡や利害の調整」に向けての多分に戦略的な扱いでもあり、その公開性、公共性の原理に即した内部運営等について厳しい要件を課している(69)。

筆者は協同組合を運動・組織と事業・経営の矛盾的統合体と規定するが、現代の巨大化する生協では両者が組合員組織としての単位協同組合と単協から構成される事業連合会に分裂し（第7章）、少なくとも後者の面でみればそれはスーパーマーケット・チェーンと変わらず、「労働市場・資本市場・財貨市場を通じて制御される経済の領域」に属し、ハーバマス的な分類からしても「市民社会」の担い手とはいえないだろう。他方で組織体の面でも、社会に広く公開された組織として多数を組合員に結集するようになると、例えば米の自由化のような組合員間の意見が分かれるイッシューは取り上げるべきではないとして、社会的に焦眉の課題から撤退し、はじめは消極的に、のちには積極的に資本と同じ立場に立つようになり、結果的に狭い消費者利益のみを追求するようになる。それは形式的には公開性の強い組織とされながら実質的にはその反対物に転じる可能性をもつ。生協は今そのような岐路にあるといえる（第6、7章）。

ハーバマスが論じた時代よりも現代組織化がはるかに巨大化・グローバル化しているなかで、そこでの直接・間接民主主義の閉塞を厳しくみつめ、参加型民主主義をはじめ、あらたな公開性、公共性の追求が課題となる。

さらにより根本的にはメンバーシップ制と公共性の問題がある。固くメンバーシップが閉ざされた組織はもとより公共性を担い得ない。しかるに日本の法体制は協同組合のようなメンバーシップ制に基づく互助組織に、その公益性の点から一般より低い法人税率を課しつつ、他方では員外利用を厳しく規制する。それに対してヨーロッパでは生協を商業者一般として扱う代わりに員外利用規制をしない。それはヨーロッパの生協が店舗という一種の街の公共施設を担う点と無関係ではなかろう。公共施設に員外利用規制はなじまないのである（本書第6章）。しかし商業者一般として扱われることは、逆に協同組合としてのアイデンティティを問われることになる。ヨーロッパ生協の衰退の根底にはこの問題がある[70]。

とはいえ生協は加入・脱退が自由な組織としては公開性を担保しており、かつ組合員になるに際しての出資金は大学生協と比較しても桁違いに低く、その限りで員外利用規制はほとんどないに等しい。二〇〇七年の生協法改正に際して、員外利用規制の緩和を要求していた生協陣営等が、それが認められなかったことに実質的な異を唱えなかった所以でもあろう。

それに対して農協はどうか。戦前の地域ぐるみ全戸加入的な地縁血縁組織に対して、戦後のそれは加入・脱退が自由な民主的組織に転換した。実体的には依然として「いえ」「むら」組織だが、形式的には近代的組織になった。しかし農協には職能団体としての重要な制約がある。それは農家（農地所有者）しか正組合員になれない点である。そのメンバーシップ性のきつさは生協とは比べものにならない。それに対して農協については非農家も組合員になれる准組合員制度や二〇%までの員外利用が認められる等の代償措置がとられてきた。しかし准組合員は経営参加権がなく、しかもそういう「二級市民」が今や組合員の半数を占めるに至っている。また員外利用が依然として規制されている点も変わらない。

他方で農協の事業は狭い農業関連を越えて、金融共済、生活事業、福祉事業、葬祭事業等、農業者というより、農業者も含めた地域住民のための事業に拡がっており、主たる収益源もそちらにある農協が圧倒的で、経済事業が黒字の産地農協は数えるほどしかない。かくして農協が地域公共圏の担い手たらんとすれば、農家という組合員資格を外して地域住民が同等の権利をもって参加しうる真に公開された組織に脱皮すると同時に、まさに農村の公共的課題たる自給率向上、多面的機能の発揮、地産地消、食育等を担っていくためには、たんなる地域協同組合化ではなく農的地域協同組合化していく必要がある(71)。

おわりに

今、なぜ、共同体・市民社会・公共性なのか。一口にいえばグローバリズムが地球の隅々まで席巻して格差社会・地域格差を拡大し、共同体を破壊し、市民社会を圧縮しつつそこに深い亀裂をもたらし、「みんな」の公共性の追求を困難たらしめているからである。そこでは新自由主義の一部や保守主義からも共同体の復権や公共の精神が語られ、共同体や公共性がせめぎ合いの場となっている。冷戦体制が崩壊し階級間矛盾を主要矛盾に据えられず、階級的正義の追求がそれだけでは多数の共感を得られない今日、公共性はほとんど唯一の戦略概念にならざるをえない。

とはいえ、われわれが集落営農やその法人化をみるとき、それが公共性の担い手、公共空間、連帯共同体たりえているかという観点からのみ評価するのは、外在的な尺度を用い、特定の価値を押しつけるものでしかない。

しかし前述のような状況下では、公共的な価値をめざさずして、自ら存在意義を主張し、国民的理解を得ることもまた困難である。最近の農政が、生産者重視から消費者重視への転換を唱うのは社会的統合政策の対象転換でしかないが、農政が公共政策たりえようとすれば、農業基本法の時代のように、農業者の他産業就業者との所得均衡という階層利害をもって「公共の福祉」(前文)とはいいえないこともまた確かであり、「多様な農業の共存」「農業・農地の多面的機能」「食料自給率向上」「食の安全・安心」「環境保全型農業」「食育」「地産地消」といった公共的価値を唱わざるをえない。

しかし新基本法農政は、他方ではそのような公共的価値を究極には特定の「担い手」に担わせる構造改革政策、選別と排除の論理に貫かれている。
つまり農政自体が公共性の奪い合いの渦中にある。公共性論が客観的にもつ階級性、階級性に裏打ちされた公共性論こそが本章が主張したかった点である。そして、このようなせめぎ合いの交点に集落営農や農業法人もまた位置している。その存続・継承条件、その一環としての公共性・公開性の追求、それらをサポートする地域農業支援システムのあり方が依然として課題である。

注

(1)拙著『集落営農と農業生産法人』筑波書房、二〇〇六。
(2)小野塚知二・沼尻晃伸編『大塚久雄『共同体の基礎理論』を読み直す』日本経済評論社、二〇〇七。いちいち注記しないが、本稿はそれに強く刺激されている。
(3)大塚久雄『共同体の基礎理論』(前掲)五二頁。
(4)『マルクス　資本論草稿集　2　一八五七——五八年の経済学批判草稿　第二分冊』大月書店、一九九七、一三三頁。
(5)磯辺俊彦『日本農業の土地問題』東京大学出版会、一九八五。
(6)拙稿「マルクスの土地所有論と農民政策」磯辺俊彦編『危機における家族農業経営』日本経済評論社、一九九三(→本書第8章)。
(7)大塚久雄、前掲書、一四八頁。
(8)加用信文『日本農法論』(御茶の水書房、一九七二)は、大塚史学の農法論版ともいえるが、そのことが水田農法の独自性把握を弱めていないか。
(9)しかしそういう私有地を人々の公共空間としてとりもどそうとするpublic foot pathが追求されている点が後の公共性論と係わって重要である。岩本純明「田園レクリエーションとアクセス権」『農耕の技術と文化』第二〇号、一九九七。

(10)田中洋介『農業技術研究所報告H　クリーク水田農業の展開過程』五二号、一九七九。
(11)同調査については内山雅生『現代中国農村と「共同体」』御茶の水書房、二〇〇三、第2章。中国の「共同体」についてはさしあたり佐藤康行「アジアの共同体比較」日本村落研究学会編『むらの社会を研究する』(農山漁村文化協会、二〇〇七)。
(12)拙著『「戦後農政の総決算」の構図』筑波書房、二〇〇五、第5章。
(13)松本武祝『植民地期朝鮮の水利組合事業』未来社、一九九一、同『植民地権力と朝鮮農民』社会評論社、一九九八。
(14)桐野昭二氏の教示による。
(15)池橋宏『稲作の起源』講談社、二〇〇五。同書について原田信男『コメを選んだ日本の歴史』文春新書、二〇〇六年は、「従来の研究史を充分に踏まえたものとは判断されず、充分な説得力を持つものとは見なしがたい」としている。「充分」が好きな人だ。
(16)石川一三夫「村落二重構造論の形成と展開」『中京法学』第三七巻一・二合併号、二〇〇二。農村社会学からのそれとしては北原淳「アジア共同体論の課題」日本村落研究会編『むらの社会を研究する』(農山漁村文化協会、二〇〇七)。
(17)代表例として、大石嘉一郎『近代日本地方自治の歩み』大月書店、二〇〇七、と同書の金澤史男「解説」。また小野塚知二・沼尻晃伸編『大塚久雄『共同体の基礎理論』を読み直す』(前掲)における沼尻の「結語」も参照。階級国家が人民の成長とともに公共事務を担う限りで階級国家たりうることはマルクス以来の指摘であり、行政村が自然村の地域公共関係を継承発展させたことと地主支配強化との絡み合いこそが依然として課題ではないか。またここでの議論は部落＝大字＝藩政村どまりであり、そのさらなる基底にある農業集落(むら)が生産・生活共同体として内包する「公共性」との関係が問われるべきである。
(18)研究史では昭和合併が問題意識にどう反映したのかがあまりクリアではない。昭和合併により明治合併村としての行政村もまた行政村ではなくなり、昭和合併への批判的見地から評価されるということもありえることで、今日にいたるまで地域経済論における地域の振興・再生の単位として、学校区、(旧)農協支所等の地域実態をもった明治合併村が評価され、筆者もまたその立場にたつ一人である。

(19)農業集落研究会編『日本の農業集落』(農林統計協会、一九七七)に集大成されているので詳しくはそちらを参照されたい。その要を得た解説としては磯辺俊彦「『むら』はどう変わったか」『歴史評論』一九八六年七月号。
(20)浜谷正人「村とムラの地域史論」『山形大学紀要(社会科学)』第八巻二号、一九七八、同『日本村落の社会地理』古今書院、一九八八、はこれらの点についての周到な研究である。
なお日本村落研究会編『むらの社会を研究する』(前掲)では責任編集者の鳥越皓之は「江戸時代のむら」を「むら」とするのに対して、同書のすぐあとで大内雅利はセンサスの農業集落をもって「むら」としているし、庄司俊作も重層性を正しく指摘している。このような齟齬は「入門書」として致命的ではないか。
(21)渡辺尚志「日本近世村落史からみた大塚共同体論」、小野塚他編『大塚久雄『共同体の基礎理論』を読み直す』、前掲、一〇九〜一一〇頁。他方で渡辺は「近世においては、経済外強制の単位としての村請制村(支配・行政単位としての村)と、共同体としての『村』とは、地理的・空間的にズレている場合が多かった。村請制村の中に、共同体としての『村』(集落)が複数ふくまれているようなケースが多数存在した」(一〇六頁)と正しく指摘しつつも、「報告を終えて」では自治村落論に傾いているようで、筆者としては残念である。渡辺のほかにも、彼と対立的な東北大グループも「ズレ」には自覚的だが、その村落論の理解は採らない。
(22)木村礎『村の語る日本の歴史　古代・中世編』そしえて、一九八三、三〇〇頁。木村は先の農水省の農業集落調査も視野に入れた数少ない歴史家である(同『近世編②』)。
(23)牛山敬二「農村経済更正運動下の『むら』の機能と構成」『歴史評論』一九八六年七月号。
(24)入会については、村中入会、村村入会など、歴史的には藩権力による公認を受けたものとして藩政村が基礎単位になっているが、しかし一律ではなく(中尾英俊『入会林野の法律問題』勁草書房、一九六九)、先の農業集落調査では共用林野は集落共用六三%、大字内の数集落共用二〇%、大字の範囲一二%である。もっともその成立時期は明治・大正期に購入が四七%を占めるが、多分に「買わされた」ものだろう。現存する入会林野の一端については本書第2章を参照。そこでは一集落入会から十数集落入会まで多様である。

(25)例えば新潟県旧越路町では農業集落＝藩政村＝明治合併村の集落がみられ、今日も強い自治機能を担っている。

(26)同様の見解は山崎亮一「地域労働市場論と一九八〇年代における日本経済の転換」『農業問題研究』第六一号、二〇〇七。

(27)山崎亮一『労働市場の地域特性と農業構造』農林統計協会、一九九六。

(28)中野麻美『労働ダンピング』岩波新書、二〇〇六。

(29)田端博邦は「第二次大戦後の産物」としての企業別労働組合が、一八％と異常に低い労働組合組織率の問題等の根底にあるとしている。同『グローバリゼーションと労働世界の変容——労使関係の国際比較』旬報社、二〇〇八。

(30)階級論としては、青木健二『階級社会　日本』青木書店、二〇〇一、同『階級社会』講談社、二〇〇六、渡辺雅男『階級！社会認識の概念装置』彩流社、二〇〇四。

(31)後藤道夫「現代日本の格差拡大とワーキング・プア」『歴史と経済』第一九五号、二〇〇七。

(32)渡辺憲正「格差社会論を読みなおす」後藤道夫他『格差社会とたたかう』青木書店、二〇〇七。

(33)「社会学の用語法では好んで『個人化』と命名されている社会的断片化は、社会の文化的環境と利害ブロックをむしばんだ。労働組合はこうした発展によって決定的に弱体化した」。ヒルシュ、表弘一郎他訳『国家・グローバル化・帝国主義』ミネルヴァ書房、二〇〇七、二一九頁。

(34)このような主張の代表例として、小泉・安倍内閣下の経済財政諮問会議があげられる。本間正義「国際化に対応する日本農業と農政のあり方」『農業経済研究』七八巻二号、二〇〇六。

(35)有森隆・グループK『「小泉規制改革」を利権にした男　宮内義彦』講談社、二〇〇七から引用（二頁）。

(36)地域再生の試みについて、本間義人『地域再生の条件』岩波新書、二〇〇七、日本経済新聞社編『地方崩壊　再生の道はあるか』日本経済新聞出版社、二〇〇七。

(37)広井良典「個人を吸収する共同体」、二〇〇六年一一月二三日付朝日新聞。

(38)牧田実「グローバリゼーションと地域社会」後藤澄江他『グローバリゼーションと家族・コミュニティ』二〇〇二、山口定『市民社会論』有斐閣、二〇〇四、二七五～二七八頁。
(39)梶井功「集落と農政」『増補改訂　農業構造の変化と農地制度』全国農業会議所、二〇〇五。
(40)二〇〇七年一月七日付読売新聞。
(41)小林慶一郎「今後の経済、国家の役割は?」二〇〇六年一二月二五日付朝日新聞。
(42)渡辺憲正、前掲論文。
(43)政治経済学・経済史学会二〇〇七年度大会における橋口卓也報告「農業・農村政策の動向と地域対応――わが国の条件不利地域を主に」二〇〇七年一〇月。
(44)「内田義彦における『市民社会』」杉山光信『戦後日本の〈市民社会〉』みすず書房、二〇〇一。なお、およそ歴史上の市民社会論を網羅的に検討したものに吉田傑俊『市民社会論』大月書店、二〇〇五がある。
(45)花田達郎『公共圏という名の社会空間』木鐸社、一九九六、一八六頁。
(46)杉山、前掲書、一〇七頁。
(47)平田清明「現代市民社会と企業国家」平田清明他『現代市民社会と企業国家』御茶の水書房、一九九四。
(48)渡辺雅男『市民社会と福祉国家』昭和堂、二〇〇七、二六頁から引用。
(49)花田、前掲書、一七八頁。
(50)花田、前掲書、一六四頁。
(51)花田、前掲書、第5章。
(52)以下、ことわりなしの引用はハーバマス、細谷貞雄・山田正行訳『第二版　公共性の構造転換』未來社、一九九四年の、「一九九〇年新版への序言による。
(53)日本の文献において、「市民社会」は一九九〇年代中葉以降、「公共性」は九〇年代末以降の登場頻度が高まるとされている。

山口定『市民社会』有斐閣、二〇〇四、四頁。それはかつての市民社会派の市民社会論の再生というより、ハーバマス流の公共性論に裏打ちされた市民社会論の登場だろう。

(54)J・G・フィンリースン、村岡晋一訳『ハーバマス』岩波書店、二〇〇七、一八八頁。

(55)イグナシオ・ラモネ、杉村昌昭他訳『グローバリゼーション・新自由主義批判事典』の「市民社会」、作品社、二〇〇六。

(56)牧野広義「ロールズ、ハーバマスと史的唯物論」『経済』二〇〇五年一〇月号、吉田英傑『市民社会論』(前掲)。

(57)J・ヒルシュは「『市民社会』はあらゆる種類の革命の神話に背を向ける鍵となる概念へと成長した」(木原滋哉他訳『国民的競争国家』ミネルヴァ書房、一九九七)、「現存する市民社会は民主主義の土台ではなく、それの変革が民主主義への道なのである」(『国家・グローバル化・帝国主義』前掲)と、よりラディカルに批判するが、その彼の「文化革命」「ベーシック・インカム」論もまた具体的とはいえない。

(58)斉藤日出治「市民社会論の現在」吉田雅明編『経済学の現在2』二〇〇五、日本経済評論社、二九五頁。

(59)井上達夫『他者への自由』創文社、一九九九、一〇五頁。

(60)井上の手続き論は「他者への自由」すなわち「他者の異なった視点の存在を事実問題としてではなく、権利問題として承認する」ことのようだが(同二一一頁)、依然としてのその具体的手続きが問われる。

(61)国際公共性についてはさしあたり、細居俊郎「現代グローバリゼーションと国際公共性」二一世紀理論研究会編『資本主義はどこまできたか』日本経済評論社、二〇〇五、スティグリッツ、楡井浩一訳『世界に格差を撒いたグローバリズムを正す』徳間書店、二〇〇六、メアリー・カルドー、山本武彦他訳『グローバル市民社会論　戦争へのひとつの回答』法政大学出版局、二〇〇八。

(62)星野英一『民法のすすめ』岩波新書、一九九八、第4章。

(63)稲垣久和「教育基本法『公共』の意味議論を」二〇〇六年一二日四日付朝日新聞。

(64)杉山、前掲書、三〇頁。

(65)星野英一は地縁血縁的な「古い共同体」は市民社会から排除されるべきものとし、齋藤純一『公共性』岩波書店、二〇〇〇、は公共性と共同体の違いを強調する。今日の「コミュニティ」のアイロニーについてはZ・バウマン、奥井智之『コミュニティ』筑摩書房、二〇〇八。

(66)小田切徳美「自立した農山漁村地域をつくる」大森彌他『自立と協働によるまちづくり読本』ぎょうせい、二〇〇四。

(67)山口、前掲書、二三八頁。

(68)アジアの共同体の現実と言説を踏まえた北原淳は「開かれた共同体の構築」の課題を掲げる(北原・前掲論文)。

(69)ハーバマス、前掲訳書、二七七頁。

(70)社会的排除に挑戦するという意味で協同組合が公共性の担い手として立ち現れたものとしてヨーロッパの社会的協同組合があげられる。田中夏子『イタリア社会的経済の地域展開』日本経済評論社、二〇〇五、同「イタリア地域社会における『公共性』の創出と課題――社会的協同組合を主に」政治経済学・経済史学会(前掲)報告。

(71)拙著『この国のかたちと農業』筑波書房、二〇〇七、第4章。

第Ⅰ部　兼業農業の時代

第1章　地域労働市場と兼業農家

1　はじめに——一九七〇年代現段階

本報告は、第一に、日本資本主義の高蓄積からその破綻＝構造的危機に至る過程を、労働市場と農家労働力の流動化・就業構造の局面でおさえ、第二に、そのインパクトを強くうける兼業農家の、不況期農政（地域農政）および地域農業再建における位置づけを明らかにする。そのさい、とくに女子労働力および主婦農業に注目したい。

日本資本主義は、アメリカ帝国主義を頂点とするＩＭＦ＝ドル体制と戦後重化学工業の国際的分業体制のもとで、近代化投資・大型化投資をつづけ、鉄鋼・機械四部門を基軸とした重化学工業偏重の産業構造を構築してきた。だが、それがほぼ完了したまさにその時（一九七一年）、ＩＭＦ体制は崩壊にむかい、日本の「高度成長」もまた破綻にむかっていた。だが、農業にあっては、その後のインフレこう進過程がいわば高度成長の総仕上げ的な破壊力を及ぼした。とくに労働力と土地の農外収奪はすさまじく、農業生産力の最奥まで侵食した。本報告は、この高度成長期の「ひきつぎ」の側面を重視する。その上に七三年秋のオイルショック以降、不況が顕在化し、構造的危機の段階に突入する。

農家労働力の流動化は、その動向から**図1－1**のごとく時期区分しうるが、それと『就業構造基本調査』による非農林業雇用者数の増減をつき合わせてみると、両者の間には若干のずれがみられる。すなわちⅡ期（六四～六八年）

図1-1　非農林業雇用労働者の伸び率（全産業、1959年＝100）および農家労働力の流出率

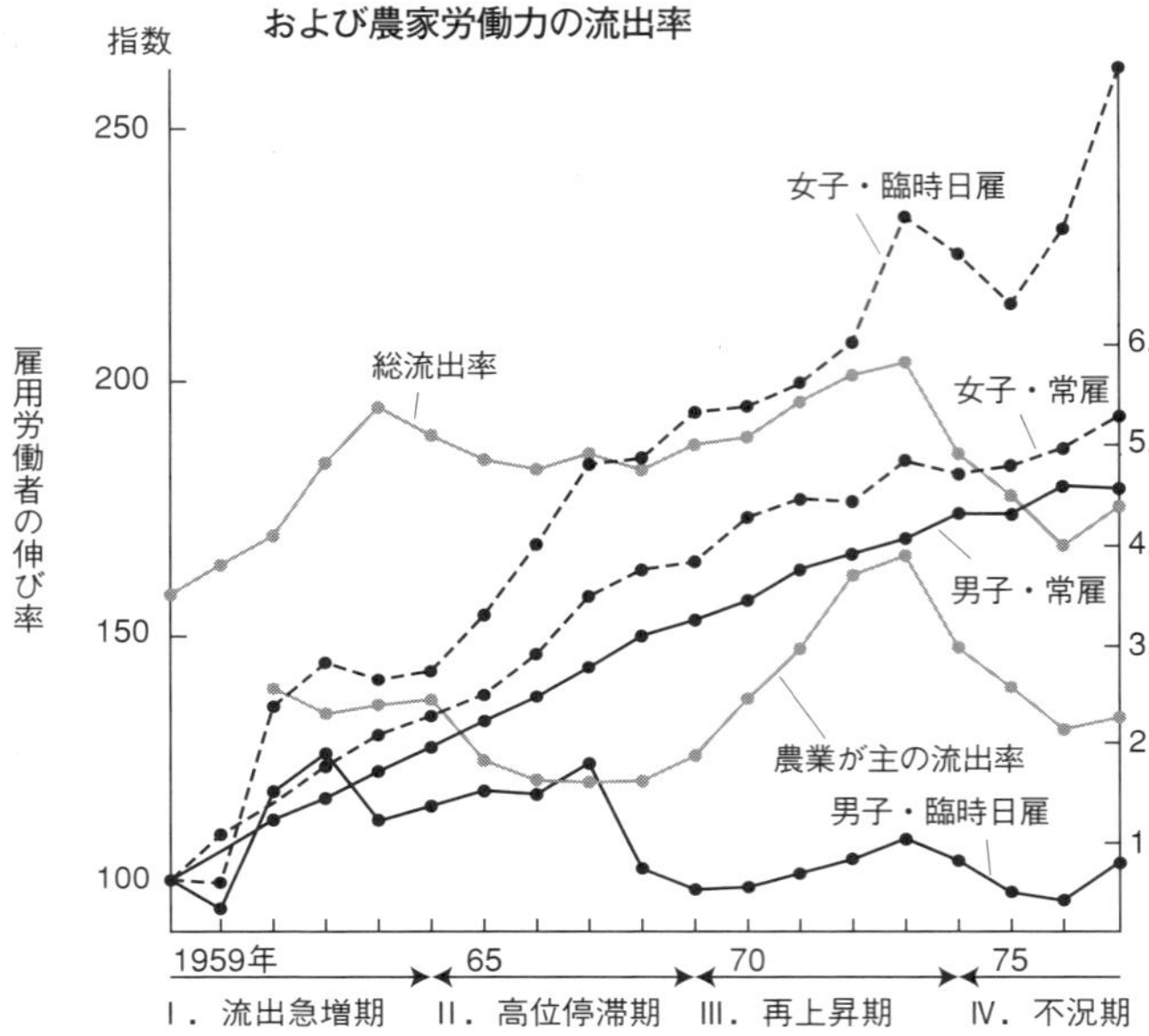

注：1）流出（出稼ぎ）率＝ $\frac{\text{流出（出稼ぎ）者数}}{\text{年初の15歳以上人口－勤務が主の者}}$ ×100

2）「農業が主」の流出率＝ $\frac{\text{「農業が主」からの流出者数}}{\text{年初の農業が主の人口}}$ ×100

3）『労働力調査』および『農（林魚）家就業動向調査』による。

には雇用者は増大するが農家労働力の流動化は高位停滞し、それに対してⅢ期（六九〜七三年）には、前者の伸びは鈍化するが、農家労働力の流出は急上昇する。このことは、農家労働力の流動化が、労働需要の持続的増大をもっぱら前提として、主として農業内部の事情によってつき動かされてきたことを示唆する。すなわちⅡ期の高位停滞は、米価の連年上昇をはじめとする農家経済の小康状態と、中型技術の普及がまだ部分的であったことを背景とし、それに対しⅢ期は、稲作機械化は田植機を含め全面普及の局面に入り、他方で農業情勢は六八年のミカンの暴落＝危機、乳価の伸び率鈍化、六九年以降の米価据置、七一年以降の減反本格化等と決定的に悪化し、農家労働力の流出率を急上昇させることになる。

それによって農業は解体化においこまれたが、それがもたらす矛盾と困難は、そこでの兼業所得の付与と地価高騰によって吸収・拡散しつづけることが可能であった。つまり兼業化は高度成長期最大のスタビライザーのひとつたりえた。だがいまや、大前提であった労働需要の持続的増大そのものが崩れ、他方農業内部からの排出圧力はいちだんと高圧化し、この両者にはさまれて出るに出られない労働力がうっ積し、兼業化は矛盾発散の十分な回路たりえなくなった。

日本資本主義は、ＩＭＦ体制崩壊下での集中豪雨的輸出と円高化によって国際競争力を落し、巨大な過剰蓄積を顕在化させ、設備投資をひきおこす新たな技術革新も望みえぬまま、産業再編成（在来重化偏重構造の一定の是正）と国際的な産業再配置（在来重化の国外移転）を余儀なくされている。この再編成を国際競争力にふきさらし、そのふるいにかける形で強行しようとする資本は、ひとり農業をそのラチ外におくことはせず、労資をあげて「農業保護」非難の大合唱をくりひろげる。これが現段階である。

２　労働市場と農家労働力の流動化

まず図１―１で、労働市場の現局面を高度成長期との対比で整理すると、第一に女子の臨時日雇が七四、七五年とダウンし、それまでほぼ一直線で伸びてきた男子常雇も七七年に微減しており（なお毎勤調査の規模三〇人以上の常雇指数は、男女総数で七五年からマイナス）、本工労働者にも雇用調整の大波がおしよせた。六〇年以降一％台にとどまっていた完全失業率も七五年以降上昇し、七六年以降は二％台を持続している。

第二に、それと対照的なのが臨時、日雇の動向なかんずく女子のそれで、六〇年代なかば頃から急増しはじめ、七三年にピークを極め、七五年にかけては急減して底をつき、再び急上昇にむかうという激しいジグザグをえがいている。女子では常雇についてもうすめられた形ではあるが同様の傾向がみられる。また「雇用動向調査」でも女子は入職率、離職率ともに男子よりも高く、かつ七〇年代に入ると、ほとんどの年次が離職率が入職率をうわまわっている。

このような女子不安定労働力は、ＯＥＣＤの積極的労働力政策の提唱（六四年）をうけて、わが国でも婦人の「能力開発」、「近代的パート制度」利用政策がうちだされ、それをひとつの背景として高度成長期に累積されてきたものであり、それが現在では、景気変動に対するバッファー機能をいかんなく発揮しているわけである。これらの女子労働力は景気の後退局面で解雇されると非労働力化し（かかる「縁辺労働力」機能は六九・七〇年にも発揮）、失業顕在化を隠ぺいしてきたが（実は「家庭内失業」）、とくに六八年以降、女子無業者における就業希望者の比重も高まり（とくに二〇代、三〇代では六五年までの三〇％台から五〇％以上へと急増）、不況期にはさらにアップしている。

かくして、男子世帯主本工にせまる雇用調整を強行しつつ、その代替として「不安定雇用労働市場」を大幅に拡大しつつあるところに今日の特徴をもとめることができる。

雇用・資金の抑制と家計費上昇のギャップのもとで主婦の労働力化圧力が強まっているのである(1)。

このような動向のなかで農家労働力の流動化についてみると（**表1－1**）、第一に、六八年（Ⅱ期）から七三年（Ⅲ期）にかけて流出率は全般的に急上昇しているが、その伸び方は、就職前の就業状態別（農業が主、自営業が主、家事育児通学が主）でみた総数よりも、農業が主の者（＝基幹的農従者）においてより著しく、また女子二五歳以上層なかんずく三五歳以上層で著しい。つまり「農業が主」の中高年主婦層の伸びが最も著しかったことになる。流出率は七三年から七七年にかけてはダウンするが、その度合もまたこれら農業が主の中高年主婦層が最も著しかった。しかし、「農業が主」の流出率は、ダウンしたとはいえ、なお六〇年代よりは高水準であることが注目される。

第二に、離職還流者（他産業から離職して、「農業が主」「自営業が主」「家事育児が主」になる者）の動向についてみると、六〇年代には、離職還流者は、年々の就職流出者数のほぼ四分の一程度の数に相当し、高度成長期にも事

表 1-1　年齢階層別にみた流出・還流・純流出率の推移（全国）

			A．就職流出率			B．離職還流率			C.純流出率（A－B）△は還流超過		
			68 年	73 年	77 年	68 年	73 年	77 年	68 年	73 年	77 年
総数（全国）	総数		4.7	5.6	4.3	1.3	2.0	2.0	3.5	3.6	2.3
	男子	総数	5.7	6.6	5.2	1.5	2.5	2.5	4.2	4.1	2.7
		24 歳以下	19.5	18.6	17.7	2.6	3.1	2.6	16.9	15.5	15.1
		25～34	3.8	6.9	5.4	2.4	5.1	5.9	1.3	1.9	△0.5
		35～59	1.8	4.3	2.4	1.4	2.7	2.6	0.4	1.6	△0.3
		60 歳以上	0.3	0.9	0.5	0.5	1.1	1.5	△0.2	△0.3	△1.0
		あとつぎ	9.2	11.6	10.4	2.4	3.4	3.3	6.8	8.2	7.1
	女子	総数	4.0	5.0	3.7	1.1	1.7	1.7	3.0	3.3	2.0
		24 歳以下	20.0	19.2	18.3	4.4	5.3	4.5	15.6	13.8	13.8
		25～34	1.7	4.7	3.2	1.0	2.5	3.2	0.7	2.2	0.0
		35～59	0.9	2.8	1.6	0.4	1.2	1.4	0.5	1.6	0.2
		60 歳以上	0.0	0.3	0.1	0.1	0.2	0.3	△0.0	0.1	△0.1
農業が主だった者	総数		1.5	3.8	2.2	0.9	1.7	2.1	0.5	2.1	△0.1
	男子	総数	2.1	4.4	2.6	1.4	2.4	3.0	0.7	2.1	△0.3
		24 歳以下	8.4	14.3	11.1	6.9	8.1	11.0	1.5	6.2	—
		25～34	3.3	7.0	4.6	1.7	3.2	5.0	1.6	3.8	△0.4
		35～59	1.7	4.7	2.7	1.0	2.2	2.5	0.7	2.4	0.1
		60 歳以上	0.3	1.2	0.8	0.4	1.3	2.0	△0.0	△0.0	△1.2
		あとつぎ	3.7	7.7	4.5	2.4	3.7	5.1	1.3	4.0	△0.6
	女子	総数	1.0	3.3	1.7	0.6	1.2	1.3	0.4	2.1	0.5
		24 歳以下	4.7	10.7	7.4	6.1	7.3	8.7	△1.4	3.4	△1.3
		25～34	1.3	4.8	2.6	0.5	1.6	1.4	0.8	3.2	1.2
		35～59	0.8	3.2	1.8	0.3	1.0	1.2	0.5	2.1	0.5
		60 歳以上	0.1	0.8	0.3	0.1	0.3	0.5	△0.0	1.1	△0.2

資料：『農家就業動向調査』。
　注：A、B、Cの各比率は、流出者、還流者、純流出（還流）者数の年初の流出可能人口（15歳以上人口－通勤が主の者）に対する比率である。

態が一方的な流出ではなく、まさに「流動化」であったことを物語るが、七〇年代に入るとこの比率は急速に高まり、後半には四〇％をこすに至った。

さて**表1－1**にもどってみると、六八年から七三年にかけては還流率は流出率と並行して上昇しており、前述の「農業が主」を中心にした中高年労働力の流出が、ただちに離職還流となってはねかえりやすい限界的かつ不安定な性格のものだったことを示唆する。だが七三年から七七年にかけては、それまでの流出・還流の並行運動はくずれ、流出率はダウンするが、還流率は「総数」の男子三五～五九歳層で微減しているものの二五歳以上層および「農業が主」（離職還流して農業が主になる者）の一部女子を除く全年齢層でアップしている。

かかる逆方向への動きの結果、還流超過、すなわち職業異動を通じる「農業が主」の純増が、「総数」の男子二五歳以上層および「農業が主」の男子総数（年齢層別には二五～三四歳層および六〇歳以上層）で新たに発生した。だが「農業が主」の女子は青壮年層を中心に依然として純流出している。

階層別には、「総数」では、六八年から七三年にかけての流出率アップは一・五ヘクタール以上層で著しく、中上層農家が労働力流動化の中心をなした。下層はすでにⅣ期以前から純流出力を弱めており、六八→七三年の流出率アップは小幅、七三→七七年のダウンは大幅だったため、とくに純流出率の階層差は小さくなった。「農業が主」の者では、七三年をピークとする流出率のアップとダウンがとくに一ヘクタール未満層において著しく、七七年には純流出ストップないしは還流超過となっている。とくに〇・七ヘクタール未満なかんずく〇・五ヘクタール未満層では男子老年層を中心に還流率が大幅にアップして還流超過も著しく、七七年度農業白書をして「今後稲作転換を進めつつ農業の生産構造を改善していく上で問題なしとしない」（一四二頁）となげかせた。むしろ「土地持ち労働者」といわれたこの層にも雇用不安と定年後の生活危機が迫り、資産所有者への純化をはばんでいる現状をみるべきである。

次に兼業化についてみると(2)、五五～六五年にかけて旧型の自営兼業が崩壊し、かわって六〇年代前半を中心に人夫日雇や出稼ぎといった労働力切り売り的な兼業が激増し、ついで六〇年代後半をひとつの過渡期として、七〇年代に入ると切り売りから恒常的勤務への転化が主流となり、いわゆる「土地持ち労働者」論の根拠となった。しかし「農家就業動向調査」によれば、前述のごとくその就業実態はかなり不安定であり、その就業先も製造業と並んで建設、卸小売、サービス業等が多く、新規学卒者はともかく、全体として「切り売りの長期化、通年化」だったといえる。

ところで七〇年代後半について「農業調査」でみると、いままでとはやや異なった動きがみられる。すなわち恒常的勤務はひきつづき増大はしているもののその伸び率は大幅に鈍化し、Ⅱ兼人夫日雇農家および人夫日雇・自営業の兼業従事者が増えている。後者の動きはわずかであり、また男子人夫日雇のように七六→七七年かぎりのものもあり、ただちに一般化するのは危険であるが、ともかく不況期にかかる不安定兼業が頭をもたげ、六〇年代の高度成長期の現象が再現したことに注目する必要がある。

3　賃金格差と農家労働力の労賃構造

製造業五〇〇人以上規模を基準として諸賃金格差の動向をみると、一九五〇年代後半まで急速に拡大しつつあった賃金格差は、五八年を底として**図1—2**にみるように縮小にむかいはじめた。製造業内部については、それは主として新規学卒・若年労働力における規模別格差の解消によるものであるが、かかる製造業での動向が底辺層賃金の引上げにも作用したといえる。だが、以上の格差の縮小は、あくまで製造業五〇〇人以上規模とその他の諸賃金の間のそれであって、**図1—2**にみるように、その他の諸賃金内部にあっては格差は相変わらず固定的であった。

そして若年労働力の格差の解消がほぼいきついた六五年ごろから、製造業一〇〇～四九九人規模を除き格差は完全に固定化し、六八年ごろからはやくも日雇賃金をはじめ底辺層の格差は拡大にむかいはじめ、七四年以降の不況期は製造業一〇〇～四九九人層の縮小傾向も停滞に転ずる。すなわち賃金格差についてみても、不況期はまさに高度成長期の延長上にあり、労働市場の動向と同じくその「ひきつぎ」の側面が注目される。

ところで**図1—2**は、農業所得の激しい動揺を別とすれば、賃金をめぐる八本の線が一貫してクロスすることなく並行線をえがき、かかる格差が日本資本主義の堅牢な「構造」になっていることを物語る。そして、このような格差構造の基礎範疇は、その最底辺をなす農村日雇賃金にもとめることができる。すなわち**図1—3**にシェーマ化したよ

図1-2　製造業規模別（常雇）および農家労働力の賃金格差
（時間当たり賃金・所得、製造業500人以上規模＝100）

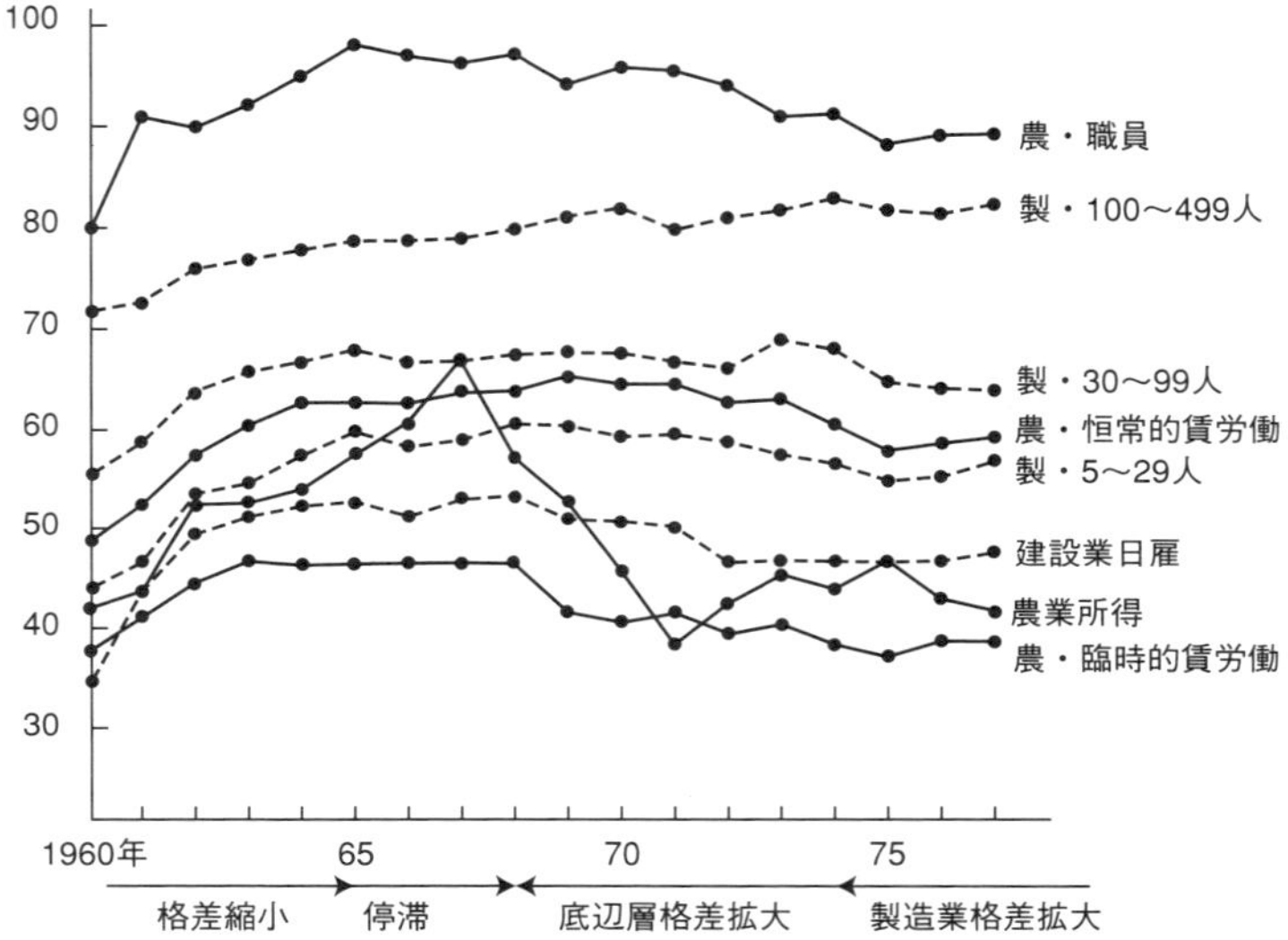

資料：『毎月勤労統計』、『農家経済調査』、『屋外労働者職種別賃金報告』。

図1-3　農村切り売り労賃支配のメカニズム

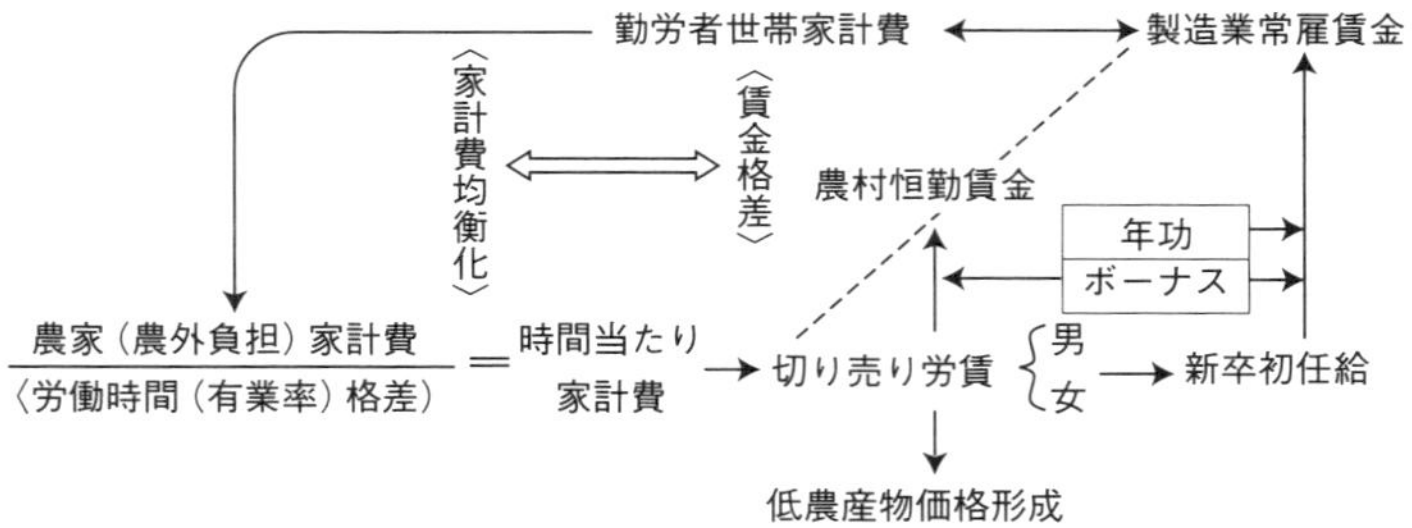

表 1-2　農家労働１時間当たり家計費コストと臨時的賃労働賃金の比較（全国）

	家計費A（円）	家計費B（円）	臨時賃金C（円）	C/A %	C/B %
1960年	62	58	52	83.9	89.7
61	71	73	64	90.1	87.7
62	86	72	75	87.2	104.2
63	96	86	86	89.6	100.0
64	107	95	95	88.8	100.0
65	122	99	104	85.2	105.1
66	135	100	116	85.9	116.0
67	157	101	129	82.2	127.7
68	173	139	148	85.5	106.5
69	198	178	157	79.3	88.2
70	227	227	179	78.9	78.9
71	257	276	216	84.0	78.3
72	292	274	242	82.9	88.3
73	354	298	303	85.6	101.7
74	445	352	382	85.8	108.5
75	518	372	425	82.0	114.2
76	571	462	485	84.9	105.0
77	628	544	519	82.6	95.4

資料：『農家経済調査』。
注：A＝家計費÷労働時間
B＝〔家計費－農業所得－（1/2）農家経済余剰〕÷農外労働時間
C＝臨時的賃労働の時間賃金

うに、農村日雇賃金（切り売り労賃）が、一方では農村の恒常的賃労働の日給月給制賃金のその日給単価を規定し、他方ではとくに女子の日雇賃金が同じ不熟練労働力に属する新規学卒労働力の初任給を規定し、それに農村部の恒勤者にもボーナスが付加され、さらに都市の独占的大企業にあっては、年功的な賃金体系、それを支える労働組合による賃金交渉と独占価格（超過利潤）の分け前分与とが加わって、農村切り売り労賃を基底とする巨大な賃金格差が形成されてきたのである。

では基礎範疇としての農村切り売り労賃そのものは、いかなるメカニズムで形成されてきたのか。**表１－２**によると、切り売り労賃は、六〇年以降の平均でみて、農家の総労働時間が負担しなければならぬ家計費コスト（A）の八五％水準（男子切り売り労賃をとればほぼイコール）、農外労働がギリギリのところ負担しなければならぬ家計費コスト（B）(3)とはほぼイコールの関係にある。

つまり、家計費の農工間均衡化傾向の貫徹を前提として、その高圧化する家計費圧力をもっぱら世帯総労働時間を調整する形で（工業に対する相対的延長・労働時間格差の拡大）受けとめてきたところに、結局は、労働時間当たり負担家計費が切り売り労働水準を規定するメカニズムが成立したといえる。つまり農工間の家計費均衡化のもとでの、巨大な農工間賃金格差と農工間世帯労働時間格差の相互規定関係の成立である。こうして消費面での一見華やかな「都市化」は、稼得面での格差と過酷と貧困化を伴っていたのである。

するると問題は、結局、かかる労働時間格差の成立をゆるす切り売り労働の供給メカニズムの問題になってくるが、それは対米従属的な資本の高度蓄積と零細農耕制（面積規模の零細性と前者による作目収奪による「農業生産の構成の単純化」）の両面から規定される。すなわち前者による後者の労働力切り売り基盤への転化が、巨大な賃金格差の基底を構築し、こうして格差構造がひとたび成立すると、今度はそれ自体が、その底辺部分を絶えず相対的過剰人口化し、再びそこでの労働力切り売りを促進するという悪循環のメカニズムの成立である。そして不況期は、かかる高度蓄積＝格差構造という相対的過剰人口形成メカニズムのうえに、資本による労働力の本格的反発という要因を加重した(4)。

4　農業従事者の動向

「農業が主」の者（基幹的農従者）の純減少率を表1－3でみると、六〇年代末から急上昇し、七三年にピークを画し、七四年に三・五％にダウンして以降は同水準を保っているが、これは、七二、三年の異常な高水準を別とすればかつてない高さだといえる。

前述のように不況期に入って職業異動を通じる純減は大幅に鈍化し、ほとんどネグリジブルになった。だがその反面、七〇年代に入って補充、退出ルートでの純減率が急速に頭をもたげ、不況期に入ってその傾向がいっそう強まっ

表 1-3　農業が主の者の純減少率

（単位：%）

	総数	転職（就職―離職）	転職以外の退出		死亡
			社会減	退出―補充	
1965 年	2.0	0.6	0.5	0.3	0.6
66	1.7	0.6	0.4	0.1	0.6
67	1.9	0.6	0.3	0.3	0.6
68	1.7	0.5	0.3	0.2	0.6
69	2.4	0.8	0.5	0.5	0.6
70	3.7	1.4	0.7	0.9	0.7
72	4.7	2.0	0.6	1.5	0.5
73	4.9	2.0	0.5	1.7	0.5
74	3.5	1.3	0.2	1.5	0.5
75	3.5	0.9	0.2	1.9	0.6
76	3.7	0.3	0.3	2.5	0.6
77	3.5	0.1	0.3	2.4	0.6

資料：『農家経済調査』。
注：1）72 年に標本改正があった。71 年は未公表。
　　2）純減少率＝農業就業者の純減少/年始めの農業就業者数。
　　3）転職以外―縁事その他の転出入、農家の増減。

た。これは、補充率がほぼ一貫して減少してきたのに対し、退出率が七〇年代なかんずく不況期に急テンポで上昇しはじめたためである。

今日の補充・退出の主体は男女の三五歳以上層と補充面での男子二四歳以下層であるが、問題は、男子若青年層と女子中高年層の補充率の減少と、男子中高年層の補充率減・退出率増にある。

階層別には一・〇ヘクタール未満、なかんずく〇・五ヘクタール未満層で、男子の退出率アップと、女子の補充率ダウンにより、純減率が大幅に高まっている。先に指摘した零細層における老人層の帰農強化も、かかる傾向をまったく部分的に補完しようとする動きにすぎない。

問題の核心は、かかる退出率の上昇が一貫した傾向なのか、とくに不況期の現象なのか、そしてその原因は何か、である。一般的背景としては、基幹的農従者の高齢化、田植機を含む農業機械化によるかかる老齢労働力の排除、そしてそれを政策的に推進する農業者年金の給付等があげられようが、その詳細は不明といわざるをえない。

だが、同時にここで強調されるべきは、かかる基幹的農従

表1-4　自営・勤務・家事育児を主として農業もする者の年増減（△）率（全国）

（単位：%）

	自営が主		勤務が主		家事育児が主		合計	
	男	女	男	女	男	女	男	女
1965年	△1.4	0.7	2.6	5.6	△7.8	△2.6	△0.4	△1.2
66	0.3	1.6	2.2	5.0	△7.9	△3.0	△0.0	△1.4
67	0.0	4.1	0.9	5.9	△7.8	△3.1	△0.7	△1.0
68	△0.0	1.0	2.0	6.0	△7.5	△1.1	0.1	0.3
69	0.4	2.7	1.6	7.1	△6.4	△1.4	0.2	0.8
70	0.0	2.7	2.2	8.9	△6.2	△1.8	0.8	1.0
72	0.4	2.2	2.5	4.3	△11.6	△1.5	0.3	0.0
73	0.1	2.3	1.5	5.0	△17.9	△5.1	△0.8	△0.9
74	△0.0	△2.1	1.3	1.2	△9.2	0.0	0.0	0.2
75	0.3	0.5	1.9	3.0	△4.4	0.3	1.1	1.3
76	0.2	1.8	0.8	1.0	2.1	1.6	0.9	1.4
77	0.5	1.1	0.6	0.1	1.1	1.0	0.7	0.7

資料：『農家経済調査』。
　注：年当初の当該人数に対する純増減数の割合である。

者からのリタイアが即農業そのものからの完全リタイアなのではなくて、その七割程度が、農業従事日数の減少による基幹的農従者から補助的農従者への後退であり、したがって基幹的農従者の純退出率アップは、そのまま補助的農従者の純「補充」率アップになるという点である。

そこで、自営・勤務・家事育児等を主とし従として農業もする補助的農従者の動向を**表1－4**でみると、六七年までは純減であったが、六八年から純増に転じ、七五年以降の不況期にはその率が一段と高まっている(5)。とくに唯一最大の純減ルートであった家事育児を主とする者が七六、七七年を機に純増に転じている点が注目される。いうまでもなく先の不況期における基幹的農従者の純退出増に対応するものである。七七年における補助者農従者の純増に対する寄与率は、男子では勤務が主の者が六六%、女子では家事育児が主の者が七七%を占める。

年齢別に七〇年と七七年を対比してみると、勤務が主の補助的農従者については、男子若年層の大幅増と、男女中高年層での大幅減がみられ、また家事育児を主とする補助的農従者については男子六〇歳以上および女子二五歳以上層で大幅増ないしは減少の大幅鈍化がみられる。つまり男女の中高年層では、農業が主から勤務が主への転職が不況下で大幅減退し、かわって農業が主から家事育児へのリタイアが増大し、また男子若年層では農業をしない勤務の状態から農業もする勤務への一種のＵターンが強まっているといえる。

そこで注目されているＵターン現象を、転出入および職業異動を通じて「農業が主」あるいは「農業が従」の者が純増する現象といちおう定義したうえで、その状況をみると、不況期に入って注目されるのは、男女の就職転出および男子の農業しない勤務専従から農業が主へのＵターンがみられ、またあとつぎを中心に都会から地元に勤め先を変えつつ自家農業にもタッチする形でのＵターンが強まっていることが注目される。農業をしない通勤から農業もする通勤へのＵターンは以前からみられた現象であるが、とくに男子若年層でそれが強まっていることは前述した。全体として男子では農業が従へのＵターンがかなりみられ、それが補助的農従者の純増のほとんどを占めているといえる(6)。

以上の動態を「農業調査」の静態でみると不況期に一五〇日以上の農業専従者の減少テンポがおちるとともに、七六年から七八年にかけて男子の一〇〇～一四九日の補助的農従者が微増し（ただし七七年から七八年にかけてはすでに微減）、また男女の五九日以下なかんずく二九日以下の片手間農従者がかなり増大している。男子については、一〇代、二〇代で二九日以下、三〇代、四〇代で三〇～五九日、五〇代以上なかんずく六五歳以上で一〇〇～一四九日の農従者がふえている。こうして、たんなる頭数としても一五〇日以上の農業専従者の減少をカバーしうるものではないにしても、男女とも一四九日以下の農従者の合計数はなお増大傾向にある。

このような高だか二～三年の動向をただちに一般化するわけにはいかないが、七〇年代前半までの農業専従者→補助的農従者→片手間農従者→離農という一方的な減少経路をただちにたどるのではなく、一ランクずつ後退しながらなおそこで滞留しているのが不況期の特徴だといえよう。

5　地域農業再建と兼業農家

以上の動向は、日本農業が不況期にも依然として兼業農家への、そしてとくに兼業農家は補助的・片手間的農従者への依存を強めざるをえないことを物語る。兼業農家の性格規定、農業生産活動、とくにそこでの主婦の役割に関する包括的な研究の深化が強く望まれるが(7)、ここではその重要性の指摘に留め、農政における兼業農家の位置づけからはいりたい。

規模拡大による高生産性農業の実現という目標を、基本的に個別自立経営の育成・拡大によって達成しようとした基本法農政は、兼業農家をかかる近代化に対するやっかい者扱いしたが、結果的にはやっかいばらいできるどころか、かえって肥大化させて自ら破綻してしまった。かかる点（自立経営）を拡大して面に至る方式の失敗をうけた総合農政は、逆に面（地域）としておさえることによって点（中核農家）を拡大する政策に転じたが、その高度成長版がハードな農業の装置化・システム化論であり、不況版がソフトな地域農政論だといえる。

そこでは、経済的圧力ではやっかいばらいできなかった兼業農家を積極的に地域ぐるみの話し合いの場にひきずりだし、ムラのため、ひいてはオクニのために、という社会的圧力によって中核的担い手への土地利用権の集積と水田利用再編に協力させようとする。こうして兼業農家の非農業化・一般住民化をおしすすめ、それによる矛盾もまた地域のなかに封じ込め、わずかに農村環境整備等によって一般住民としての要求に限って対応しようとする。国と農政の責任の集落連帯責任へのすりかえであり、その最初の「成功」が七八年度の水田利用再編対策であった。

かかる不況期農政の手法としての地域農政の登場は、だが第一に、日本小農制の、家族内自給的な労働力と分散錯綜する耕圃の一片一片との偶然的かつ脆弱な結びつきを支えてきた、生産力形成の場としての地域・集落の見直しと、第二にかかる面としての地域・集落の一角を現に占めている兼業農家の位置づけ、といった現段階的課題をそれなりにふまえており、その限りで必然性をもつものであった。かくして、地域農業＝兼業農家論が上からの中核的担い手主軸の地域農業再編か、それとも下からの兼業農家を包摂した地域農業再建かの、すなわち「地域農業再建の筋道をめぐる争い」の最大の争点に浮かびあがってくる(8)。

そこで兼業農家を主体にした、あるいは兼業農家をまきこんだ地域農業への取組について、入手した報告事例のなかから、次の四つの試みに注目してみたい。

第一は、玖珂町兼業農民組合（山口）、礪波農業者会議、細江町農民組合（静岡）といった兼業農家主体の農民組合運動の動きで(9)、主として恒勤化した日曜・朝晩農業の青年層が中心となって、地域の営農環境（雑草、日照、汚水、道水路等）を守り、初歩・基礎からの営農指導の要求する闘いをしているが、そのなかで産直や組合による作業受託への取組もみられる。また地域の生活問題（保育所・道路・河川改修・上下水道等）に取り組む農民組合も多い。

第二は、長野県宮田村の集団耕作組合、岐阜県海津町の機械化営農組合、山口県熊毛町の下郷農業構造改善組合等の兼業農家主体の生産組織化の動きであり(10)、前二者は「男子兼業農家労働力を中心に多人数のこまぎれ労働力が輪番制オペレーターになる」組織であり、後者は世帯主恒勤農家の主婦が作業受託のオペレーターとして活躍しているものである。いずれも水稲と恒勤兼業をなんとか両立させて地域の農業と土地を守ろうとする防衛的対応ともいえるが、一部の専業的農家や他作目も加わることによって専兼の両立と地域複合化への胎動もみられる。

第三は、農協を中心とする兼業農家を包摂した地域農業再建の動きで、下郷農協（大分）、西和賀農協（岩手）、大江山農協（新潟）等の主婦野菜作の産直、熱塩加納村農協（福島）の主婦を「労務担当」から「技術担当」にひきあげた米づくり運動、そして洞爺農協、住田町農協（岩手）、福浦農協（福島）等の実践が報告されている(11)。これらの多くに共通する点は、

（一）地域農業再建の出発点として、まず兼業化した主婦の農業へのひきもどしから取り組むケースが多い。前述

のごとく農家主婦は最近の労働力流動化の主軸をなし、夫婦共稼ぎ兼業化が広範化した。そうして稼ぐ賃金の高は知れたものであったが、それによる農業の手抜き、地域・家庭生活の崩壊、子供の非行化等の影響は大きかった。そこから「せめて主婦だけでも農作業で家を守ってほしい」という地域の切実な要求がでてくる。今日の農工対立の最前線が主婦層の獲得をめぐる攻防におかれているわけである。

(二) そのために農協青壮年部等に結集する専業的農家（とくに有畜農家）の青年層が技術的リーダーや地域複合化の中核となって、それ自体としては技術もなく脆弱な女性・老人のコマギレ的労働をなんらかの形の専兼間協同のなかに組みこみ（「正規軍」と「ゲリラ軍」と結びつけた「ベトナム方式」――大江山農協）、多種多様な労働力と作目の組みあわせを打ち出している。かかる多様性が、個別・地域複合や産直等の取組の基礎となることはいうまでもない。

(三) 主婦兼業化の歯止めは「主婦が日雇に行って得られる程度の収入を野菜、その他複合経営でとれるようにしたい」、すなわちギリギリのところ女子切り売り労賃水準の確保におかれる。

そのためには多種少量の「小物」・「ハモノ」まで含めた多様な農産物を流通ルートにのせ、その価値実現をはかる必要がある。共販組織としての農協の正念場であるが、そのためには第一に規格の単純化、選別の簡素化、集出荷の時間・回数・方法等のきめ細かな配慮によって兼業農家や婦・老人労働力への対応を工夫するとともに、第二に従来の中央卸売市場への単品大量連続出荷方式とは異なった新しい販路の開拓が必要となり、その模索がいくつかの地域では地場流通の重視や消費者との「産直」運動につながってきたわけである。その一環としての地元での「市」の開設等が、あらためて地元の特産品・適産物のみなおしや発見、そして地域の作目の多様化と複合化につながっている事例もみられ、また都市化地域では兼業農家の自家菜園から「地域の自家菜園」への拡充もみられる。

(四) そのほかこれらの農協では、①婦人会活動が盛んで、出発点であった生活問題や生活環境への取組がなされ、

②後継者対策を農業専従青年に限定することなく、恒勤化したあとつぎ青年層を「農家」後継者として組織し、自家農業を手伝う気運をもりあげている（福浦農協）。③また青・婦人を中心とする学習会活動や視察研究等も盛んである。④機械施設の導入にあたっては無理のない、あるいは「人」を対象とした思い切った補助、融資、利子補給等が手当てされ、⑤地域の農地を守り拡大する運動や地域の土地利用計画への取組もみられる。

以上の特徴を一口にまとめれば、それは「現に有るもの」から出発する方式だといえる。すなわち、地域の困難と特殊性をしっかりとみつめ、そこになお残された可能性を唯一の手がかりとして再建にとりかかろうとし、そのことが婦人・老人労働力や兼業農家・零細複合経営の重視となり、そこで生産・投下された農産物の販売とコマギレ労働の価値実現を独自に追求するところから、地域の農産物をワンセットで消費者にとどける方式が打ち出されてきたのであって、はじめから「主婦農業」や「産直」がそれ自体として目的だったのではない。

ところで、これらの試みは、どちらかといえば山間僻地の非合併あるいは小合併の町村・農協の実践例が多い。しかし、町村や農協の合併が、ともすれば行政支配と業務の便宜をこととして、旧町村間の自然的社会的差異を無視した広域合併に走り、その結果、一自治体・農協内に地域間の対立なかんずく都市と農村の対立をもちこみ地域問題をいたずらに複雑化させたことをおもえば(12)、さしあたり旧村的規模を単位として地域農業の再建が取り組まれだしたことは決して理由のないことではない。だが同時にその規模に常に限定されなければならない必然性は必ずしもない。

そこで第四の動きとして、愛媛のみかん産地を事例として巨大産地・大型共販における地域農業再建の試みにふれてみたい(13)。高度成長期に大量連続出荷をひとつの武器として農民的商品化組織としての大型共販組織を下から築きあげてきた産地では、過剰・暴落・不況のなかで荷受資本主導・高品質志向の市場対応と産地間競争を強いられ、その矛盾と圧力が共販下部組織（支部、支所、集落）に順次しわよせされ、地帯・園地・農家区分、出荷規制、厳選による品質管理が強化され、これについてゆけない農家の共販離れと階層分解、そして厳選・出荷労働・雑務の過重による生産活動の圧迫がひきつづいた。

それに対する反省から、大型化の過程で取り組んできた管内各地域の産地特性の見直しと適地適産の再編、共選場の本来の機能の充実による庭先選別の簡素化、部落の共販雑務からの一定の解放が試みられ、生産・学習活動の活発化、ひいては産地間の出荷調整や県間での広域的な果汁加工調整、さらに価格政策樹立への試みがみられだした。これらの試みの多くは前述の第三の農協の実践とも共通している。また、品質管理のために農家区分をとり入れた農協もあるが、農協自身が階層分解を押し進めるこの農家区分は早急に姿を消してしまった。つまり以上は、それなりに兼業農家対策でもあったのである。

おわりに

これらの実践の「限界」や「特殊性」をあげつらうことは赤子の手をひねるよりやさしい。しかし、地域農業の再建はまさに地域の「特殊性」をみつめるところから出発するものではないか。また主婦の農業へのひきもどしは、再建の第一歩ではありえてもそれ以上のものではない。その彼方に農業をやりたい男子労働力を農業内にひきもどし、アンバランスな農業構造を是正し、労働力の切り売りを止揚してゆく、そのための価格政策の樹立と外延的・内包的な農業内就業の場の確保拡大の課題がひかえていることはいうまでもない。しかしあえていうならば、主婦農業も確保しえずして何をなしうるであろうか。

その主婦の農業へのひきもどしは、ギリギリのところ女子日雇賃金の確保をテコとしていた。この女子日雇賃金こそ現行最賃制における地域包括最低賃金の主対象であった。国民春闘の敗北のなかで地域春闘・地域共闘が一定の成果をあげ、その柱のひとつに地域最賃制闘争がおかれているが、その最賃の地域間格差は縮小にむかい市場賃金の底辺層への接近もみられる(14)。日雇賃金でピン止めして主婦農業の確立から手をつけようとする地域農業再建の闘いは、かくして、最賃制確立をテコとして地域から労働運動を再建してゆく闘いと利害を同じくせざるをえない。それは恒勤化した世帯主と農業を守る妻との夫婦共闘でもある。

注

(1)『昭和五三年度版　労働白書』日本労働協会、一九七八、八四～八五頁。

(2)拙稿「兼業深化と農業統計の現代的課題」磯辺俊彦編『日本の農家――農業統計の現代的課題』農林統計協会、一九七九、所収。

(3)表1－2の家計費Bの式で農家経済余剰の二分の一をさし引いている。これは、農外労働がギリギリに負担すべきものから農家経済余剰はさし引かれるべきであるが、その場合、農家経済余剰に計上されたもののなかには多分に本来の家計費的なものが含まれているとみて、仮にその額を二分の一として計算してみたものである（〔家計費＋１／２農家経済余剰－農業所得－農家経済余剰〕）。

(4)なお、報告においては流動化と賃金格差の地域分析を行ない、第一に、賃金格差の最底辺にくぎづけされた東北・山陰・南九州での流動化がとくに著しく、そこが農村工業化にかっこうの場を提供したこと、第二にかかる農村進出企業と一部海外進出企業の性格の類似性に注目する必要があること等を指摘したが、本稿で紙数の都合でカットした。

(5)これらの諸現象は、いずれも五三年度『農業白書』が、「今後の動向に注目する必要がある」と嘆いた点である（四四頁、一五二と一五三頁）。

(6)農業Uターンをめぐる厳しい条件については、田代洋一・弘田澄夫「農家出身のUターン労働力」農政調査委員会『日本の農業』１０２、１０３号、一九七六。

(7)さしあたり、拙稿「兼業深化と農業統計の現代的課題」（前掲）、井上和衛「零細兼業農家層の現状」『労働科学』第五五巻第一号、一九七九、農山漁家生活改善研究会「昭和五一年度農村婦人の農業生産活動との関連における生涯設計計画に関する調査報告書」一九七七、美土路達雄「農家婦人の労働・生活と要求」『講座現代の婦人労働』第三巻、一九七八、千葉悦子「商業的農業の発展に伴う農業労働編成の質的変化と農家婦人の地位・性格について」『北大教育学部紀要』三二号、一九七八。

(8)鈴木文熹「今日における農業問題の所在と地域・農村調査」自治体研究所編『地域と自治体』第八集、一九七八、所収。

(9)玖珂町──『あすの農村』一九七七年一一月号、礪波──『赤旗』一九七八年一月二五日号、細江町──『あすの農村』一九七九年二月号。

(10)宮田村──「昭和五〇年度農業構造改善基礎調査報告書」(関東農政局、拙稿)、沢辺・木下編『地域複合農業の構造と展開』農林統計協会、一九七九(次の引用文も同書、二六五頁による)。海津町・熊毛町──農政調査委員会『農』七〇号、一九七九。

(11)下郷──山本陽三「生産者と消費者を結ぶ」『日本の農業』一二二号、農政調査委員会、一九七八、西和賀──『あすの農村』一九七八年一一月号、大江山──臼井晋『昭和五二年度農業構造改善基礎調査報告書』(北陸農政局)、熱塩加納村農協──一九七七年度東北農経営会報(小林芳正報告)、洞爺・住田──大田原高昭「地域農業の発展と農協の役割」『日本の農業』一一二号、一九七七、福浦農協──日本科学者会議福島支部『民主的農協づくり』一九七八。

(12)安原茂「戦後階級対抗と都市・農村の編成」島崎稔編『現代日本の都市と農村』大月書店、一九七八。

(13)青果物流通価格問題研究会編『みかん危機の分析と打開の方向』愛媛県果樹協会、一九七八年・第二部ミカン共販体制の現状と課題(宇佐美繁、佐藤治雄、阿川一美、吉田浩稿)に全面的に負っている。

(14)下山房雄「わが国最賃制の今日的意義」隅谷三喜男編『現代日本労働問題』東大出版会、一九七九。

「労働市場と兼業農家問題の現局面」『農業経済研究』第五一巻第二号、一九七九年九月

第2章　畜産的土地利用の展開

はじめに

三好達治の有名な詩に「艸千里浜」がある。その一部を抜粋する。

われひとり齢（よはひ）かたむき
はるばると旅をまた来つ
杖により四方（よも）をし眺む
肥の国の大阿蘇の山
駒あそぶ高原（たかはら）の牧（まき）
名もかなし艸千里浜

当時、この艸千里浜の一帯は阿蘇南郷谷の白水、長陽、永水、黒川各村の入会地の一部だった。詩集『艸千里』に先立つ一〇年前（昭和四年）に出された『熊本県阿蘇郡畜産組合三十年小史』によると、これらの入会地は「放牧に適せざる部分多く放牧場中水に乏しく只千里ケ浜の小溜により牛馬は飲水しつつあ」った。つまり八十八夜になってやっと冬の長い窮屈な畜舎生活から解き放たれた駒たちにとって、草千里浜は、まず群れてゆきたい唯一のオアシスだったのである。

しかし、一方での肥草場、萱場、燃料利用の消滅と他方での過放牧によって、当時すでに阿蘇・久住・飯田の牧野の荒廃が問題となり、とくに阿蘇の場合は白川の氾濫となって熊本の街を脅かすに至っていた。

このような牧野の原風景は、一九七〇年代の草地開発によって、はじめてといってよいほどの変容を受けた。しかし、それによって果たしてどれだけ牛が増え、地域の農業が変わったといえるだろうか。草地開発は「新全総」に基づく国策である。それを企図した役人達は、高原をクルマでとばして、日本離れしたそのスケールの大きさに「これはいける」と思ったことだろう。だがその時、谷々にへばりつく村々とそこでの農業の営みは、彼らの視野にどれだけ入っていただろうか。村人は谷里から山にのぼっていった。山を草地にさえすれば農業が変わるという草地開発の発想は、逆に山から里に下るものである。両者はどこかですれ違わざるをえない。

今日、有畜複合経営化と地域ぐるみの集団的農業対応は、日本農業再建の目標とプロセスを指し示すものとして大方の認めるところであり、筆者もそう考える。しかしそのことの理念的強調のみでは、形と方向こそ違え、先の政策発想と同じことになろう。そうならぬためには、歴史的に展開してきた畜産的土地利用のあり方、畜産と耕種農業をそれなりに結合した有畜経営的な土地利用のあり方をふりかえり、その実態を十分にふまえる必要がある。これが本章の目的である。

米麦二毛作の伝統のうえに水田酪農を展開させてきた北九州水田農業、広大な入会牧野の利用によって成り立ってきた阿蘇・久住・飯田の農業、そして今日に至るも日本最大の和牛生産を誇る南九州畑作農業――これらの地域農業を擁する九州は、まさに本章の課題を考えるのに最適の地である。そしてまた、このような畜産的土地利用、有畜経営の展開自体が九州農業を経営的に特徴づける最重要点の一つであることはいうまでもない。

およそこのような位置づけに立って、かつて筆者が行なった調査の記憶をたどることにしたい。その場合、畜産経営の内容に立ち入るよりも、そこでの土地利用のあり方、とくに耕種農業との関連に焦点を合わせることにしたい。残念ながら、調査の時期はまちまちであり、にもかかわらず現況を伝えられるような追跡調査は必ずしも十分にできていない。その点をおことわりしたうえで、筆者もまた「われひとり齢かたむき／はるばると旅をまた来つ」日のあらんことを念じることにしたい。

I　北九州における水田酪農

1　米麦二毛作体系と水田酪農

西南暖地は歴史的にみても水田酪農の本場となっている。米麦二毛作の成立自体が、水田裏作としての畜産的土地利用の展開の可能性を秘めるからである。佐賀平坦の場合[1]、機械灌漑、一期作化、乾田化、そして改良短床犂等の導入といった一連の変革を通じて、昭和期に入り佐賀段階の成立とともに、裏作麦の作付率が高まり、米麦二毛作地帯を形成するに至る。

しかし、この米麦二毛作は、クリーク農業に特有の地力再生産を後退させる面ももっていた。外囲から有機質を補給することのできない干拓地では、冬期休閑田にクリークの有機質に富む泥土を揚げ、また休閑耕や緑肥の栽培によって地力維持に努めてきた。しかるに裏作麦の導入は、このような地力維持方式を排除する。また稲収穫と麦播種の間に堆厩肥を施すことは労力的に非常にきつい。

つまり米麦二毛作は、地力収奪を強めつつ、その補給を後退させるという矛盾にみちた土地利用の展開だったのである。したがって、この時期に併行して成立する佐賀段階の水稲の反収増も決して長続きはせず、佐賀農業は戦前から戦後にかけて長期にわたり反収の停滞に悩むことになる。

ところで「揚（アゲ）」と呼ばれる旧干拓地では、佐賀段階の形成と併行して、いわゆる自小作前進運動が展開するのであるが、その結果、零細地主自作層が広範に成立し、集落は、本分家関係ともからんだ地主小作関係の網の目が濃密に張りめぐらされることとなる。このような在村零細地主型の集落にあっては、農地改革によっても残存小作地が広範に残ることにより、所有権意識が、一面では戦前来のそれをひきずりつつ、ことのほか強まることになる。それに敗戦後の帰村による過剰人口圧（戦前に労働力流出の著しかった佐賀は、帰村人口もまた大量となった）が加重して、農地の実質的な移動を強くセーブすることになった。水稲反収の停滞と農地移動の閉塞——このような状況下で、農家蓄積の努力がいわゆる「多角化」の方向に向けられたのである。乳牛の導入もその一環であった。「多角化」それ自体は、あくまで土地障壁をバイパスする蓄積の方途にすぎず、先の米麦二毛作的土地利用の矛盾に正面から立ち向かうものではなかった。しかし水田酪農は、二毛作的土地利用を引き継ぎつつ、その矛盾を多少なりとも解消しうる可能性をもつ点で、他の、多かれ少なかれ地力収奪的な他の多角化とは異なっていたといえる。現実の展開は果たしてどうだったか。

2　東与賀町中飯盛の水田酪農

そこで佐賀市に隣接する東与賀町中飯盛（イザカリ）集落と、ある水田酪農F家の足跡をみていこう。

佐賀は馬耕地帯であるが、その副産物である軍馬用の駒は戦前における欠かせない現金収入源だった。それが戦後途絶えてからは、主として上層農家は競馬用の駒を一年間育成しつつ耕耘利用するという対応をとった。他方、この地域では、すでに昭和一〇年代から乳牛を乳・役兼用する農家がみられたが、戦後は主として中下層農家にこの方式

表2-1　佐賀県東与賀町中飯盛の水田酪農

（単位：戸）

現在の自作地規模別	開始年次別				やめた年次別（　）は鶏・豚へかえた					継続農家	
	～1950年	51～55	56～60	合計	45～54	58～61	64～65	70	73～	育成	搾乳
0.5ha未満											
0.5～1.0	3	1		4		3(1)			1		
1.0～1.5	4	1	1	6		2(1)	1	1			2
1.5～2.0	3	4	1	8	2	3(2)	3(1)				
2.0ha以上	4	1	1	6	1				1(1)	3	1
合計	14	7	3	24	3	8(4)	4(1)	1	2(1)	3	3

注：1）1976年調査による。
　　2）拙稿「佐賀農業の展開と自作農的土地所有」（本文注1の論文）、312頁より引用。

が普及した。馬と牛では耕耘能力が倍以上違うが、反別の小さい農家（といっても現在規模で五反以上）は牛だけでも耕耘可能であり、かつ兼業機会もなかったため、牛飼いに力を入れたという。駒一頭では間に合わない上層農家も乳牛を入れて乳・役兼用した。

F家の場合はやや遅れ、一九五一年に競馬馬を手放し、そのお金で耕耘機一台と乳牛一頭を入れた。端的に馬に代わる堆肥取りのための乳牛飼養である。戦時中の労力不足で地力が減退し、コチコチになってしまった水田には堆肥が不可欠だったのである。

こうして**表2―1**にみるごとく、昭和二〇年代前半を中心に五反以上農家の八〇%にまで乳牛が普及するようになった。そして耕耘機が導入されると、乳牛の使役は基本的になくなり、搾乳と糞畜機能が前面に出るようになる。F家も五三年に搾乳開始し、六〇年に搾乳牛三頭、六七年五頭、七〇年七頭、七五年一〇頭と自家育成を主に漸進してきている。

飼料は当初は畦畔草、野草が主で、それにエンバク一反、レンゲ二反程度が水田でつくられたが、五五年頃からイタリアンに切り替わり、また六五年頃からは小麦が大麦（ビール麦）に代わり、その一部はサイロ詰めされるようになる。そして米の生産調整を契機に水田表作にもソルゴー・トウモロコシが入るようになり（裏作はカブ・イタリアン）、一九七五年当時の飼料作は、転換畑一・五反、自作田のイタリアン裏作二反、サイレージ用のビール麦の裏小作七反（耕起、水入れ、代かきをして返す）、当時飛行場化が騒がれていた南川副干拓の共同借地でのソルゴー・イタリアン作付（持ち分一町）といったところで、併せて夏作一一五アール、冬作二〇五アール（うちサイレージ用七〇アール）、なお自作田の大半は米麦作であった。乳飼率は五〇％弱であった。

ワラは、戦前から戦後にかけては加工（カマス織）に三分の二、飼料用に三分の一といったところで、加工は一九六二年頃からは「縄ない」に変わる。しかし、ワラ加工は朝から晩まで機械の前に立たねばならぬということもあり、牛の頭数増とともに飼料用のウエイトが増えてゆき、七頭になった七二年頃は、二四〇アールのワラのうち四〇アール分をすきこみ、あとはすべて飼料用にしている。

一九五七年に堆肥舎を改築し、「うちは堆肥を野積みさせたことはない」のがF家の自慢である。一九四九年には集落内六戸で共同堆肥合を作った。昭和二〇年代は裏作に土をかぶせる代わりに、綱のついたクワで堆肥を覆土に用いた。前述のように裏作だと、堆肥は手があれば畦間に入れるものの、なかなかその暇がなかったわけであるが、昭和三〇年代に入ると裏作の主流が麦作からイタリアンに代わり、機械がなくて刈り取りに苦労しつつも、堆肥は時期的に施用しやすくなった。水稲の反収も「農薬も出回ってきたし、堆肥を入れればとれた」という。

六六、六七年の「新佐賀段階」にかけては、多収品種コクマサリで一二・五俵をマークする。しかし、その頃からバインダーが入り、ふたたび麦作が盛んとなり、堆肥施用は後退する。そこで酪農家は、イタリアンを四～五年で一巡するように圃場を変えて作りつつ、堆肥を入れる努力をしている。面積的に増えた麦作の方はカルチで覆土しているが、手間がなくて昔のようにはできないという。水稲の品種もレイホウからツクシバレとめまぐるしく変わってきたが、反収は一一俵水準に落ち込んだところで停滞に向かう。

3　水田酪農の困難性

F家のような酪農継続農家は、実は表2－1のように非常に少ないのが現実である。これは中飯盛にかぎらず、北九州の多くの水田酪農集落がたどった道である。多くの農家は早くも一九六〇年前後をピークに、牛飼いをやめて米麦作にもどっていく。残った上層農家も乳牛育成に切り替えているのが現状である。

水田酪農は、兼業機会と肥料の乏しかった時期の、水田農業の単なるアダ花だったのだろうか。その面もある。しかしそこには、水田酪農の困難性を超える日本農業そのものの困難性が集約されているようにも思われる。そこで中飯盛の実態に即して、その衰退の原因をさぐってみる。

水田酪農は、そもそも水稲と酪農とが結合し補完し合って、土地（地力）利用共同の効果を発揮するはずのものである。しかし現実にはそれが裏目に出ている。①米麦二毛作と酪農を結びつける場合、前述のように稲収穫と麦播種の間に堆肥散布するのは、期間的に著しく限定され、労力的には非常にきつい。またとくに干拓地湿田への生厩肥施用は湿田化をいっそう助長し、乾燥を好む麦作と矛盾する。耐湿性のあるイタリアンは、前述の労力面の限界をもやや緩和させるが、それにしてもイタリアンのサイロ詰めから田植までのあいだの堆肥の大量還元には限度がある。

②酪農経験者の多くは、堆厩肥の土壌改良や肥料節約の効果を認めつつも、遅効的なため適期がつかめない、やりすぎると過繁茂による病虫害発生や機械化稲作にとってやっかいな倒伏の原因になりやすい点を危惧する。要するに、たとえ①の点が克服できたとしても、現在の稲作の品種・技術自体が化学肥料即応的になっていて、有機質の有効性を活かし切れなくなってしまっているのである。

この「稲作の独走的展開」は、田植機による田植早期化の面にもあらわれ、それによって早期収穫を迫られるイタリアンは、どうしても反収を抑えられる。

③分散錯綜耕園と密居集落という日本水田農業の構造自体も問題である。中飯盛は一九五五年に精力的に交換分合事業に取り組み、上層を中心にかなりの集団化を果たすが（たとえばF家は、家の周囲にほぼまとめている）、なお分家層を中心に圃場分散は残った。密居集落内ではパドックや畜舎の日照・通風の確保はどうしても不十分になりやすく、運動不足やビタミン不足による受胎率の低下や耐病性低下等の問題を起こす。そしてやがては集落内で畜産公害も問題視されるようになる。

④土地問題を回避したうえでの、いいかえれば所与の面積規模の枠内での自給的な物質循環こそが水田酪農の歴史的原型であった。そこでの増頭には、敷ワラや粗飼料確保、糞尿還元の面からもきびしい制約がある。この制約条件のゆえに、水田酪農地域の多くは、とくに昭和四〇年代以降の酪農における著しい規模拡大競争についていけなくなって、命脈を絶たれるわけである。土地面積の制約のなかで土地利用農業たらんとしたことの悲劇ともいえよう。

以上にみてきたように水稲と酪農の作目間結合は意外に弱かった。そのもとでは乳牛飼養は、多くの酪農家にとって、前述のように稲作（土地）での規模拡大が困難なもとでの蓄積の迂回路であり、いいかえれば経営余剰の現物形態での蓄積にすぎず、したがって臨時費の支出や土地が売りに出た時の購入資金として容易に取り崩されやすいものだった。「生活費は田ん中から稼ぎ、その他の臨時費は牛を売って工面してきた。牛は増減したが田ん中は減らしていない」、あるいは「牛はいつでも買えるが、田ん中はなかなか売りに出ない」というわけである。

また少頭数飼いであれば、資本も比較的軽装備ですみ、したがって受胎率が悪い、収益性が低い、家族が倒れる、若い者が勤めに出る等で安易に廃業される場合も多い。

4　水田転作下の「水田酪農」

水田酪農は、要するに零細農耕下のバランスの経済であった。

表2-2　糸島地方酪農組合の実績

（単位：戸、頭、kg、％）

	飼養戸数	飼養頭数	1戸当り頭数	うち経産牛	経産牛1頭当り年間乳量	乳飼比
1956年	211	373	1.8			35
58	252	495	1.9			38
60	204	402	2.0			40
62	156	559	3.6	2.6	2,975	46
64	106	542	5.1	3.6	3,911	42
66	93	678	7.3	5.1	3,897	47
68	112	1,021	9.1	6.0	4,261	52
70	99	1,297	12.1	8.5	4,025	50
72	76	1,497	19.7	13.5	4,663	
74	72	1,922	26.7	18.9	4,744	
76	69	2,504	36.3	23.6	4,865	
78	67	2,840	42.4			

注：1）福岡県農試「水田酪農経営の技術確立総合化試験総合報告書」（1975年）による。
　　2）原資料は、糸島地方酪農組合による。

規模拡大競争に追随してそのバランスをふみこえるとき、水田酪農の自己否定がはじまる。

前述のような困難性にもかかわらず、昭和四〇年代なかばまでふみとどまることができたごく少数の地域では、今日も水田酪農が、かなり大規模化した形で展開している。佐賀県千代田町中森田や福岡市に接する糸島地方酪農組合等が、北九州の主な事例である。

糸島酪農組合の歩みをみたのが**表2―2**である。昭和三〇年代後半と四〇年代後半の戸数減がはげしい。前者は一～二頭飼い脱却、期後者は一戸当り頭数急増期に当る。四〇年代前半は、経産牛一頭当り乳量が四〇〇〇キロ台に低迷しつつ、頭数増に伴って乳飼率は五〇％台へと急上昇している。一種の危機的状況にあったといえる。

しかし四〇年代後半になると頭数増と一頭当り乳量が併進するようになり、さらに五〇年代に入ると乳飼比が低下さえするようになっているという(2)。明らかに、前述した困難性のいくつかをそれなりに克服し、危機を乗りこえたのである。

その事情の一端を示すのが**表2―3**である。すなわち第一に、とくに一〇頭以上層をとれば水田面積の四〇～五〇％を借地に依存

表 2-3　福岡県糸島地方酪農組合における酪農展開

（単位：戸、頭、人、a、%）

項目			経産牛頭数						
			～9	10～19	20～29	30～39	40～49	50～	平均
戸数			6	5	21	20	7	7	
経産牛頭数			5.2	16.6	24.1	33.5	43.9	57.9	30.3
労働力			2.8	3.5	3.2	3.0	3.2	2.8	3.1
経営耕地面積	自作地	田	99.0	136.0	144.3	127.5	112.4	178.0	131.6
		畑	32.5	88.1	48.3	89.9	77.1	337.5	96.2
	小作地	田	10.4	82.8	55.0	80.7	109.9	98.6	71.3
		畑	11.3	47.5	17.7	37.4	22.6	21.2	26.2
稲作			61.4	99.6	94.3	51.5	12.9	4.3	60.6
減反率			38	27	32	60	89	97	54
飼料作付面積	田	夏作	41.7	135.4	87.4	144.1	186.3	276.0	148.9
		冬作	89.8	216.5	186.2	189.0	222.2	276.0	215.2
	畑	夏作	37.2	38.7	69.5	111.2	99.7	359.0	89.6
		冬作	34.3	33.5	67.1	111.2	99.7	359.0	89.3
水田経営面積に占める夏期飼料作の割合			38.1	61.9	43.9	69.2	83.8	99.8	73.4
経産牛１頭当り延飼料作面積			25.7	36.4	17.1	16.7	13.8	25.4	19.3

注：１）武藤軍一郎『家畜ふん尿処理と資本投下額および費用』農政調査委員会、1983 年、９頁による。
２）減反率は自作用に関するものである。
３）原資料は、糸島地方酪農組合資料（1980 年）による。

している。これはいうまでもなく水田利用再編対策がらみのものが主流である。すなわち兼業農家の転作を肩代わりし、転作奨励金は所有者がもらう形での、当事者間の使用貸借、ないしは地代上積みによる賃貸借である。

第二に、水田面積に占める夏期飼料作面積が、一〇頭以上層では（二〇～二九頭層がやや落ちるが）六〇％以上に達している。五〇頭以上層では水稲作付はゼロに等しいが、そのような農家が五四年の梶井氏の調査でも、頭数規模にかかわらず四分の一程度みられる。そしてとくに自作田の場合は水田に客土して飼料畑化した「転換畑」が主流をなしている。

第三に、五〇頭以上層では、畑地面積が非常に多く、地目的にも水田酪農とはいえなくなってきている。それ以下でも一〇頭以上ともなれば自作地に占める畑地割合は四〇％に達している。これは所有雑木林や、ミカン山へあるいはそれらを購入しての開畑によるものが多い。本章のモチーフとのかかわりでいえば、個別経営による水田の「外圃」の追求である。

第四に、それとのかかわりで、市乳供給モデル団地事業、稲転事業、畜産環境整備事業等による集落外への畜舎移転がなされている。八二年現在で組合員六六戸のうち五六戸までが移転済みあるいは移転計画中ということである。

これらは主として、前項の困難性の③と④への対応である。そしてその背景にあるのは、第一に水田利用再編対策であり、稲作と比べものにならない飼料作の低地代負担力を、国が転作奨励金という形で補ってくれているのである。第二は、このような高「地代」なら土地を貸そうという、都市化地域における広範な兼業農家の存在である。期間借地でイタリアンを作らせることには諸々の難点があった。高「地代」であれば、いっそ表作まで貸してしまった方がめんどうくさくないのである。

第三に、まとまった山林やミカン山の購入あるいは畜舎移転に当っては、福岡市からの地下鉄の延長計画の具体化等で地価上昇の著しい市街化区域の内外での、農地売却資金が大きくものをいい、それによる代替地取得のケースが多い。

要するに、今日の糸島酪農を支えるのは、そのきわめて優秀な主体的条件のことを別にすれば、水田利用再編対策と、都市化地域というその立地条件なのである。後者は、一方で畜産公害等の都市圧を強めるが、他方で安定兼業農家と高地価を生み出す。それらは相まって、水田酪農の最大のネックであった土地問題に対し、一定の規模拡大を可能にする。しかしそこに実現する酪農は、もはや水稲とのバランス、土地利用共同のうえに成立する本来の水田酪農ではない。飼料専作としての農法問題が残るにせよ、前項の①と②の困難性は、克服されるのではなく、解消されてしまう。そして、水田酪農が、水田という地帯・地目のうえに成立し、それゆえに転作奨励金のメリットを享受しうる酪農ではあっても、本来の水田酪農ではなくなっていく自己否定の過程は、**表2－3**によると、どうやら経産牛一〇頭の線を超えたあたりからはじまるといえる。ちなみに、西ドイツでは平均頭数は日本のその一〇頭以下（九・四頭）だが、乳牛飼養農家率は七〇％を超すという(3)。日本の酪農はＥＣ規模を超えたといわれるが、その経営組織とそれを支える土地基盤がまるで違うのである。その違いのうえで、高度成長期の資本蓄積の要請がモロに作用した結果が、この一点豪華主義的な規模拡大だといえ、水田酪農もその例外たりえなかった。

しかし、田畑輪換、有畜複合経営化という日本農業の課題は、この水田酪農の歴史的経験を発展的に止揚する以外には、切り拓けないであろう。そのためには第一に、田畑輪換の土地基盤を従来の個別の零細所有の枠をふみこえて拡大する必要がある。個別による前述の「外圃」追求はその一つのあらわれであるが、第二節以下とのかかわりでいえば「集団的外圃」の追求であり（糸島酷農協でもいくつかの共同育成牧場の設置という形で追求されている）、あるいは個別農家の土地利用共同としての「交換耕作」の追求である。

第二には､品種と化学肥料による対応を軸に組み立てられた稲作の浅耕・連作・偏肥農法そのものの変革であろう。水田酪農は一面では、かかる農法変革を伴わなかったところに、単に稲作に付加するか、あるいは輪作を全部排除してしまう道をたどることになったといえる。ともあれ水田酪農は、日本水田農業の今後を考えるうえで貴重な歴史的経験を提供しているといえよう。

Ⅱ　阿蘇・久住・飯田における牧野利用農業

1　牧野利用の歴史

（1）牧野縮小の論理

封建農法は、土地生産性が低かったため、家畜飼養・地力再生産の基盤を耕地外の村落共有牧野に求めざるをえなかった。イギリスのcommons、ドイツのAllmende、日本の入会地等みな同じである。だがやがて、耕地での土地生産性の増大が、家畜飼料、地力再生産の基盤を経営耕地内に完結的に取り込むことを可能にする。この農法近代化、個別経営確立の過程は、同時に共有地と共同体的土地利用が崩れていく過程でもある。こうしてそれが可能なところでは、入会地は開田・開畑によって、あるいは原野造林によって、私有地化されつつ、消滅していく。阿蘇農業においても、この過程は部分的に進行する。すなわち阿蘇郡の耕地面積と牛馬頭数は明治四四年の二万五〇〇〇町（うち畑一万七〇〇〇町）、四万二六〇〇頭（うち牛二万四六〇〇頭）をピークとして、以後減少に向かう。その論理を花田仁伍氏は次のように説明する(4)。①畑の開田、一毛作田の二毛作化、畑における陸稲導入により、労働集約化と土地生産性の上昇が起こるが、②労働生産性の上昇を伴わないため、所与の家族労働力のもとでは耕地を縮小せざるをえない、③牛馬は、厩肥と畜力が目的のため、その頭数規模は耕地規模に規定され、したがって耕地規模とともに減少する、④牛馬が減少すれば原野も縮小する、⑤余剰化した畑や原野に植林が進む、というわけである。

戦後も新たな要因が加重されつつ、この過程は進行していく。若干の事例をあげて、牧野利用の原型とその崩壊過程をみていこう。

（2）白水村白川

阿蘇外輪山の内側の水田地帯・白水（はくすい）村(5)は、「はじめに」の郡畜史の引用文の対象地であり、「傾斜急にして放牧に適応せざる部分多く」、「飼料不足を以て草ケ部村・色見村の私有原野より乾草約二万四千貫を買入れ補給する」有様であった。

なかでも恵まれない大字白川の場合、昭和三〇年代までの牧野利用の形は、①三月二〇日すぎに全戸出役で野焼きを行ない、この時に併せて農道修理や牧野の除草（とくにしつこいイドラ取り）等の手入れを行う、②五月二〇日～七月二七日まで放牧する、③七月二八日～一〇月一四日までは朝草切り、④一〇月一五日～二五日に刈干切り（乾草製造）、という形であった。

より恵まれた入会地の場合は、放牧が八十八夜（五月二日）から半夏（七月二日）までと秋彼岸から秋土用終わりまで二期あり、かつ田植期には集落近くの放牧地が設けられたりしているが、白川にはその余裕はなかった。

ここで労力的にみたポイントは朝草切りである。昭和三〇年代後半に耕耘機が入り出すまでは、一戸当り馬一頭、牛二頭が普通であった。朝草場は阿蘇の山頂近くまで広がっており、毎朝四時に牛馬三頭をつれて出発し、片道一時間半弱をかけ、帰りには牛一頭当り六把（一把はほぼ一〇キロ）を積んで九時頃に帰宅した。これが八〇日間、雨風の強い日が二〇日間あったとしても二カ月続くのである。ただし一九四七、八年頃から「野馬車」と呼ばれる荷馬車が使われるようになった。朝草はすべて牛馬に食わせて踏ませ、よい堆肥ができた。堆肥は六二年頃までは水田にも入れていた。干草は一頭当りほぼ五〇駄（六把で一駄）を切っていた。放牧頭数や採草量についてはとくに制限はなかった。

このような牧野利用の原型（といっても大正期まではさらに肥草、萱場利用もあり、燃料用は戦後まで残る）は、しかし徐々に崩れつつあった。①五三年に九州全域を襲った大水害は、朝草場と牛道を流し、草生を悪化させた。②牛馬頭数が耕耘機導入で減少すると、牧道修理やイドラ掘り等の補修の手を抜くようになった。いきおい、牛と人の行けるところだけ利用されることになるので、そこの草量が減る。③道が悪くなって朝草場まで耕耘機でも行けないとなると、頭数も減ったことだし、朝草も畦畔草ですませようということになる。④かくして昭和四〇年代に入ると放牧期間が五月二〇日～八月一日および九月一日から一〇月中旬（降霜開始期）までに延長される。こうして頭数減のなかでの過放牧が起こる。⑤そのため干草を刈るところが減ってくるが、一～二頭飼いであれば不足分は個人有原野の利用で賄おうということにもなる。ちなみに畑を反収四〇駄の原野に仕立てるには一五～二〇年かかるということで、そのような原野の地価は畑の地価を上回ってさえいた。

表2-4　大分県久住町向原集落の入会牧野の利用の変化

牧野名	入会形態	面積	本来の利用形態	朝草刈りの消滅による変化（1950年頃）	1975年頃	最近の変化
大船牧野	11部落入会（166戸）	74ha	放牧	夏期放牧（田植〜土用収め）	2〜3年は火入れしていない。 1974年は放牧なし。	役員選出、修理、境界確認のみする。 夏のキャンプ場
広内牧野	5部落入会 3部落入会 2部落入会 （57戸）	15ha 21ha 62ha	朝草場	春秋放牧（八十八夜〜田植／9月〜10月）	耕耘機が入る前は300頭、現在は半減。 火入れは毎年する。 草丈が伸びだした。	火入れを毎年行ない、150頭（うち向原は50頭）程度放牧。 2次計画に参加するか協議中。
嶽牧野	向原だけの入会（29戸） {茶屋の辻／米山	20ha	干草場	干草場	⇘1969〜1970年から春秋放牧開始（八十八夜〜田植／9月〜10月）	1981年に8haを草地開発、橋も大きくした。 集落で法人設立して買いもどす予定。
池畑牧野	3部落入会（77戸） {池畑 フヨギ	 10ha 20ha	朝草場 田植期間中の放牧	年間放牧	干草場 春・秋2〜3週間放牧 1971年に10ha草地改良 1969年に10ha草地改良	池畑はそのまま、放牧利用。 フヨギは1981年に18haを草地開発、採草利用。

注：1）→は利用場所の移行を示す。
　　2）拙著『原野利用農業の展開と草地改良』（本文注6の文献）より引用。補筆。

かくして牧野は放牧利用を主とするようになるが、その放牧地が他村と地続きのため、牛を見つけるのに下手をすると三〜四日かかるありさまで、省力化の風潮になじまず、舎飼い・増飼い傾向も加わって、放牧頭数も減少に向かう。

（3）久住町向原

同じ過程は久住高原でも起こる。久住町向原の場合についてみたのが**表2―4**である(6)。大船牧野は山頂、池畑牧野は里に位置し、表の上から下の順序で牧野もならんでいる。この表には、山頂から順に放牧、朝草、干草とならんでいた各機能が、より麓の牧野に段階的にズリ落ちてくる過程が典型的にあらわれているといえよう。

その第一の契機は朝草切りの廃止であり、朝草場は、その劣悪な圃場条件の故にきわめて広い畦畔に移り、広内牧野は放牧場に変わる。

第二の契機は飼養頭数の減少と飼養形態の変化である。六五年頃からの和牛改良政策によって農家は高価な登録牛を買って舎飼期間を延長するようになり、子牛についても出荷前一〜二カ月の増飼いが普及した。大船牧野は夏期冷涼、温泉が湧くためダニも発生しない良い放牧地であったが、歩いて二時間と遠く、いきつけた案内役の牛がいなくなると使われなくなった。また広内牧野まで降りた放牧地が、向原一集落のみの入会地として貴重な嶽牧野まで降りてきて採草兼用となる。

第三の決定的な契機は池畑牧野の草地改良（七一年）である。これにより嶽牧野の採草機能が池畑牧野に移行し、併せて草生管理を兼ねた放牧もなされるようになる。

つまりここでは頭数減のなかでの舎飼・増飼・草地改良といった一連の里での「集約化」が、牧野全体の粗放化を促したのである。そこに眼をつけた観光資本が、七一年に久住山麓二〇〇〇町を反当二万四〇〇〇円というべらぼうな高地代で借り上げて、ゴルフ場を中心とする一大レジャーランドを作る計画をひっさげて乗り込んできた。全町がこの計画に揺り動かされるのであるが、オイルショックとその後の不況で、七七年には早くも観光資本は撤退する。ほとぼりのさめた地元は、ようやく草地開発の決意を固めるのである。

（4）波野村

阿蘇外輪山の外側、山東部は、「波野」の地名にふさわしい波状傾斜の、水に恵まれない台地で、原野と畑が混在し、しかも原野が近世期より私有形態をとっている点で阿蘇地域ではきわめて特徴的である。このような地形に対応して、波野では**図2―1**に示すような「水流れ」の慣行が支配していた。すなわち窪地の畑に水が流れ込む斜面の原野は、その畑の付属物とし、（「田付け山」に相当する「畑付け山」ともいえよう）、両者がワンセットで地力維持がはかられる方式である。そこでの農業再生産のあり方は**図2―2**のように図式化される。

このような原型もまた畑と原野の分断、そして原野造林によって崩されていく。それは明治末期の阿蘇谷からの地主の進出によってはじまるが、とくに農地改革による小作原野の解放を経て、その後一〇年間をピークにまさに燎原

図2-1　「水流れの慣行」下の畑と原野

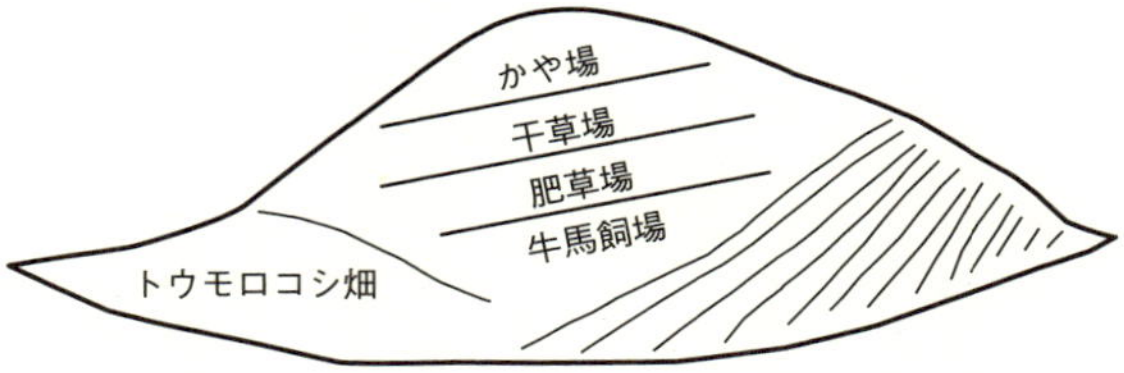

注：１）藤山和夫「波野原野調査」（1958年、未印刷、59頁）による。
　　２）拙著『原野利用農業の展開と草地改良』（本文注６）21頁より引用。

図2-2　波野（原野利用）農業の再生産過程

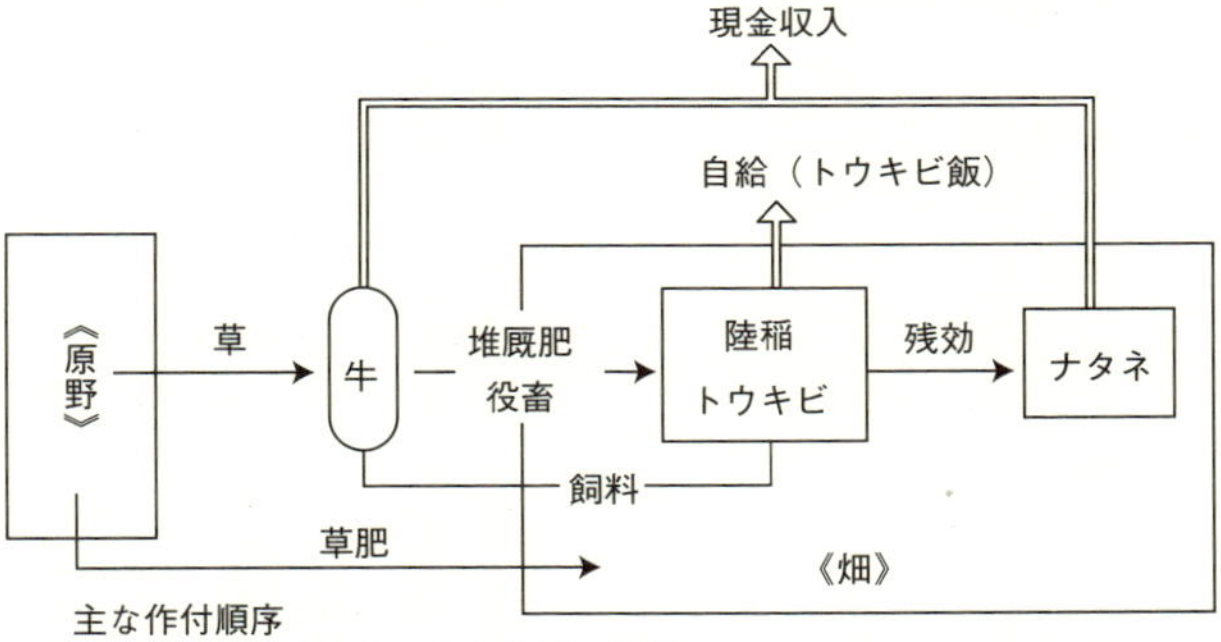

主な作付順序
　トウキビ―ナタネ―トウキビ―休閑
　トウキビ・大豆―休閑―トウキビ・大豆―ナタネ（―陸稲―ナタネ）
　トウキビ―小麦―トウキビ―休閑

注：拙稿「畑作牛肉経営の構造」（本文注14の文献）302頁より引用。

の火の勢いで原野造林が進み、三〇年代後半には一部畑にまでくい込むに至る。当初は、杉苗を植えたうえでの村外への林地としての窮迫販売を多く含んだが、やがて陸稲→タバコ→高原野菜といった畑作集約化と、陸稲導入によるトウモロコシの人間の主食（「トウキビ飯」）から家畜の主食への変化等の、耕地での家畜飼養力の増大が、畑の原野依存を後退させたといえる。そして誰かが植林すれば周辺は火入れができなくなって原野として荒廃せざるをえず、林地化を余儀なくされる。

（5）牧野存続の論理

耕種農業の粗放性・低生産性ゆえの牧野の存続は、それ自体消極的へ過渡的なものにすぎない。しかし現実の農業は、家畜飼養・地力維持基盤を耕種農業、個別経営内に取り込みつつ発展したのではなく、水田傾斜・化学肥料依存を強める形で、すなわち基本的に家畜と牧野をはじき出す方向で推移したにすぎない。かかる利用関係の希薄化に伴って、入会権の所有権化、対価性の強化、分割私有化が強まり、植林や農外流出・転用の対象にさえなっていく。封建農法は止揚されなかったのである。

しかしこのような論理がいきついた昭和四〇年代なかば、微弱ながらそれに対する反省・反転も起こってくる。

白水村白川では一〇戸共同作業のタバコ作に取り組み、陸稲専作農家と交換作を行うなどしているが、反当一・五トンは必要だとされる完熟堆肥が一～二頭飼いではどうしても確保できず、阿蘇山東部から立草の権利を買うことまでしている。それでも、タバコ畑に投入できるのはせいぜい八〇〇キロどまりである。そこで牧野が草地改良されて省力的に牛が飼えるなら、ぜひ増やしたいということになる（このタバコ耕作組合は、のちに「白川ニコチアナ組合」として朝日農業賞をとるなど脚光をあびる。川本彰『むらの領域と農業』家の光協会、一九八三）。

白水村の後継者一八名は「耕友会」というグループをつくり、トマト、キュウリ、サトイモ等の水田転作に取り組み、そこでも完熟堆肥反当り一～一・五トンを要している。同時に繁殖・肥育一貫経営にチャレンジする若者も出てきた。

波野村でも、原野造林と併行して導入されたキャベツ、ハクサイ等の高原野菜は陸稲の所要堆肥量六〇〇～八〇〇キロに対し、倍の一～一・五トンを要し、それが不十分なまま早くも連作障害の兆しがみられはじめ、原野の開畑等で規模拡大して飼料作等との輪作や休閑を取り入れたり、あるいは畑の飼料畑化を試みる者も出てきた。

水田については、すでに三〇年代後半あたりから厩肥を入れなくなった農家が多く、八俵前後の反収に低迷しているが、堆肥を入れればもっととれるということであり、開田地帯では、旧田はともかく開田には一トン前後の半熟堆肥を入れる農家が多い。そして阿蘇でも当時、圃場整備事業の話が持ち上がっており、湿田と多労からの脱却が期待されていた。

要するに新たな集約作目の導入を軸とする農業集約化が、そこでのより高次の地力維持を必要とし、改めて糞畜機能が重視されるようになってきたのである。しかも単に普通りの糞畜にとどまるのではなく、用畜機能がそれなりに自立化しつつ、それ自体としての価格形成をしだした時期にも当っていた。尺取虫が身を曲げ縮めきった、まさにその時、かつては牧野縮小を招いた農業集約化が、より高次の段階で、その歯止めを必要としだしたのである。

集落の集約的農業の集団的外囲としての入会地という、新たな牧野存続の論理である。

2　入会牧野と草地開発事業

(1)　開発政策の発想

一九五三、四年に酪農振興法の制定と集約酪農地域の指定、そして高度集約牧野造成（改良）事業が開始される。とくに九州では阿蘇・久住開発が国土総合開発法に基づく九州総合開発の重要な柱となる(7)。要するに昭和二〇年代の牧野改良のライトモチーフは、地域開発—草地改良—酪農振興の線だったのである。

大規模草地改良事業がはじまった昭和三〇年代後半から四〇年代はじめにかけても酪農先行の思想は依然として続く。たとえば大分県の久住・飯田地域農業開発計画（六七年）でも酪農先発、肉用牛後発という位置づけであった。

なぜ飼いなれた和牛ではなく、みたこともない乳牛だったのか。それは端的にいって和牛の没収益性である。糞畜・役畜機能に埋没し、しかもトウモロコシのために牛を飼い、牛を飼うためにトウモロコシを作るという自給的単純再生産＝悪循環。そこでは草地改良するにも農民に投資能力はなく、改良草地の要求する集約度＝地代負担には耐ええない。それに耐えうるのは酪農しかない、というわけである。

だが、地域からの発想ではなく、国策と理論からの発想による入会地帯への酪農導入は、はじめから茨の道だった。

多くの場合、入会権者が法人組織を作り、専従職員に酪農経営を任せ、そこからの収益配分を期待しつつ、併せて改良草地を乾草供給なり放牧の形で、入会権者の和牛と重層利用しようとする方式が採られた。そこでの酪農経営は、統一した指導方針と技術・経験の欠如の点でも（たとえば久住町白丹の久住実験牧場の失敗例）、入会権者の和牛に対する過大な現物地代支払いの点でも（たとえば産山村の山鹿酪農組合）、幾多の困難に直面せざるをえなかった。

そこには二重の断絶があった。第一に経験のないところに酪農を持ち込むこと、第二に和牛による共同利用をしてきた入会牧野に乳牛を持ち込むこと。

昭和四〇年代なかばからの草地開発事業に当っては、その断絶を排し、夏山冬里方式による和牛増大のための入会牧野の草地開発への転換がはかられた。しかし阿蘇・久住にあっては、それが新全総に基づく広域農業総合開発事業という国策のもとにおかれた点では変わりなかった。

そこでは端的に、広大な牧野があるにもかかわらず牛が増えないのはなぜなのか、が問われる。答は野干草による冬期飼料確保上の制約に求められる。一〇日～二週間という限られた作業適期幅に所与の家族労働力で立ち向かわざるをえないとすれば、一戸当りせいぜい三～四頭分が限度である。そこで草地開発によって野草を牧草に置きかえれば、反収と作業適期幅が大幅に増大し、大いに増頭可能になるというわけである。

和牛中心への転換は、（肉用牛の収益性改善という客観条件があったにせよ）地域への一歩接近であった。しかし、はじめに草ありき、という上からの政策発想は依然として変わっていない。だが草は増頭の物的ネックの一つにすぎないのである。前項末で、牧野荒廃に歯止めをかけようとする動きが芽ばえつつあったことを指摘した。しかしそれはあくまで、とくに集約畑作目を軸とする農業集約化をふまえてのことであり、多くの集落では、その集約化の契機をつかみかねたまま、兼業化の波に洗われだしていたのが現実である。また増頭を志す農家にとっても、乏しい資本を長く固定しなければならぬ和牛生産の拡大は、資金面からもきわめてきびしいものであった。また、自給段階をやっと抜け出した程度の一般農民にとって、現金を出して草を作ること自体、全く発想になじまないことであった。

このような、主体的状況が十分に整わないもとでの事業遂行が当面した最大の問題は、まさにその主体の状況にかかわる入会権の調整問題である。すなわち入会権者集団と草地開発事業参加者集団（以下、前者を「入会集団」、後者を「利用集団」と呼ぶことにする）との権利調整である。実質的な調整と呼びうるものには、農地保有合理化促進事業による賃貸借方式と売買方式があるが、熊本は前者のみへ大分は後者を主として採用している。それは主として大分の方が入会権者の分解と入会権の所有権化がより進んでいたためと思われる。両者の事例をみていこう。

(2) 阿蘇における入会権賃貸借方式(8)

入会地は形式的には市町村有が多いが、実質的には入会集団の所有と解してこの方式を説明すると、農地保有合理化法人である県公社を介して、入会集団が利用集団に入会地を通常は一〇年期限で賃貸し、県公社は入会集団に地代を一〇年一括前払いし、利用集団は県公社に地代を年払いするもので、入会集団の入会権は一〇年間「凍結」あるいは「眠り込まされる」ことになる。

以上は入会集団が外部社会に対する時の近代的契約法の世界であるが、入会集団内部では別の論理操作がなされる。すなわち、旧来からの入会集団と、そのうち事業に参加した利用集団（基本的に有畜農家であるが、一部無畜農家も加わることがある）とは、分解（無畜化）の程度に応じてズレを生じているが、ムラ内ではなお入会集団と利用集団は一体のものと観念し、したがって公社から支払われた一〇年一括前払地代は、いずれ利用集団＝入会集団が返却しなければならぬ「借金」と受けとめ、それゆえ入会集団内で地代として分配してしまわず、借金返済（利用集団による地代年払い）の基金として積立てる。

こうなると「地代」という名のお金をグルグル回しているだけにみえるが、それが一〇年一括前払いであることに

対象面積（うち草地改良）	草地改良以外の入会地利用	入会権凍結に対する対価支払（金銭）	あとから事業参加する場合の特約
130ha（55ha）	樹林（クヌギ）→採草組合 採草原野→各戸平等割 七曲り牧場→採草組合	不参加者に 10 年間の借地料として 1 戸 15 万円	なし（法人の定款に従うこと）
142ha（61ha）	従来通りの入会利用	なし	事業費負担の免除（念書）
53ha（8ha）	立木・芝収入・避影林→部落所有	初年度のみ 参加 10,000 円 不参加 15,000 円	その時の組合員と同額、肥料代（その年の分）負担（申合せ事項）

よって、積立てれば利子が発生することがこの方式の一つのミソである。

しかし現実には両集団は一体ではない。とりわけ非参加者は、入会権を「凍結」され、その対価も支払われず村人の証、住民権にも等しい入会権を奪われてしまうのではないかと不満・不安をもつ。その説得はどうするのか。第一は、彼らが将来有畜化した時は、無条件で入会集団に迎えることを確約することである。入会権の「凍結」とは、無畜状態で入会地を利用しないことだという、利用権としてのまっとうな入会権理解がここには示されている。第二は、前述の運用利子の一部ないしは全部を非参加者なり入会権者、あるいはその集団に支払うことである。

利子が全額このような形で使われてしまわないかぎり、それは基本的に利用集団の事業費償還の一部に当てられることになる。それは、そのような形で事業費の一部を入会集団全体が負担しているともいえるのである。ここでも両集団は一体化する。

ところで非参加者に対する先の手当てをどこまでしなければならぬかは、集落のまとまりやリーダーの指導力にもよるが、基本的には両集団のズレの程度に規定される。**表2－5**に事例を示した。参加者が入会権者の八〇％前後を占める下の道や町古閑では、利子は

表 2-5　阿蘇地域における入会地の賃貸借事例

牧野名	入会集団、入会権者	事業参加集団戸数	地代の実質的帰属		金の管理	地代総額（反当）
			元金	利子		
南小国町下の道	下の道採草組合39 戸（和田瓜上、菰田）地役入会	下の道牧野組合　34 戸（現有畜農家28 戸）	採草組合↓牧野組合（総会決議）	採草組合↓牧野組合（総会決議）	町特別会計（基金）↓農協定期	3,900 万円（3,000 円）
一の宮町町古閑	町古閑牧野組合131 戸（坂梨村 11 集落）地役入会	町古閑肉用牛生産組合97 戸（同上 72 戸）	牧野組合↓肉用牛生産組合（同意書）	牧野組合↓肉用牛生産組合（同意書）	97 名名義の農協定期（通帳も農協）	3,600 万円（2,500 円）
波野村中江（荻）	中江部落30 戸共有入会	荻岳牧野組合14 戸（同上 11 戸）	中江部落↓牧野組合（覚書）	中江部落（覚書）	農協定期	1,000 万円（1,900 円）

注：拙稿「草地開発事業の新たな展開と土地問題」（本文注 8 の文献）、156〜157 頁より引用。

事業費償還に当てられ、凍結対価の支払いもゼロか少額であるが、五〇％を切った中江では、利子は集落収入に組み入れられている。

以上のことは、この方式が、入会権者内の分解がある程度以上に進んでいない段階でしか有効でないことを示唆している。また**表２－５**の事業参加集団内でも無畜化が進み、将来に権利の再調整の可能性を残しているといえる。そうではあるが、この方式は、いたずらに入会権の所有権化をもたらさず、無畜農家の有畜化にも道を開いて共同利用権としての入会権の原型を保ちつつ、しかも入会集団内部の再編成によって草地開発を可能にしており、その意味で入会林野の古典的共同利用形態を新たな生産力段階に発展させた、入会林野利用の新形態と規定できよう。

(3) 入会地の分割・売買方式

九重町大字田野の中村牧野は(9)、八小字、九一名の入会権者から成る町有入会牧野であるが、やまなみハイウェーが通り抜ける高原の観光中心地であり、早くから牧野の切り売りが進んでいた。すなわち、①かや場・朝草場として利用してきた一八〇町のうち四〇町に植林し七五年に入会林野近代化法で個人有化した。そして残りを一九八一年に分割利用することとし、②放牧利用してきた五〇町を六六年に久留米市の人に一億円で売り、一戸一〇〇万円ずつ分けた。それに伴い分割利用してきた干草場四五町を放牧地にした。③干草場四〇町を七二年に福岡県の酪農業者に七二〇〇万円で売却、分配した。④七三年、入会権者九一名は二グループに分かれ、二六戸のグループは先の②の四五町の分割を受けて植林することとし、六五戸のグループは干草場として分割利用されていた二七町の配分を受けて草地開発事業に取り組むこととした（第一段階）。さらに⑤七五年に、元の草肥・敷草場で、小字ごとに植林利用していた三〇町を東京の会社に六三〇〇万円で売却し、分けた。売る順序は、牧野利用方法の後退の順になっている。ともあれ、とめどない牧野の切り売りを危惧した有畜農家が、無畜農家の分離によって歯止めをかけようとしたのが、この入会地分割だといえる。このような事実上の分割方式は久住町白丹の中部牧野等でも採られている（組合内に草地部と農林部を設け、後者はクヌギと飼料畑貸付から収入を得る）。

さて六五名は、当面、入会権を失いたくないという一点で合意したグループなので、なかには無畜農家（当初一〇戸、八〇年には二五戸）や草地開発に消極的な農家も多かった。そこで第二段階として一九七五年に、この二七町を一億三〇〇〇万円で県公社に売却し、一戸当り二〇〇万円を配分した。そのうえで農事組合法人・中村牧野組合を作り、草地開発し、農地取得資金を借りて土地を買い戻し、現在は放牧・採草利用している。買戻資金（償還金）は事実上各戸が負担するため、月一万円の農協貯金が奨励されている。無畜農家からは一戸当り四〇〇万円という要求もあったが、買い戻しのことを考えて二〇〇万円に抑えたいきさつもある。久住・飯田地域では、その地理的条件もあって、無畜農家の割合もさることながら、入会権の商品所有権化が進んでいるように見受けられる。中村牧野組合は、第一段階でうまくそれに歯止めをかけたが、しかし商品所有権化の影響をまぬがれうるものではなく、第二段階ではそれへの妥協によって内部処理せざるをえなかった。買戻資金を負担した無畜農家は、いずれ入会権者ではなく土地所有者としての自己を主張せざるをえないであろう。そこに売買方式のいっそうの難点がある。

中村牧野組合は、このような矛盾を抱えつつも、独立採算を旨として、償却・償還の見通しもほぼ立ち、組合員には良質の干草を提供できており、着実に前進している。なお組合員には三戸の酪農家がおり、子牛つきの乳牛を先に入牧させる、牧区が遠いときは近くの牧区を使わせるという配慮のもとに、黒牛といっしょに放牧している。

表 2-6　開発地域における和牛成牛飼養状況の比較

（単位：戸、頭、%）

		1975 年	1981 年	81/75
飼養戸数	中村牧野	40	35	87.5
	開発団地	174	150	86.2
	玖珠郡	2,380	1,972	82.9
飼養頭数	中村牧野	137	170	124.1
	開発団地	457	586	128.2
	玖珠郡	4,703	5,493	116.8
１戸当り頭数	中村牧野	3.4	4.9	144.1
	開発団地	2.6	3.9	150.0
	玖珠郡	2.0	2.8	140.0

注：１）２月１日頭数調査による。
　　２）玖珠農業改良普及所『高原農業の発展をめざして』（1982 年）による。

3　牧野利用畜産と地域農業

（1）有畜農家の減少

中村牧野を含む玖珠郡内の広域農業開発事業の対象牧野の実績を**表２－６**でみると、飼養戸数の減少率は郡平均よりもやや低く、飼養頭数・一戸当り頭数の増加率は平均より高い。そのかぎりで草地開発の直接効果はあったといえる。

だが阿蘇・久住地域全体をとって、この一〇年間に焦点を当ててみれば（**表２－７**）、阿蘇・産山・波野・白水の町村でなんとかもちこたえている程度で、あとは軒なみかなりの頭数減をまぬがれていない。対象地区以外への事業の波及効果、拠点によって地域全体を底上げする間接効果は、残念ながら認められないのである。そもそも事業対象地区についてさえ、中村牧野にみるように、全体縮小（粗放）・局所集約（草地化）という縮小再編の論理が貫き、いわば肉を切らせて骨を守る戦法なのである。

地域全体の頭数がなぜ減るのか。それは**表２－７**に一目瞭然なように

表 2-7　子取り用めす牛の飼養状況

（単位：戸、頭、％）

		飼養農家数		飼養頭数		1戸当り頭数		飼養農家率		肉用牛販売領の特化係数（79年）
		1970年	80年	70年	80年	70年	80年	70年	80年	
熊本県阿蘇郡	一の宮町	752	585	1,948	1,737 (89)	2.6	3.0	69.4	54.6	2.70
	阿蘇町	1,682	1,253	3,735	3,785 (101)	2.2	3.0	67.6	56.0	3.78
	南小国町	539	354	1,133	786 (69)	2.1	2.2	67.5	46.4	2.66
	小国村	653	337	1,260	787 (62)	1.9	2.3	55.6	34.0	1.82
	産山村	362	237	1,117	1,086 (97)	3.1	4.6	85.2	64.0	6.97
	波野村	390	272	1,052	1,018 (97)	2.7	3.7	83.6	68.4	4.06
	蘇陽町	868	466	2,125	1,109 (52)	2.4	2.4	79.2	48.9	2.65
	高森町	1,076	677	2,894	2,346 (81)	2.7	3.5	80.9	62.7	3.68
	白水村	593	474	1,276	1,184 (93)	2.2	2.5	71.5	60.5	2.55
	久木野村	405	292	738	621 (84)	1.8	2.1	71.0	53.0	2.32
	長陽村	383	256	754	577 (77)	2.0	2.3	71.0	48.4	2.68
	西原村	646	318	1,421	652 (46)	2.2	2.1	74.9	46.1	1.54
	計	8,349	5,521	19,453	15,688 (81)	2.4	2.8			
大分県直入郡・玖珠郡	荻町	589	375	939	684 (73)	1.6	1.8	68.5	46.8	0.96
	久住町	821	514	2,066	1,698 (82)	2.5	3.3	70.4	53.0	4.15
	直入町	560	335	1,498	946 (63)	2.7	2.8	70.4	47.0	1.86
	九重町	1,441	812	2,926	2,098 (72)	2.0	2.6	64.7	40.4	2.26
	玖珠町	1,763	1,080	2,940	2,531 (86)	1.7	2.3	60.8	40.6	2.31
	計	5,174	3,116	10,369	7,957 (77)	2.0	2.6			

注：特化係数は、農水省『市町村別主要農業統計加工指標』（1981年）、その他は農林業センサスによる。

有畜農家の規模拡大が、有畜農家そのものの減少にとうてい追いつかないからである。阿蘇地域も久住地域も七〇年当時は有畜農家率七〇～八〇％を誇る有畜農業地帯であった。

いまや阿蘇地域でもよくて六〇％。五〇％を割る町村も多く発生しており、久住地域に至ってはそれが主流である。草地開発事業は前者（一戸当り増頭）を問題にした。しかし地域農業の真の問題は後者（有畜農家の減少）にあったのである。出発点の問題把握そのものに錯誤があったともいえよう。

最近の動向を、本節1の（3）で取りあげた久住地域についてみると、**表2－8**のごとくである

（出所が異なるため、**表２－７**のセンサス結果とは必ずしも一致しない）。これによると開発地域の中核地帯では、先の玖珠地域の場合と同様、かなりの増頭効果が認められるが、ここで注目したいのは、それが、三頭以下層の減と四頭以上層の増、なかんずく一～二頭飼いの激減と五頭以上層の増という「両極分解」を伴っている点である。向原集落ではそれが極端な形であらわれているが、ここでも七五年の有畜農家で無畜化したのは、一頭飼い、二頭飼い各一戸、三頭飼い二戸の計四戸である。増頭する農家も、とくに六頭以上層では利率の高い財政投融資に頼るなど深刻な問題を抱え込んでいるのであるが、ここでの焦点は三頭以下層の減である。

表2-8　久住町における繁殖経営の推移

	久住町			向原	
	1975	79	82	1975	84
飼養頭数	1,741	1,871	2,271	58	90
飼養戸数	628	576	528	20	16
1～2頭		249	142	9	2
3		140	98	7	1
4		79	96	2	1
5頭以上		108	192	2	12
1戸当り頭数	2.8	3.2	4.3	2.2	5.6

零細有畜農家はなぜ減るのか。昭和三〇年代から四〇年代にかけての牛の主たる役割は、糞畜機能だった。そうであれば、その頭数も、先の刈干切りの制約のなかで、糞畜として必要な規模に限られるであろうし、糞畜そのものの必要性の認識なりその経済性が薄れれば、それに応じてさらに減少せざるをえない。

そこで用畜機能の経済的自立が起これば話は別であるが、**表２－９**によると、昭和五〇年代に入っても、一九八〇年を除けば、時間当り農業所得は、「農村雇用賃金」はおろか、南九州平均の日雇賃金にすら達していない。そしてとくに一頭当り販売価格をみても、大分や熊本の放牧牛、とくに褐毛牛は低評価をまぬがれていない。これでは、兼業や日中の他作目作業と競合しない、朝晩を中心とするコマギレ労働の寄せ集めや、老婦人労働力に主として依存した飼養形態にならざるをえない。

糞畜機能と、このような微弱な用畜機能との抱き合わせのなかで、今日の牧野利用畜産はかろうじて存続しているのである。その弱い結び目の間から有畜農家はポロポロと落ちこぼれていかざるをえない。そしてまたそこでは草地開発→省力化→規模拡

表 2-9　南九州の和牛繁殖経営の採算性

（単位：円）

		1975	76	77	78	79	80	81
主産物粗収益（1頭当り）	大分	219,831	230,218	258,333	231,791	263,259	256,241	344,468
	熊本	156,216	217,209	216,860	221,596	270,946	350,521	298,905
	宮崎	250,796	302,147	352,105	316,680	359,994	406,759	406,503
	鹿児島	185,479	208,827	275,671	223,779	267,328	391,484	363,817
生産費調査の時間当り採用労賃（農村雇用賃金）	大分	434	513	590	635	644	681	783
	熊本	307	414	507	535	556	596	678
	宮崎	335	410	444	552	573	621	662
	鹿児島	344	440	467	516	559	590	614
南九州の臨時的賃労働賃金（1時間当り）		333	421	424	480	499	541	552
1時間当り農業所得	大分	213	215	245	260	357	857	676
	熊本	233	311	313	316	375	605	399
	宮崎	232	387	401	453	567	588	547
	鹿児島	148	176	285	198	282	570	440
反当り農業所得	大分	41,219	73,176	—	43,700	59,664	157,870	109,995
	熊本	137,565	85,933	73,927	78,499	90,296	99,060	69,855
	宮崎	44,484	68,191	89,516	79,039	120,467	112,134	81,548
	鹿児島	24,275	33,692	38,786	24,656	32,738	68,021	48,445

注：1）自給飼料費に占める労賃部分を60％として、反当農業所得、反当労働時間を修正計算した結果による。
計算方法の詳細は、拙稿『畑作肉牛経営の構造』（前掲書）334～335頁によられたい。
2）熊本は褐毛種、その他は黒毛種である。
3）農水省『畜産物生産費報告』による。

大の論理は、多くの場合、第二段階どまり、つまり一方的な省力化に終わらざるをえない。封建農法を引き継ぐ牧野利用の、あのあまりに苛酷・多労の性格は止揚されねばならなかった。

しかし省力化をバネとした新たな経済ベースへの脱却は未だしなのである。

(2) 牧野利用畜産と土地利用

そうであれば、「現に、牧野利用と肉牛飼養が有効に結びつき、肉牛飼養の発展している地域は、その地域に集約的な商品作物が導入された複合経営の展開したところである」(10)ことになる。そして今日の阿蘇・久住を代表する集約作といえば、まず第一に、キャベツ、ハクサイ、レタス、トマト、キュウリ、ダイコン等の高冷地野菜である。

中村牧野が属する九重町の飯田高原地帯は、いち早い共販組織化で六五年頃までに

表 2-10　大分県玖珠郡内の広域農業開発事業対象団地農家へのアンケート結果

（単位：戸、頭）

	アンケート回答戸数		米・肉用牛	米・酪農	米・肉用牛・野菜	米・肉用牛・シイタケ	米・肉用牛・野菜・シイタケ	その他計	1戸当り肉用牛頭数
中村	41	専業	3 (7)	2 (2)	11 (14)	2 (2)	2 (1)	21 (26)	
		Ⅰ兼	7 (4)	1 (1)	2 (1)	—	—	10 (6)	3.2
		Ⅱ兼	9 (9)	—	—	1 (-)	—	10 (9)	(7.1)
		計	19 (20)	3 (3)	13 (15)	3 (2)	2 (1)	41	
全団地	106	専業	7 (10)	3 (4)	12 (19)	11 (14)	8 (7)	44 (56)	
		Ⅰ兼	16 (10)	2 (1)	5 (7)	8 (6)	1 (1)	33 (25)	3.1
		Ⅱ兼	19 (19)	—	4 (2)	8 (2)	—	29 (25)	(6.5)
		計	42 (39)	5 (5)	21 (28)	22 (22)	9 (8)	106	

注：1）1975 年より事業着工前に漸次実施。
　2）（　）外は現況、（　）内は将来目標。
　3）資料は表 2-6 に同じ。

産地としての確立をみた、高冷地野菜の草分け的な存在であるが、中村牧野および全開発団地の事業開始前のアンケート調査結果は**表２－10**のごとくである。兼業農家を中心に（米＋肉用牛）が主流を占め、（米＋肉用牛＋野菜）は専業農家を中心に四〇％程度であった。現状では中村の場合このタイプは四分の一程度である。野菜は価格が不安定、朝から晩まで、果ては夜中までの作業ということで労力的にきつい、共販組織がわずらわしいということで、昭和四〇年代なかばから、米の生産調整とも相まって、畜産に重点をおく農家が増え、それと広域開発事業のタイミングがあったのが地域の実情であった。

Ａさん（八一年当時四四歳）は、六五年に東京でのサラリーマン生活からのＵターン組。水田八反（七一年から五反は牧草畑化）、畑六反、採草地二町五反（うち一町五反を七五年に草地改良）、七五年に庭続きにパドック三反分を作る。牛は生産調整を契機に増頭して、八一年現在は成牛一九頭、育成牛五頭の多頭農家である。中村牧野には親牛を四月二五日から二月一〇日にかけて一四頭ばかり放牧する。子牛は離乳し種付けができてから放牧する。はじめは牛がやせたが、慣れてくれば肥えると中村牧野には満足している。奥さんがなんとか月二回は牧場に牛をみにいく。冬期も晴れていれば牛はパドックに出す。出せば日光浴になり、発情もよくわかる。この里での飼養管理の主役は、活発に地域活動する奥さんである。サイロ六、青刈りトウモロコシと一番草を詰め、牧場から乾草二〇〇〇梱包、農家からワラ二町分を買う。八〇年は一五頭出荷で平均三八万円（八三年は成牛二三頭で二〇頭出荷、平均二五万円に下落している）。

Aさんはここ一〇年ほどキャベツ六反を作っている。ここ三～四年はキャベツ跡に必ず麦を作り（麦は青刈りやサイロ詰め）、堆肥を入れてからキャベツを植えている（麦やイタリアンを入れ五～六月にすき込む農家もある）。またトウモロコシを一作入れるとキャベツのできがずっと良くなるということで、四年に一回程度の割で、キャベツ―麦（イタリアン）―トウモロコシ―キャベツの輪作を入れるようにしている。熱心な農家はみんなこの型をとっているという。また五～六年経ってギシギシ（宿根性雑草）の増えだした草地にキャベツを一～二年作って更新していくことを八二年からはじめている（代わりにトウモロコシを入れる農家もある）。堆肥は草地六〇％、畑三〇％、水田一〇％の割で入れる。水稲の品種はコシヒカリで反収一〇俵、ほとんどの農家が水田にも堆肥を入れているという。牛とキャベツは多少競合し、そのため牛をみにいく回数が減っているが、今後もキャベツは続けるつもりである。

Bさん夫妻はともに三七歳、御主人は六五年から農協職員。中村牧野ができたことを契機に、一時減らしていた牛をまた五頭にふやす。もっぱら主婦の牛飼いだが、八〇年は四頭売って平均五一万五〇〇〇円だから、地域でもトップの成績である。水田は水稲一町（反収は九俵）、四六年に親戚から借りた三反を牧草畑にして主としてサイレージ利用、五年で更新。畑五反は表作にトウモロコシ、裏作にライ麦・エンバクを二反程度、ともに生草用である。そのほか原野二町。

当家は中村牧野に放牧せず、その方が発情を発見しやすいということで、七五年に作ったパドック四〇坪（土の下に石を敷き詰め雨でも出せるようにする）をもっぱら利用し、年一産を心がけて、経済性を追求している。

かつては刈干切りのために高い日給を払って雇用しなければならなかったが、中村牧野ができてからは兼業農家でも牛をふやせるということで、放牧利用はしないものの、乾草七〇〇梱包を購入する中村牧野への依存感は強い。堆肥は水田に反当一トン強（金肥は以前の三分の一）、畑に三トン入れ、三分の一は野菜農家とのモミガラ交換に用いている。

以上、（肉用牛・野菜・水稲）の専業農家と（肉用牛・水稲）の兼業農家との専兼二様の態様についてみてきたが、ともに奥さんが主役であること、また草地開発の省力・増頭効果がよくあらわれている点で共通している。

阿蘇山東部・高森町⑾も**図2－2**のナタネに代わって、五五年頃から加工用ダイコンが取り入れられ、産地として急速に伸びてきたが、ダイコン専作化、春秋二作化が進むにつれて、最近では畑の老朽化と連作障害による反収減が目立つようになってきた。そこでダイコンに代わる新たな作目の導入が模索されるとともに、ダイコン作自体についても輪作的配慮が強まってきた。

旧色見村前原のCさん（七七年調査当時で五二歳、あとつぎ二二歳、畑四二町、うち借地六反、原野一町、成牛五頭）は、連作障害を避けるには第一に輪作、第二に緑肥、第三に堆厩肥という位置づけで、**表2－11**のような作付を行なっていた。調査の時、日ソバレーボール試合のテレビを横目でみながらも、世帯主とあとつぎの作付計画の相談がポンポンと決まっていった光景が思い出される。

第一の輪作については、春秋ダイコン作を避けることはいうまでもなく、夏作もダイコン連作を避け、トウモロコシ・陸稲・野菜等を入れるようにしており、ダイコンを少なくとも一年以上あける圃場は六〇％に達している。ただし借地（団地番号⑥）はダイコン連作である点が注目される。第二の緑肥については、当家は五〇年頃からダイコン跡の冬期にイタリアン・ライ麦等を入れ（七七年は圃場の三分の二に達する）、一回刈りした跡はすき込んでいる。緑肥作の規模は部落でも最大である。

緑肥作はここで、連作回避、自給飼料確保、地力維持の「一石三鳥」⑻の効果を発揮している。第三の堆厩肥については、冬場は堆肥合で切り返し発酵させたものを月一回、自宅近くの圃場⑧に出してロータリーをかけ、整地時

表 2-11　熊本県高森町前原のＣ農家の作付順序

（単位：a）

団地番号	面積	1976 年		1977 年		78 年
		夏作	冬作	夏作	冬作	夏作（予定）
①	88	陸稲	休	ダイコン	イタリアン	陸稲
②	30	陸稲	休	ダイコン	イタリアン	ダイコン
③	60	ダイコン	ライ麦	陸稲 サトイモ	休	ダイコン
④	51	トウモロコシ	休	陸稲	ライ麦 休	ダイコン
⑤	65	ダイコン	ライ麦	ダイコン	イタリアン ライ麦	トウモロコシ
⑥	60	ダイコン	休	ダイコン	イタリアン ライ麦	
⑦	15	トウモロコシ	イタリアン	トウモロコシ 自家野菜	ライ麦	トウモロコシ
⑧	15	陸稲	休	トウモロコシ	イタリアン	ダイコン 陸稲
⑨	24	ダイコン	休	トウモロコシ	イタリアン	
合計	408	ダイコン　209 陸稲　133 トウモロコシ　66	イタリアン　15 ライ麦　125 休閑　268	ダイコン　242 陸稲　101 トウモロコシ　54 サトイモ　10	イタリアン　230 ライ麦　79 休閑　99	ダイコン　148 陸稲　96 トウモロコシ　80 未定 84

注：1）1977 年 10 月調査による。
　　2）図 2-2、注の拙稿、322 頁より引用。

に各圃場に投入する。量的には陸稲、ダイコン、トウモロコシの順であるが、大差ない。

前原は七五〜七七年にかけて広域農業開発事業で放牧用の入会牧野五〇町の草地開発を行なっているが、放牧期間の二カ月延長、道路整備でバイクやクルマで短時間で乗りつけられるようになったこと、水場ができたことなど、総じて省力効果はめざましく、農家の増頭意欲も高い。Ｃ家もゆくゆくは、キャベツ・ハクサイを取り入れるとともに、七〜八頭規模にもっていきたい意向である。

しかし牧野が手狭で、そろそろ頭数制限も必要ということで、隣接する国有林開放の声が地元で強まっている。

前原の場合、放牧は入会牧野、干草は個人有原野という利用形態であるが、畑作集約化自体がトウモロコシ等との輪作を不可欠とし、さらに飼料・緑肥作をも必要とするなかで、結果的に原野にプラスして畑作飼料基盤が強化され、それが入会放牧地の草地開発と相まって、ともかく畑作と畜産の併進状況を作り出したといえる。しかし草地開発による省力化は、一面ではいっそうのダイコン作特化を助長しており、ここでも集約畑作目の多様化をはかるという地域の共通課題に直面している。

(3) 地域農業と「集団的外囲」利用

収益部門としてなお十分に自立しえない畜産、とくに放牧牛生産は、耕種農業の集約化とそこでの土地利用合理化の線に沿うことによってその存続条件を補われた。そして零細農耕下での農業集約化がもたらす強い規模拡大と省力化の要求に対し、入会牧野の存在が集落農業の集団的外囲(12)として再認識され、その草地開発が受容されていく。このような外囲に支えられてこそ、B家のような主婦専業畜産の好成績ももたらされる。かつてこの地域の農業の粗放性は、その外囲依存からくるものとして、入会牧野は諸悪の根源視さえされた。そして入会権の私的所有権化こそ、その「近代化」だとされた。しかしいまやそれは、外囲として零細農耕制下における集約化と規模拡大の併進のひとつの鍵を提供するものと位置づけられうる。

そこで問題は二つ。第一は、耕種農業集約化の軸線をどこに求め、どう再編をはかっていくかである。多くの畑作集落は、端的にいって地域に適した市場性ある作目群の模索に苦悩し、水田利用再編下の水田農業もまた出口の見えない模索を続けている。また集約畑作の跛行的拡大が畜産の衰退をもたらし、連作障害に追い込まれていく集落もある。

その解答は、それぞれの地域が見つけ出していくしかない。強調しうることはただ一つ、この地域の高冷地野菜の産地化もまた、農協共販組織という集団的対応を原動力として果たされてきたという点である。

第二は、そして以下、本項で主として考えたいのは、里と外囲を結ぶ外囲利用技術の確立の問題である。外囲自体が原野状態から草地開発されたわけで、その新しい集団的利用のあり方が求められているといえる。

先に、畑作と畜産の結合の仕方を事例的に一、二みたわけであるが、より広く久住・飯田地域（玖珠・九重・久住町）を例にとってみると[13]、一〇頭未満層と一〇頭以上層では飼養形態にやや違いがみられる。

一〇頭未満層では、いずれも典型的放牧を主流とし、乾草を主として入会草地からの外給にあおぎ（といっても自分たちの協業で生産）、飯田地域では高原野菜・水稲・シイタケとの、そして久住地域では水稲・シイタケとの農林畜複合経営の形が多い。子牛収入は三〇～四〇％を占める。久住町向原を例にとると、このうち四、五頭層までは、自家育成を主体に漸進的に増頭をはかり、畜産の経営内容も安定しているが、六～九頭層となると前述のように財投資金依存で増頭をはかり、その重圧に悩むとともに、生産率も子牛価格も思わしくない経営が多い。同時に、「放牧のカンどころをおさえた」低コスト経営もこの層に多い。要するに六～九頭層には、四、五頭層からの漸進的拡大による組と背伸びした組が混在しているといえる。

それに対し一〇頭以上層では、里でのパドックあるいは里山利用（クヌギ林への林間放牧）を重視し、それらと入会草地への放牧利用を併用し、使い分けている経営が多い。また入会草地からの乾草購入をできるだけセーブし、粗飼料自給に心がけ、通年サイレージ化をめざしている。子牛収入は玖珠地域では農業粗収入の過半を占めるが、水田規模が大きく、シイタケ収入も多い久住地域では半分以下にとどまる。先のAさんは、玖珠地域におけるその代表的事例であるが、久住地域になるとパドックより一段と大きい里山利用が多い。

このような規模別分化の背景をみるために、放牧地帯における飼養形態の歴史を振り返ってみると、役・用畜時代は、牧野でいつの間にか産んだ子牛を母牛が連れかえる「キノコ取り」と称されるような粗放な形をとっていた。それが、用畜機能が自立するにつれて、出荷前何カ月かの子牛を里に連れかえり濃厚飼料を与えてふとらせる「増飼い」

形態に移行していった。しかし飼料代に見合うだけの経済的効果が果たしてあるのかは絶えず疑問視されてきた。それが草地開発の進展とともに、前述のＡさんのごとく、子牛は里にとどめおいて「別飼い」し、離乳後の妊娠確認牛のみを入会草地に放牧する方式が一般的に採られるようになった。

この里での「別飼い」は、一〇頭未満程度であれば、従来通りの庭先や小さなパドックで済ますことができた。しかし一〇頭以上ともなれば独立した一つの畜産的土地利用形態を必要とすることになる。それが一〇頭以上層で明確な形をとってくる里山・パドック利用であろう。彼らは、そこに市場出荷前の子牛、子付き（離乳前）の、そして妊娠未確認牛を林間放牧し、運動や日光浴をさせるとともに、病気や発情の発見に努める。入会山での共同作業が主として筋骨たくましい男たちの世界であるとすれば、里でのこまやかな飼養管理には、主婦のいきとどいた目配りと細やかな管理が必要である。山と里の分業は、かくして夫婦間の分業でもある。大分県は、八〇年から「畜産婦人部」活動を重視し、その育成を補助しはじめたが、重要な視点だと思われる。

要するに、一〇頭未満層と以上層との相違は、飼養形態の相違というよりは、規模拡大に伴うパドック・里山的な土地利用の自立化をめぐる相違といえよう。両者をともに貫くのは、草地開発に伴う一定の集約化である。

いま、これらの地域で、コスト・ダウンを果たしつつ、かつ一定の収益性を確保している経済的低コスト経営ともいうべきものの存在を洗ってみると、それを支えているのは、コスト・ダウンそれ自体とともに、生産率向上（分娩間隔短縮）、子牛価格上昇の三者である。親牛一頭当りコストが低くても、子牛の生産率が低ければ、子牛一頭当りのコストはたちまち上昇し、収益は下がる。生産率が高く年一産に近づいたとしても、子牛価格が二〇万円を割るようであれば、日雇労賃の実現にも程遠いことになる。三者のバランスこそが問題である。

ところで一方のコスト・ダウンが、放牧による飼養管理の省力化によって果たされるとすれば、他方の生産率や子牛価格の上昇を支えるのは、飼養管理労働の一定の集約化である。耕種農業において、労働生産性と土地生産性の併進が必要なように、繁殖経営においても、省力化と集約化という一見相反する二つの方向の結合が必要なのである。問題はその結節点をどこに求めるかである。その一つの模索が、里山・パドックの併用であり粗飼料自給の方向であると位置づけられよう。

他方、一〇頭以上の大規模経営が里山利用と粗飼料自給に傾斜するいまひとつの現実的背景として、共同放牧に伴う粗放な管理、牧野での病気や事故の発生、あるいは乾草代が割高であったり、費用捻出のために外部販売に傾くことに対する不満がある。しかも人手が少なく、共同出役の要請にも十分に応えられないといった大規模複合経営としての悩みもある。これらの問題に対する個人的解決として個別化・舎飼化の方向が追求されるのである。

このように大規模層の里山利用・粗飼料自給の方向には、積極・消極の二面性がある。しかし後者の方向の一面的追求は、広大な入会草地の賦存という地域の貴重な資源特性を活かす道ではなく彼らの入会地からの後退は、その共同作業の有力な中核的メンバーを失うことであり、そのことはひいては入会草地の共同利用体制そのものの自己否定につながることになろう。しかし現実の入会草地利用に、旧態依然たる面や、むら仕事的・ドンブリ勘定的な面があることもまた事実である。かくして問題は、草地開発という新たな生産力段階をふまえて、「集団的外囲」たる入会草地と里の「個別的外囲」たる里山やパドック、そして耕地＝内圃の三者の利用をどう結合していくかであろう。

前述のように、繁殖経営にとって、省力化と集約化の二契機の追求が不可欠であった。「放牧のカンどころ」をおさえた思い切ったその省力化と、パドックや里山での飼養管理集約化とをどう結合させていくか。里での良質粗飼料の自給を高めつつ、それをどう省力化していくか。その辺にポイントがあることを大規模層の動きは示唆した。そこで求められているのは、集団的外圃の集団的利用技術の確立であり、そこからの離脱ではない。そしてパドックや里山、粗飼料生産基盤の充実も、地域の土地利用のあり方を集団的に見直すなかでしか確保しえないであろう。そのことを抜きにして、個別に増頭や品種改良に努力するだけでは、今日のきびしい畜産情勢はとうてい乗り切れまい。

入会牧野は、それ自体、封建農法の遺物にすぎず、地域農業の粗放性こそが、その存続を規定してきた。しかしいまや入会牧野は、日本の零細農耕制がそこでそれなりの集約化と規模拡大を果たしていくうえでは集団的外圃が必要なこと、そして零細農耕とその集団的外圃の両者を結ぶ農法変革は、「産地」として地域集団的に果たされていかねばならないこと、の二点を現代に照射しているといえよう。

Ⅲ　南九州における畑作肉牛経営

1　畑作肉牛経営の成立過程

宮崎と鹿児島は、昭和三〇年代にも役肉用牛の総頭数が減少しなかった唯一の地域であり、四〇年代以降の繁殖牛の伸び率も高く一九八一年現在の頭数でも、鹿児島は第一位で一〇万八〇〇〇頭（全国の一六％）、宮崎は第二位で九万三〇〇〇頭（同一四％）と、第三位の岩手六万二〇〇〇頭、第四位の熊本四万八〇〇〇頭に大きく水をあけている。では南九州二県が日本一の和牛産地を形成した原因とプロセスはいかなるものか(14)。

この地域には、今日、阿蘇・久住のような入会牧野はほとんどない。とくに旧薩摩藩直轄下では藩の山林規制がきびしく、農民の経済力も低かったので、地租改正時には大きく国有林に取り込まれることになった。つまりもともと国有林比率の高い地域なのであり、その国有林の施業強化とともに一部の落葉や下草の採取を除き、畜産的土地利用は閉め出されることになる。

取り込まれた国有林の一部は下戻しされるが、その一部は私有化されて開畑・開田が進み、一部は共有的に入会利用され馬産を支えることになるが、それも部落有林野統一で植林が進み、のちに県によって放牧や火入れが禁止されるに及んで、採草専用化と草質低下が進み、それがまた植林に拍車をかけることになった。

（単位：a、％）

畑の作付					総作付面積	作付率	
普通作	野菜類	タバコ	飼料作	計		水田	畑
3	25	32	39	99	135	172.6	121.6
9	13	25	71	119	162	116.9	131.2
9	19	—	78	107	141	127.2	156.1
9	16	26	117	168	242	157.1	128.7
25	45	—	258	328	407	161.2	169.0
11	23	18	111	162	216	146.3	143.5
63	10	10	39	122	188	170.8	154.7
47	16	6	48	117	170	219.6	152.0
56	15	10	86	166	243	167.3	178.9
101	12	—	78	191	367	189.3	158.6
85	166	—	169	420	528	183.1	158.8
63	25	7	66	161	243	183.1	160.0

こうしてこの地域の畜産的土地利用は、基本的に林野から閉め出されてゆく。この地域でも昭和初期に和牛が馬産を圧倒することになるが、その主流は初めから繋留・舎飼方式を採ることになった。そして林野から閉め出されたその飼料基盤は、畦畔草に移ることになる。一九五五年頃の事例でも、飼料の七〇～八〇％は野草類で、そのまた八〇～九〇％は畦畔から供給されていた。劣悪な土地条件と土地改良の遅れがこの畦畔利用を支えるとともに、夏秋期の草刈の重労働が主として女性の肩に重くのしかかることになる。

かくして畦畔草依存の舎飼方式というのが今日の南九州和牛生産の歴史的原型をなすわけであるが、その飼養規模は、せいぜい一～二頭飼いといった著しく限定的なものたらざるをえないことはいうまでもなかろう。他方、南九州は「高温と豪雨による地力の消耗」[15]がことのほかはげしく、かつての甘しょ—麦（ナタネ）という畑作の支配的作付方式自体が、著しく地力消耗的であった。「それ故この地方の農業が、家畜を通じての地力の培養を、既に早くから合理的なものとして見出し」[15]たわけで、それが機械化の遅れと相まって、著しく限定的な規模ではあったにもかかわらず、昭和三〇年代の和牛飼養の減退にともかく歯止めをかけてきたといえよう。

同時に高度成長期を迎え、このような自給的・停滞的農業からの脱

表 2-12　１戸当たり経営耕地、作付面積および作付率

		経営耕地（　）内は借地							水田の作付		
		水田		畑		樹園地	計		水稲	飼料作	計
小林市高津佐（17 戸）	1～2 頭	21	(3)	82		—	102		19	16	36
	3	37		91	(2)	—	128	(2)	27	12	43
	4	27		68	(3)	—	95	(3)	21	13	34
	5～6	47		131	(25)	—	178	(25)	39	33	74
	10	49		194	(52)	—	243	(52)	35	44	79
	平均	37	(1)	113	(16)	—	150	(117)	29	24	54
大崎町小能（25 戸）	1～2 頭	33	(8)	79	(12)	12	123	(20)	24	31	56
	3	21	(1)	77	(18)	7	105	(20)	19	28	46
	4	43	(4)	93	(4)	4	140	(8)	39	34	73
	5	68		121	(6)	46	235	(6)	67	63	129
	7～8	59		264	(64)	—	323	(64)	59	49	108
	平均	38	(4)	101	(16)	12	151	(19)	33	36	69

注：１）水田の計には、飼料作以外の転作物を含む。
　　２）総作付面積には、ミカンを含む。
　　３）図 2-2 の注の拙稿、312～313 頁より引用。

却が強く求められるが、それは当面、原料用甘しょ生産へのいっそうの特化の方向に求められ、そこで地力収奪的性格をいっそう強めることになった。だがこの矛盾的展開も、はやくも昭和三〇年代末のコーンスターチの輸入自由化によって挫折を迎える。

それに代わる商品作物として注目をあびたのが、折からの用畜機能自立化をふまえて、一定の価格形成を見せ出した和牛子牛生産であった。しかしそれが商品生産として展開するためには、従来の畦畔草依存の枠から抜け出なければならない。かといって帰るべき山はもはやない。残る飼料基盤は耕地内にしかなかったのである。

ここに南九州特有の畑作肉牛経営への歩みがはじまることになる。その経済的根拠を、梶井功氏は、この地域の畑作の土地生産性の低さと労賃水準の低さに求めている。すなわち和牛生産の反当および時間当りの農業所得は、それ自体決して高いものではないが、それでもこの地域の前述の甘しょ・麦の普通畑作の反当所得や、著しく低い農村日雇賃金には十分に対抗しうる水準であった(16)。要するに限界地畑作目に代替する肉牛経営の限界地立地性の証明であり、宮崎県霧島地域から鹿児島県大隅地域に至る畑作地帯を中心に、和牛繁殖経営が定着する基本論理を示しているといえよう。

しかし、競争の論理による限界地立地性の証明だけでは、畑作肉牛経営がもつ土地利用上の意義を過小評価することにもなりかねない。そこで土地利用の実態をみるために、われわれが調査した宮崎・鹿児島両県の二つの集落の作目構成をみたのが、**表2―12**である。両集落の決定的な相違は、畑作目の構成にある。すなわち宮崎県小林市高津佐は、飼料作が六八％、集約畑作（野菜・タバコ）が二五％と高く、普通畑作は七％とかろうじて残る程度であるが、鹿児島県大崎町中能では飼料作四〇％、集約作二〇％と低く、普通畑作が四〇％と著しく高い。とくに小能の集約畑作は七～八頭規模層で突出的に高くなっており、それを除くと両集落では倍近い相違になる。

つまり畑作肉牛経営の土地利用には、どうやら宮崎・高津佐のように集約畑作と飼料作が並存する型と、鹿児島・小能のように普通畑作と飼料作が並存する型との、二つのタイプがある。そこでそれぞれのタイプの形成過程とその土地利用の現状、そこでの規模拡大のあり方についてより立ち入ってみることにしよう。

2　集約畑作・飼料作型肉牛経営の展開――宮崎県小林市高津佐

小林市高津佐における昭和四〇年代の農業転換の模式図を示したのが**図2―3**である(17)。高津佐は、原料用甘しょ依存からの脱却を、集約的なゴボウ作の導入に求め、その定着を通じて一連の構造的な農業転換を果たした典型的な事例といえよう。

ゴボウは甘しょと同じ土中の作物として、台風や旱魃という南九州特有のきびしい条件に対する耐性があり、かつ間引き収穫が可能なため、長期間にわたって家族労働力を分散・燃焼させつつ現金収入を得ることができ、また深耕によって跡作にも効果をもつなどの点、大いに地域適性をもち、農家の要求に応える作目たりえた。

しかしゴボウ作は、きわめて労働集約的であるとともに、強い連作障害を伴い、その両面から農家一戸当りの年間

図2-3　宮崎県小林市高津佐における農業転換の構造（1965年画期）

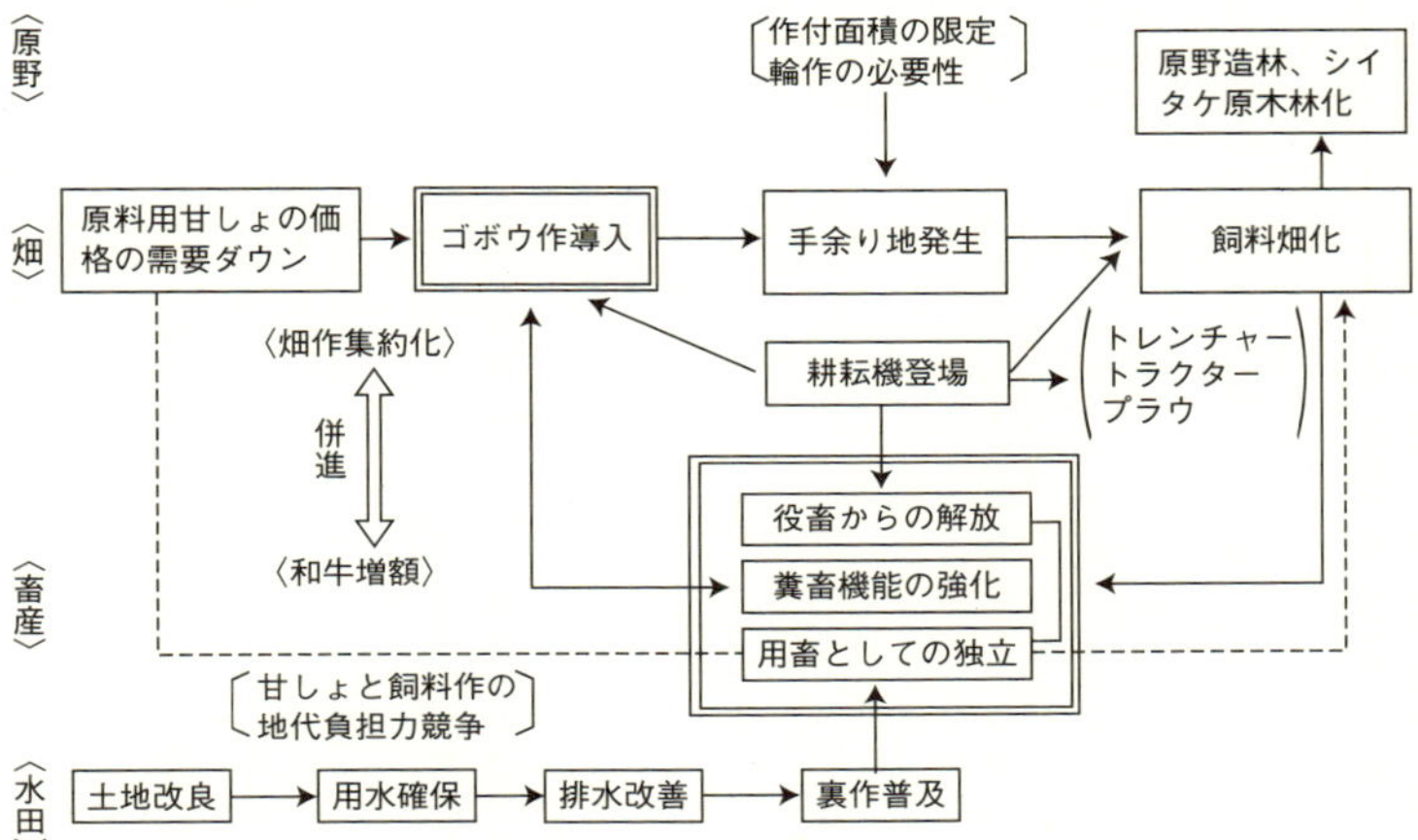

注：図2-2の注の拙稿、304頁より引用。

作付面積はせいぜい二〜三反に限定される。残余の土地は、できればある程度省力的であって、労力的にゴボウ作と両立できる作目で、かつ原料用甘しょよりも地代負担力の高い作目を作るに越したことはない。

結果的にその条件を満たしたのが、飼料作であった。

和牛生産＝飼料作の反当農業所得が、当時、普通畑作のそれを凌駕しつつあったことは前述した。また畑への飼料作導入は、畦畔草依存のきわめて多労的な採草労働の省力化をもたらし、その面からも先の省力化要求に応えるものであった。しかもゴボウ作と飼料作の間には強い関連があった。すなわち、ゴボウ作のための暑い日中の深耕作業には牛馬は無理で、耕耘機やトレンチャーが必要であったが、その強く張った根を断ち切らねばならぬイタリアン刈跡の耕耘もまた、機械力を要した。

つまり両作目は、ともに耕耘過程の機械化を要請することになった。ところで、耕耘機導入それ自体は、役畜としての家畜を排除する関係にあるが、他方集約畑作の連作障害の回避には、輪作とならんで堆厩肥の投入が不可欠であった。前述のように地力消耗のはげしい南九州畑作地帯では、ことのほか有機質が必要であった。そして集約作と飼料作を結ぶ糞畜としての和牛は、繰り返しになるが、反当所得形成力において普通畑作に匹敵し、当時、時間当り所得形成力において日雇兼業労賃に匹敵する形で、用畜機能をも高め、自立化させつつあったのである。

こうして高津佐では、集約作と飼料作＝和牛飼育との併進が可能となった。そしてさらにこの延長上で、トラクターやプラウの導入、水田の圃場整備と裏作飼料作の普及、京イモその他の集約作目の多様化がはかられていくことになる。

以上のプロセスとその帰結としての**表2－12**の作物構成は**表2－9**の昭和五〇年代の宮崎の、子牛生産費による採算性の点からも裏づけられる。すなわち宮崎の場合も、時間当り所得は生産費調査の採用労賃（農村雇用労賃）にはお及ばないものの、南九州平均の農村日雇賃金にはほぼ均衡しており、また反当農業所得もほぼ恒常的に普通畑作のそれを凌駕している。つまりこと宮崎については、肉牛経営が人夫日雇兼業化や普通畑作に対抗しうるという、あの昭和四〇年代はじめの事態が、今日も引き続いているのである。

さてそこでの土地利用は、いかなる特徴をもつか。作物表の主役を占めるようになった畑作目は、多かれ少なかれ連作障害を伴い、一作したら何年かあけるに越したことはない。その年数は、現地では、食用甘しょ一年、陸稲・ソルゴー・タバコ二―三年、京イモ三―四年、ゴボウ四―六年といわれる。それをふまえた作付順序の事例は、**表2－13**ごとくである。基本的に集約畑作―飼料作のパターンであり、夏作に集約畑作が続く場合にも、冬作にイタリアンが入れられている。かくして集約畑作・飼料作型の肉牛経営とは、具体的には、集約畑作と飼料作の輪作をさすことになる。

ところで輪作には、相応の土地面積が必要である。ゴボウは四～六年あけた方がよいとわかっていても、それができるのは面積の大きな農家で、小さな農家は二年程度しかあけられないのが現実である。そこで規模拡大を果たそうにも、みんながかなり専業的に集約畑作等に取り組んでいる集落では、土地が売りや貸しに出ることはほとんど期待

表 2-13　小林市高津佐・中谷の木における作付順序の諸類型

主幹作	作付順序	あける年数
ゴボウ	ゴボウ－サトイモ－*飼料作－ゴボウ－サトイモ　*3～4 年つづける。 －サトイモ－ゴボウ	5 年
	陸稲－ゴボウ－*陸稲－ビール麦－甘しょ－ビール麦－ゴボウ *陸稲（甘しょ）－ビール麦を１年交替で４年つづける	4 年
	ゴボウ－イタリアン－トウモロコシ－イタリアン－飼料作－ゴボウ	2 年
	ゴボウ－イタリアン－サトイモ－イタリアン －陸稲（甘しょ・ソルゴー）－イタリアン－ゴボウ	2 年
タバコ	タバコ－飼料作－ゴボウ（サトイモ）－タバコ	2 年
	タバコ－タバコ－飼料作－飼料作	2 年
	タバコ－イタリアン－ソルゴー（陸稲）－イタリアン（麦）－タバコ	2 年
食用甘しょ	食用甘しょ－ビール麦－陸稲（トウモロコシ）－イタリアン－食用甘しょ	1 年

注：１）⌒で結んだのは、夏作と冬作である。
２）「飼料作」は、夏冬２毛作をさす。
３）図２の注の拙稿、317 頁より引用。

できない。そこで昭和四〇年代後半からはじまり、五〇年代に入って普及するのが、ゴボウ・京イモ等の園芸作農家とタバコ農家あるいは和牛多頭農家とのゴボウと飼料作、タバコと飼料作、ゴボウとタバコ等の「交換耕作」である。七八年の調査時点で、高津佐の五反以上農家の五〇％までが交換耕作に携わっていた。

　集約畑作・飼料作塑肉牛経営の輪作を支えるのは、かくして交換耕作である。交換耕作は、個別の零細な所有の枠組みのなかでは超えがたい輪作展開上の限界を、集落内の複数の農家による土地利用共同によって突破しようとするものである。そしてこの交換耕作を支えるのは、集落内における異種作目の多面的な展開にほかならない。個別経営のみならず地域ぐるみ単一作化してしまったところでは、こうはいかない。営農団地とか大型産地といった発想の難点はそこにある。まさに「農家の同質性が結合のきずなになるのではなく、むしろ異質性（個性）が結合を強める」(18)のである。もちろん交換耕作によって面積規模の制約性そのものがなくなるわけでは決してない。しかし個別に規模拡大を果たした経営も、それによって交換耕作の枠を拡大しうる点にメリットを見出しているといえる。小林市の隣の野尻町角内のD牧場（七九年調査時で、世帯主四六歳、あとつぎ一九歳、水田四反、畑六町四反）は成牛三四頭の大規模農家で、優良牛を多く出し、数々の受賞に輝いている農家である。D家は、七一年に、正規契約で二町借りるとともに、総合資金で二〇頭規模の和牛専業経営化を果たしたが、多頭化によるサイレージ不足と飼料連作による反収減にはやくもぶつかり、七二、三年頃から、同じく面積不足と連作障害に悩む近隣のタバコ作農家四戸（四戸で五町四反所有）との間に、タバコ作（二～八月）―イタリアン（九～五月）―ソルゴー・トウモロコシ（五～一一月）の交換耕作を開始した。D牧場の方が利用面積が大きく利用期間が長いため、耕耘と堆厩肥散布で相殺している。そして、D牧場は七六年に山林九反の開畑、七七年に畑九反の購入を果たし、交換耕作に供する面積を拡大している。

この事例の場合、D牧場もタバコ作農家もそれぞれ専作化してしまっているが、土地利用としては整然とした輪作が保たれ、集約畑作・飼料作型の延長にあるといえる。

3　普通畑作・飼料作型肉牛経営の展開――鹿児島県大崎町小能

大崎町では、問題の昭和四〇年代はじめには、集約畑作といってもまだタバコ作ぐらいなもので、一般農家がキャベツ・秋ダイコン・スイカ・サトイモ・カボチャ等の集約畑作を導入しはじめるのは、四〇年代から五〇年代にかけてのことであった。かつその面積も**表2―12**にみるごとく、なお小規模である。

他方、飼料作の展開をみると、一九六五年頃から伝来的なナタネに代わって、エンバク等が水田裏作のみならず畑にも入るようになり、さらに耕耘機の導入とともにイタリアンの作付も広がるが、やがて四〇年代なかば頃から夏期畑作としても飼料作が入り出すようになる。つまり大崎町の場合、小林市高津佐の場合と異なって、集約畑作の導入、そしてそれとの輪作という媒介環を経ることなく、前述の甘しょ―ナタネの普通畑作との所得形成力競争を通じて、夏期飼料作がストレートに畑に入ってきたといえる。そのいまひとつの背景として、均分相続的慣行下の単婚的家族構成と労働力流出のもとで、著しく多労的な畦畔草の採草労働を省力化したいという要求が、宮崎の場合以上に強かった点もあげられよう。ところで所得形成の競争からいえば一方が他方を一方的に排除する関係にある。四〇年代はじめ、まさにそういう関係があらわれたことが指摘されたわけだが、現状はどうか。**表２－９**によっても、鹿児島の和牛繁殖経営の状況は必ずしも思わしくない。八〇年を除けば日雇労賃水準にはるかに及ばず、その半分程度の年もめずらしくない。また反当農業所得も普通畑作に勝るとはいいがたい。そのことが、おそらく**表２－９**において、なお飼料作に匹敵するほどの普通畑作を残す経済的な根拠になっているといえよう。そして後にみるように、個別に規模拡大等でこの採算性の限界を乗りこえようとする経営は、そこで一挙に飼料専作化を追求していくことになる。

さて小能における土地利用の実態をみると、普通畑作が主な農家の場合は、①夏期は甘しょ連作あるいは甘しょと陸稲の交替で、冬作に飼料作を入れる。②夏作も甘しょ（陸稲）と飼料作を交替させる。③夏作も冬作も飼料作を連作していく、の三つの型が多い。陸稲だと連作がきかないので②の輪作が採られることになるが、普通畑作と飼料作との輪作が必ずしも支配的になっているわけではない。

野菜作を導入した農家の場合、冬期に飼料作があいだに入ることはあっても、夏期作物として野菜作と飼料作を輪作させる高津佐のような型はまだみられない。野菜作の導入の日が浅く面積も限られているためともいえよう。他方、飼料作の方はといえば、普通畑作農家の③の型、すなわち夏も冬も飼料を作り続ける飼料専用畑を設けるのが支配的である。

しかしタバコ作農家ともなると、絶対に連作がきかないから、夏期飼料作との輪作、冬期に飼料作を入れてのタバコ連作、あるいは期間借地や高津佐と同じ交換耕作も一部みられる。

要するに部分的に宮崎・高津佐と同様の状況を呈しながらも、全体として畑作と飼料作の輪作はまだ定着していないといえる。交換耕作にしても、集落全体をまき込んだものでないとおのずと限界があることはいうまでもない。この普通作・飼料作型の土地利用は、そこに足ぶみしないかぎりは、いずれ集約畑作・飼料作輪作型にいくか、それとも飼料専作型にいくかの岐路に立たされることになろう。

いまのところ規模拡大を追求する農家は、借地によって外延的拡大をはかりつつ、飼料専作化の道を歩んでいるように見受けられる。小能集落でも七〜八頭の最大規模の農家は、自作畑では畑作と飼料作の輪作を追求しながら、借地はもっぱら飼料専作に当てている。前述の、高森町前原のC家が、借地でダイコン連作しているのと同じ論理である。このような借地での地力収奪的な飼料連作を全耕地に拡大したのが飼料専作・多頭経営だともいえよう。東串良町の作付例でいうと、ソルゴー・ローズグラス―カブ・イタリアン・エンバク、あるいはトウモロコシ―イタリアン・カブの型である。

4　産地形成と土地利用

集約畑作・飼料作型（交換耕作・輪作）と普通畑作・飼料作型（賃貸借・飼料専作化）の二つの土地利用類型、規模拡大コースは、南九州畑作地帯に普遍的に存在しているであろう。しかし、どちらかというと前者が宮崎に多く、後者が鹿児島に多いことの背景には、和牛生産の産地形成の問題が潜んでいるといえる。すなわち土地利用・作目構成の差は、もちろん集約畑作の展開もからむが、その点を含めて端的にいって、和牛生産・飼料作と普通畑作の所得形成力の差であった。前者を規定するのは、宮崎・鹿児島の一頭当り生産費が恒常的に大差ないもとでは、これまた端的にいって、**表2－9**にみられるような両県の子牛価格差である。つまり産地形成が、価格形成を通じて地域の土地利用を規定しているのである。

産地形成の問題は、種雄牛管理制度を軸にした品種の統一・改良の問題に集約される。その点で、宮崎県は、すでに一九六四年に各郡市畜協による種雄牛の集中管理方式をうち出し、七三年には県家畜改良事業団を設立して県レベルでの集中管理体制を整えた。そのなかで従来の地域枠を徐々に取り払いつつ、従来の増体型の鳥取・岡山系からサシの入る但馬系に重心を移してサシ偏重の市場への対応をはかることに成功したといえる。その結果が宮崎産子牛の相対的高価格であり、そのもとで宮崎県は、生産子牛の六〇％までを県外出荷する肥育素牛供給基地としての地位を強めていった(19)。今日では県は少なくとも建て前としては「生産・肥育・販売に至る県内一貫生産体制の確立」を唱い、肉用牛生産団地事業等で農協営のフィード・ロットも入れ、個別に肥育に取り組む農家も出てきているが、子牛の買支えやどちらかといえば低価格牛の肥育が中心で、県産子牛の高価格を吸収しうる高度の肥育技術の確立にはまだ遠いようである。

鹿児島もまた六九年に種畜管理センターを作り統一に努力してきたが、七九年の種雄牛は総頭数一二〇頭（宮崎は七七年で三六頭）で、うち県有四九頭、農協有五頭、個人有六六頭となお分散が著しい。鹿児島は、従来、鳥取「栄光」系によって飼いやすい増体性の高い牛への改良を行なってきたが、それと但馬系のハーフの県内牛づくりを進める肉用牛集団育種推進事業に取り組み、村ぐるみの品種改良運動を展開している。前述の小能の公民館にも集落の繁殖牛や販売状況に関するデータが模造紙に大書されて張り出されていた。

このようなサシ重視の市場対応の遅れがもたらす低価格のもとで、従来から薩摩半島を中心に肥育地帯を擁する鹿児島は、インテグレーション等も新たに展開しつつ、生産子牛の八〇％程度を県内肥育に回し、かつ肥育された牛の六〇％程度を県内処理し、枝肉・部分肉形態で出荷するに至っている。子牛の低価格を、県内で付加価値を高める方向で補おうとするものである。

かくして土地利用の相違の背景に、産地・価格形成から流通体制に至る大きな相違が浮かび上がってきた。宮崎の高価格は、その輪作的土地利用を支えてくれたが、われわれ庶民の口になかなかのぼらない高級肉への道につながっていった。鹿児島の低価格は、普通畑作をなお広範に残し、土地利用上も問題を残しつつも、相対的に大衆的な方向に結びついていった。

一方で、輸入自由化圧力が強まるなかで、産地はいったいいかなる方向をたどればいいのか。当面は、いっそうの高級化・高価格化がねらわれているようである。しかしそれはバナナ自由化に対し、高級化で対抗しようとした、あのリンゴのたどった道に似ている。不況が続くなかで高級化・高価格化にも限りがある。八一年以降の子牛価格は、全般的に大きく低落するなかで、曽於市場（鹿児島）の方が都城市場（宮崎）より高目に逆転さえしている（八三年五月で、都城二一万二〇〇〇円、曽於二四万九〇〇〇円、キロ当りでは七四三円と九〇三円）。

畑作肉牛経営が、日本農業（土地利用）にとっても一般国民（消費）にとっても生産的意義をもつためには、一方で日雇労賃や普通畑作を上回る所得形成力をもち、他方では大衆的消費からかけ離れてはなるまい。その両立がきわめて困難なことはいうまでもないが、その基礎となる条件は、ある程度の規模拡大と省力化を着実に果たしていくことである。複合経営の少頭数飼育は、一面で片手間的・コマギレ的労働の寄せ集めでありながら、他面で我が子をいつくしむような惜しみなき労働（愛情）投下になりやすく、一面で自家労働評価が明確化せず、他面で高コストになりやすい。そこである程度の頭数拡大（さしあたり五～一〇頭規模）は、子牛の均質化と省力化の基礎条件になろう。そのためには肉牛経営の資本回転期間の長さと限界地における農家の低蓄積に対する政策的配慮がとくに必要であろう。そのうえでもっとも多労的な採草運搬過程それ自体の省力化が追求されるべきであろう。かえりみれば、畑への飼料作の導入、すなわち畑作肉牛経営化自体がそれを一つのねらいとしていた。その一つの目標は、周年サイレージ方式の確立であろう。そのためには飼料作の反収増とともに、究極的には面積の外延的拡大が必要であるが、普通畑作面積をすでに食いつぶしてしまった宮崎・高津佐の場合、周辺の国有林に眼を向けることになった。南九州でも農業公社牧場の入植農家は、草地畜産を追求している。その土地利用上の到達点において、畑作肉牛経営でも牧野利用畜産における集団的外囲の集団的利用のあり方が、重要な意味をもってくるのではなかろうか。

おわりに

本章では、九州における三つの畜産的土地利用形態の展開過程をみてきた。これらの畜産的土地利用は、低労賃・低地代の限界地立地性、米麦二毛作の展開、入会牧野の存在、地力損耗のはげしい気象条件下での地力維持への強い要請、といった九州農業の自然的・歴史的特質に深く根ざしつつ展開し、有畜複合経営として地域農業を前向きに支える存在であった。

しかし、この有畜複合経営の展開は、零細農耕制下の狭隘な土地基盤と跛行的な価格政策・農業展開のもとで、その内なる耕種・畜産の結合の論理、そのバランスを絶えず揺さぶり続けられてきた。そこで一方的な畜産の規模拡大は、水田を転換畑にかえ、入会草地の共同利用からの離脱となり、あるいは飼料専作化を招き、結局は、有畜複合経営の自己否定につながっていかざるをえなかった。それは規模拡大の正常なコースの展開というより、地域農業後退の一角に位置づけられることになろう。

過剰と価格抑制、輸入枠拡大ショックによる価格暴落という状況下で、しかも零細農耕の枠組みのなかで、有畜複合経営がその論理を貫いていくのは、至難のことである。そういう状況下ではあるが、三つの畜産的土地利用の展開に共通して、零細農耕の枠組みのなかで、その限界面を乗りこえていこうとする動きがみられた。内囲利用の農家間融通と集団的外囲の確保への動きがそれである。

前者の面では、畑作繁殖経営に典型的にみられた交換耕作の動き、あるいは水田酪農地帯でも入会地帯でも、さらには田畑作地帯でも広範にみられた裏作拡大とそれに伴う期間借地の展開である。また若くて土地を大切に扱い堆肥も投入してくれる有畜複合経営者は、地域における信頼される農地の借り手になりえた。入会草地についてさえ作業受託や事実上の貸借がみられた。これらは一方通行的な農用地賃貸借の展開と割り切るよりも、むしろ土地利用の進展に即した農家の有無相通じる融通のつけ方の新たな展開とみるべきであろう。

しかしそれだけでは、零細農耕の狭隘な外枠は崩せない。そこで阿蘇・久住の農村が鋭く提起するのは、入会地という日本農業の歴史的な集団的外囲の存在の見直しである。日本と農業の「近代化」は、この外囲を食いつぶせるかぎりは食いつぶしてきた歴史であった。その結果、零細農耕であるにもかかわらず、自らの外囲欠落症状を当然のことと思い、内圃のなかでの競争に明け暮れてきたきらいがある。

このような零細農耕制の限界を補完する外圃の集団的確保の課題が改めて提起されているように思われる。それは糸島地方では育成牧場の確保という形をとり、また高森町前原や宮崎・鹿児島の軒先国有林地帯では、改めて国有林開放に目が向けられている。入会地帯でも、集団的外圃はあっても、その集団的利用技術の確立はいまだしであった。またパドックや里山の確保に向けては、里山地帯の土地問題が大きく横たわっている。

所与の与件変革と農法変革との結び目として、有畜複合経営の展開を通じて地域の土地利用体系の是正を求める集団的な取組をどう強めていくか、そこに九州農業の歴史的課題が横たわっているのではないか。

注

(1)以下、佐賀平坦農業の展開と東与賀町の水田酪農については、拙稿「佐賀農業の展開と自作農的土地所有」、田代隆編著『土地経済論』御茶の水書房、一九八〇。

(2)以下、糸島地方の水田酪農については、梶井功「水田酪農の経営展開と土地問題」、梶井功編『畜産経営の展開と土地利用　実態編』農山漁村文化協会、一九八二、を参照。

(3)金沢夏樹『農業経営学講義』養賢堂、一九八二、二一七頁。
(4)花田仁伍・藤山和夫『阿蘇・久住地区における原野組合開発利用調査』九州経済調査協会、一九六〇、第一一章。
(5)田中洋介氏のもとで一九七二年に行なった調査に基づく。
(6)以下、久住町、波野村については、拙著『原野利用農業の展開と草地改良』九州経済調査協会、一九七五、第二章・第三章による。
(7)阿蘇・久住の開発政策とそれに関連する研究・文献については、注(6)の拙著第一章による。
(8)この方式については、拙稿「入会原野の草地改良における賃貸借問題――阿蘇地域」、全国農地保有合理化協会『昭和五四年度未墾地賃貸借事業事例調査報告書』、一九八〇、およびそれに基づいた、拙稿「草地開発事業の新たな展開と土地問題」、梶井功編『畜産経営と土地利用――総括編』農山漁村文化協会、一九八二、による。
(9)中村牧野については、拙稿『限界地における畜産資本形成の諸形態』農政調査委員会、一九八三を参照。
(10)宮田育郎「牧野補完型肉牛経営」、梶井功編『畜産経営と土地利用――総括編』(前掲)、三六九頁。
(11)阿部正昭「入会林野と肉用牛経営」、梶井功編『畜産経営と土地利用――実態編』(前掲)による。
(12)日本農業の「外囲欠落症状」をきびしく指摘するのは田中洋介氏である(日本経済評論社『評論』、一九八〇年一〇月号のシンポジウム、「なぜ地域農業なのか」における同氏発言)。本書の第3章も参照。
(13)以下については、拙稿「放牧地帯における低コスト肉用牛繁殖経営の存立条件――大分県久住飯田地域」、農政調査委員会『低コスト肉牛経営の形成・存立条件―― 主として繁殖経営について』、一九八四。
(14)以下、本節全体は、拙稿「畑作肉牛経営の構造」、梶井功編『畜産経営と土地利用――総括編』(前掲)の要約的展開である。
(15)岩片磯雄『有畜経営論』産業図書、一九五一、一〇七頁。
(16)梶井功「畜産の立地変動」、同編『畜産経営と土地利用――総括編』(前掲)。
(17)小林市高津佐については、注(1)拙稿のほか、拙稿「畜産的土地利用の展開と農業政策」、梶井功編『畜産経営と土地利用

――実態編』（前掲）も参照のこと。また、本書の「自註」で補足した。

(18)磯辺俊彦「農業的開発の論理」、『北関東農業開発に関する調査報告書』新農村開発センター、一九七六、一九一頁。

(19)南九州産肉用牛の流通・肥育実態については、土屋圭造編『畜産開発論』御茶の水書房、一九八一、所収の宮田育郎「肉牛の流通経路構造の分析」、浦城晋一「肥育地帯からみた南九州和牛の生産・流通」を参照。

「畜産的土地利用の展開」陣内義人編『変貌する遠隔地農業』日本経済評論社、一九八五年

第3章　農民の自治と連帯——担い手の視点から

はじめに

私のテーマは、「担い手の視点」から「変革の日本農業論」を論ずることです。といっても、いかなる「変革」なのか、何の「担い手」なのかが問題ですが、その点はおいおいに述べていくこととして、すでに産業構造なり農法の問題が論じられてきたことをふまえて、ここではそれを民主主義や住民自治といった次元で補完しつつ、そのような課題を担っていく県民の自治、それを追及する場としての地域、さらには住民との連帯といった問題への視点をあれこれ探ってみたいと思います。

ところで、この企画の出発点は、一九八〇年のシンポジウム「なぜ地域農業なのか」という地域農業論であり、今回は「変革の日本農業論」です。この「地域農業」や「日本農業」と、このシリーズの全国農業地域別の「地域」とはどうからむのか。その辺も気になりますので、まず「地域とは何か」といった点から始めたいと思います。

Ⅰ　地域への視角

1　地域とは何か

「地域」とはアプローチの仕方だとも思えますが、ここでは現実認識の方法という点から地域への視角をさぐりたいと思います。この現実認識の方法ということについて、亡くなられた上原専禄先生は、「法則化的認識」と「個性化的認識」の方法を指摘されました。

前者は、マルクスに代表される方法で、彼にとっては、資本制生産様式の成立、資本蓄積と貧困化、そこでのプロレタリアートの陶冶と体制変革の必然性、要するに資本主義の生成発展消滅の歴史法則の認識が、その実践を理論的に支えているわけです。

それに対し「個性化的認識」はウェーバーに代表される方法で、「西洋の没落」がいわれるなかで、彼にとっては資本主義の成立一般ではなく、なにゆえにあの合理的な資本主義の精神が西欧プロテスタンティズムの禁欲的な倫理の土壌のうえにのみ成立したのか、という自らの拠ってたつ地盤の歴史的個性の認識こそが問題であった。

私は、前回のシンポジウムで、地域農業を考えるうえでは、この個性化的認識の方法が有効であるといって批判をうけましたが、このシリーズの何冊かを読んで、日本農業の農法段階は、その農法の地域的展開の個性的把握を通じてしか、次なる段階を展望しえないという感を改めて強くいたしました。

それはともあれ、実は上原先生は、自分の方法は、いわゆる法則化的認識でもなければ、個性化的認識そのものでもない、「課題化的認識の方法とでも名づけられるべきもの」と述べています(1)。そのことにふれなかった点では、批判を受けるような不正確さが私にもありました。彼にとっては、民族の独立、なかんずく日本のそれが世界の平和への道であるという「問題直感」が、アジア・アフリカ研究という「課題認識」に凝縮していくわけです。このような問題意識は、日本民族の食糧や木材資源の非自立性が、世界の平和を脅かしている今日、依然として新鮮なものがあります。

考えてみれば、法則化といい、個性化といっても、それはそれぞれが当面するぬきさしならぬ課題とのかかわりで出てくるわけですから、このような上原先生の方法は、それらの現実認識の方法を、その根底にある動機の点から総括したものともいえましょう。そして、この三つを並べてみれば、法則化的認識は発展の時代に、個性化的認識は停滞ないしは混迷の時代に、そして課題化的認識は危機ないしは変革の時代に、それぞれふさわしいような気がします。

さて、そこで本題に入りまして、このような課題化的認識の視角から、地域とは何か、それはどういう範域で把握されるのかを考えますと、地域とは課題である、当面する課題の共通性によって、その課題を担う地域の範域はおのずと決められてくる、といえないでしょうか。したがって、課題のあり方に応じて、地域は重層化してくるわけです。それをなにか一義的に特定しようとするから無理がでるのではないか。とはいえ、課題の共通性の根底には客観的条件の共通性が横たわっているはずで、まったく無限定あるいは主観的なわけではありません。

そこで、このシリーズの「地域」が問題になるわけですが、これはおおむね、一九六二年に定められた農林統計における全国農業地域区分に沿っております。それは、「農業政策の総合的な地域的運営」という視点から、他産業の発展に伴う労働力移動や市場構造の違いを基礎とし、農業をとりまく自然的・社会的・経済的条件の相違による土地利用や経営構造の類似性に留意して、「総合的経済地域」として画定されたものだとされています(2)。つまりここでも、客観的条件をふまえた農政の「課題」として農業地域が決められてくる。そして六二年といえば全総が策定された年であり、その前年には農業基本法、翌年には地方農政局ができている。まさに内外ともに農政の激動期でもありました。

この区分は、統計を使うという立場の問題もありますが、研究上も根本的な異議が出されることなく今日に至り、今回のシリーズの編別構成の背景にもなっております。問題は、そのような「地域」のとり方によって、農業の客観的条件と地域個性、課題の共通性を把握できるか否かであります。その成否は最終的には読者の判断に委ねるしかありませんが、一応それなりに成功したとすれば、それはいわば「地域農業」なるものの一番の外枠を把握したことになりましょう。この外枠のなかで、さらには地域資源の有効活用や地域経済の安定性から農工連関をふくめた経済の地域内循環を重視すれば、たとえば県という単位が出てくるでしょうし、変革を求める農民自治という観点からはむしろ市町村・旧村・むらの単位が重要になってくる。こういう重層的関係ではないでしょうか。

課題としての地域は決して一義的ではない、という点をさしあたり確認しておきたいと思います。逆にいえば、それぞれのレベルに応じた課題の確認が重要です。

2　国民経済と地域農業

そのようなレベルに応じた課題確認の重要性という点で、ここでは、地域農業といっても、そこには還元されない国民経済的課題があることを敢えて確認しておきたい。その点を明確にしないと、国民経済的課題から切り離された「地域主義」的な地域農業べったり論や、主体形成を抜きにした地域農業否定論がでてきたりする。

その国民経済的課題の第一は、国境保護政策です。この点は申しあげるまでもないことですが、地域で作れるものを作らない、作らせないで、域外に依存する思想は、必ず国外に頼ってもよいという発想につながっていくことだけを、たとえば都市農業や産直の課題として指摘しておきたい。

第二は、土地管理で、たとえば農民は農地を農地として活用するかぎりで、その所有を委ねられているのであって、その転用ということになれば、農民自治はおろか、一地方の権限でもありえない。国民的なレベルでの国土利用の問題です。それに対し、農業内的な農地の管理・移動については、本来、農民自治に委ねられてしかるべきものです(3)。

第三は、食糧管理です。米が国家管理であるからこそ、輸入や独占の支配をかろうじてまぬがれている点を見失うべきではない。農協自主食管論なども、昨年の他用途米問題ひとつとってみても、いまの農協に地域利害を調整する力がないことは明白である。また米の産直等も、みんなが始めたらどうなるのか、生協が米を扱ってなんで商社がやったらいけないのか、考えるまでもないことでしょう。反対に、生鮮食料品等はなるべく地場流通させたほうがいい。「食管制も政府の統制によって農民の売る自由を制約する側面をもっている」と『中国・四国編』の編者はいい、政府管理そのものを「経済法則に逆らうもの」としていますが、現行食管に数多くの問題や官僚主義があり、それを民主化することと、政府管理そのものをやめることとは別です。

第四に、価格政策についても、国レベルでの価格決定と、地域レベルでの価格補填とはやはり分けて考えるべきではないでしょうか。地域レベルでの価格補填をもって価格保証政策そのものとすることはできないのではないか。

このようなナショナルな課題にリンクする地域農業論がこの企画のねらいだと思います。

Ⅱ　マルクスの農民自治論

さきほど、法則化的認識の代表としてマルクスをあげましたが、一八五〇年代までの発展期の資本主義の渦中にあったマルクスは、たしかに、資本主義が世界を席捲していく過程を「資本の文明化作用」として法則的に把握し、そこからたとえばあのインド論がでてきたりします。しかし『資本論』の頃からのマルクスには、明らかにトーンのちがいというか、認識の深まりがみられます。そこには、リービヒ、パリ・コミューン、ロシア農耕共同体との出会いがあったのではないでしょうか(4)。

すなわち第一は、リービヒとの出会いを通じる、地力問題を重視した合理的農業論の登場です。それまでは、そして『資本論』のなかでも、小農民経営は、労働の社会的生産力の点から徹底的に批判されてきた。それに対し、労働の原生的生産力からする「地力の搾取や濫費」の点では、むしろ資本主義的農業と大土地所有がきびしく批判されるようになる。もちろん小農も批判をまぬがれないわけですが、それもまた労働の社会的生産力の視角からの批判になっています。そして「合理的農業は資本主義体制とは両立せず、自分で労働する小農民の手かまたは結合した生産者たちの統制を必要とする」といった言葉が、『資本論』の利潤論のところに出てきたりします。第二は、パリ・コミューンの切実な歴史的体験を通じて、パリと地方、都市と農村の分断こそが支配と反革命の根底であり、それをうち破るため「最も小さな田舎の集落にいたるまでコミューンがその政治形態」となって「地方でもまた、生産者の自治」が確立し、「農村コミューンは、その地区の中心都市におかれる代表者会議を通じてその共同事務を処理」するという体制を都市の労働者が保障し、指導するという見取り図をパリ・コミューンが描いていたことを、マルクスは力を込めて指摘します。

第三にマルクスは、以前から「ロシアのすべての共同体がもっていた民主主義的自治の権限」に注目していましたが（一八五九年）、とくにザスーリチへの手紙草稿のなかで、ロシアの共同体を一面ではゲルマン共同体と同じ農耕共同体としておさえ、他面では、それが専制政治の土台となる局地的小宇宙性を打破するために「政府の組織である郷の代わりに、もろもろの共同体そのものによって選ばれ、かつそれらの共同体の利益を守る経済・行政機関として役立つ農民会議」の設置を提起しています。

このような共同体論や農民自治論は、その内部での「自由な個性」や「個人的独立」、あるいは階層分化といった、あの分割地農民論や農民層分解論の論点とどうからむのか、といった後述するような今日的問題をそれとして残しつつも、農民自治の地域重層的な積みかさねを労働者階級が支持するといった形で、従来の労農同盟論の地平を大きく切り拓いていくことになったといえます。

Ⅲ　農民自治の原点——いわゆる「むら」論をめぐって

1　「むら」と「いえ」

このような農民自治の確立という課題にたって、地域とは何か、そこにいかなる課題が所在するのかを考えていきたいと思います。

そこでまず気になるのは、「むら」の位置づけです。その点を磯辺俊彦さんの『日本農業の土地問題』（東大出版会、一九八五）を手がかりにみていきますと、そこで磯辺さんは二重の見方をしているような気がします。ひとつは、「いかなる歴史的定在であるにせよ、労働する主体とその客体的諸条件との本源的結合は、必然的に一定の共同体を前提とし、基礎としている」という見方。「本源的」という言葉の使い方がいまひとつよくわかりませんが、これでいくと、およそ自作農なるものは、たとえば分割地農も含めてすべからく共同体を基礎とすることになる。そのかぎりでは「むら」も先の農耕共同体的な、いわば積極的評価を受ける。

もうひとつは、「『いえ』を基本の所有＝利用単位とする特殊日本的な零細農耕あるいは零細分散錯圃制」に立脚する小農が、その脆弱性のゆえに「不可欠の存立条件」として「むら」を必要とする、という理解です。いわば特殊日本的な消極的評価。

この両者はどうつながるのでしょうか。歴史的にみていきますと[5]、今日の「むら」は、近世における名主からの家の一定の自立をふまえた「村切り」政策によって確定されたものとされていますが、その基礎には入会と水利を共同する村落共同体とその寄り合い的自治があった。つまり家単位での労働の範囲はひろがりつつも、肝心の地力維持は共同体単位でしか成しえない農法段階だったわけです。他方で、個別労働単位たる家の維持のために田畑分割相続は禁止され、嫡長男の単独相続制に立脚する直系家族的な「いえ」が確立してくる。それは単なる上からの押し付けだけではなく、「いえ」単位の零細農耕の維持にとっても必然だった。そこで「むら」は、地力維持のための単なる空間的共同体ではなく連綿と続く「いえ」の維持のための、幾世代にもまたがるバランス・シートをもった時間的共同体にもなった。いわば「いえ」と「むら」は一対となって、このような空間的・時間的広がりのなかで地力と労働力を再生産してきたわけです。

このようなあり方は、資本主義の世界になることによってどれだけ変革されただろうか。分割地農の成立と小農的エンクロージャーによる穀草式農法への移行という西欧近代における農法変革の過程に対比すれば、分散錯綜耕圃が止揚されたわけでもなければ、共同体的な地力維持に代わって、個別経営内への地力維持機構の包摂、共同体からの地力維持の相対的自立がなされたわけでもない。そして「いえ」の内実をなす直系家族制も引き続いてきている。封建農法の構成要素は基本的に止揚されることなく、崩壊ないしは継続している。そこに今日も、「いえ」と「むら」が対で再生産される物的根拠があるのではないでしょうか。

磯辺さんは、小農が止揚されないから「むら」があるといわれますが、小農が分割地農民たりえなかったから「むら」が残ったのではないでしょうか。

このようにみてくると、「むら」は農法変革をし残した、その意味で依然として農法変革の課題を背負った地域単位ですが、同時にそこで「個人的独立」とそのうえにたつ農民自治の課題をし残している(6)。そこに農民自治の課題の原点があるような気がします。私は、このような「むら」が、そのまま今日的な土地管理主体になりうるとは思いませんし、今日の集落が『「いえ」と『むら』の深部からの民主化を達成している」という手放しの評価(7)にも与しえません。磯辺さんは、「むら」を基礎とする集団的土地利用秩序の形成による「内生的な土地所有理念そのものの変革」、すなわち「労働に規定された所有」の実現を展望されますが、そのためには、たとえばその「所有」も現実には「いえ」所有として存在しているといった、「いえ」と「むら」をめぐる問題をもっと具体的に詰めていく必要があると思います。「日本の社会と農業」を考えるという本シリーズにおける「社会」の原点もそこにあるのではないでしょうか。

ところで今日、「いえ」は、核家族化や家の崩壊という形で、また「むら」は混住社会化という形で、ともにその存在を脅かされています。その時にあって、「むら」や「いえ」、あるいは「いえ」所有の否定が問題なのではない。その維持をはかりつつ、同時にその内なる変革を果たしていく。まさに「時計の針を止めないで、時計を修理」するというところに、磯辺「むら」論の趣旨があろうかと思います。

2　佐賀の農村からみた「いえ」と「むら」の課題

問題は具体的な問題ですから、ここで佐賀平坦の東与賀町の農家調査をしつつ考えたことを、思いつくままに三つばかり述べてみたいと思います。

第一は、世代交替の問題です。調査の折りに伺った佐賀県農試でも、水田農業の停滞を非常に憂えていましたが、そこでかつての先進的な集落ほど停滞的であるということが指摘されました。先進的という意味では、調査した中飯盛集落――これはかつて磯辺さんが佐賀農業論のフィールドにした集落であり、田中洋介さんの御親戚もおられる、いわば馴染みの集落なのですが――は、自小作前進の本場であり、戦後も水田酪農をとりいれるとか、交換分合の先端を切るとか、トップにたつ集落でした。しかし、今日では佐賀市に隣接していることもあり、兼業化が著しく、かつ停滞的です。

この四〇戸足らずの集落で、この七年間に五〇代の働き盛りの男性四名もが亡くなりました。そのうちの幾人かは、ついに世帯主になることなく死んでいった。ここでは、事実上、世帯主は一度なったら死ぬまで世帯主だからです。そこで、七〇歳の世帯主が五〇歳の後継ぎの葬式を出し、いわば「世帯主になれなかった世帯主たち」ともいうべき人も出てくる。

それに対して、庄内農村では、集落の営農組合を「栄農組合」などと名づけて、三〇代の青年層が役員に選ばれて、転作計画等をどんどん決めていく。彼らもまた兼業化の波に洗われているわけですが、とにかく活気がある。磯辺「むら」論は、御自分の調査の根拠地を佐賀からこの庄内に移したところで、成り立っているわけです。なぜ、この違いが生まれたのか。佐賀の自小作前進が、自作から地自作へと所有の重みを増していくことに帰結した歴史もありましょうし、また「馬使い」が、主として年雇・季節雇から外給されるか、後継ぎ層から内給されるのかの違いもあったのではないか。庄内の活気が相続慣行とどうからむのかうかがいたいところです。

また、愛媛・八幡浜の、ミカン地帯では、少なくとも後継ぎの子供（孫）が小学校にあがる頃には、農地も生前贈与して隠居屋にリタイアする慣行が成立しています。二〇キロのコンテナを持てなくなった時が潮時だそうです。まさに「労働が所有を規定する」関係の「いえ」における貫徹です。しかし、ちょっと離れた吉田町のいつもお話をうかがう女性の場合は、いつになっても親が名義を代えてくれないことを心から嘆いております。

直系家族制下の「いえ」所有はそれとして、その「いえ」のなかで、労働の中心となるものが所有名義を得て、文字通りの世帯主＝経営主になる、そういう慣行と規範の確立が依然として求められているのではないでしょうか。農業者年金制度は、使用貸借という形ではあれ疑似的にそういう関係をつくりだそうとしたわけですが、そういう制度の趣旨を「むら」はどう活かすのか、という問題でもあります。

第二は、女性労働の問題です。東与賀では今日、施設園芸の導入で専従労働力を確保しつつ、そのことによって米麦作の担い手も確保するという構造になっていますが、施設園芸には三～四人の労働力は必要で、必ず女性労働がはいる。そこで、農協は、施設園芸の収入の一割は半強制的に「愛妻貯金」として妻名義にしている。もっとも「愛妻」が姑になるのか嫁になるのか、農協もそこまで踏み込めませんが、ひとつの前進だと思います。そういえは、税対策から出荷を主婦名義にする兼業農家もふえてきました。

また、都市で団地の奥さんが市民農園でがんばっているのに、なんであなた方農家のお嫁さんたちがやらないのか聞きましたところ、趣味でやるのはともかく、一所懸命働いても親の収入になってしまうのでは――という声を聞きました。

今年の土地法学会で、ある女性の弁護士さんが、兼業農家の主婦が、夫が勤めに出たあとの家の農業を一所懸命守ってきたのに、離婚されたら就業の場がなくなってしまった、この女性には耕作権があるのではないか、と報告者に迫る場面がありました。いま、「いえ」の所有を解体する方が弊害が大きいとしても、その枠内でこのような現実に労働する者の権利を実質的にどう保証するかが、先の「世帯主」の場合と同じく問われているのだと思います。

第三は、県下一円にある「三夜待ち」の慣行です。これは集落の同年齢層のものが任意にグループをつくって、月に一晩各戸を回りもちで集まるものです。といっても、各家で料理をつくるのは大変なので仕出しを頼むとか、またごく若い者は街に出たり、若妻は公民館の方が気兼ねがないといったことがあるようです。集まっても世間話が多く、農業についてはどのくらいはかがいったかを話し合うのが中心のようですが、時には地域・集落の農業の将来にまで話が及び、若い者のなかには、そこで農業でがんばっている先輩を知り、自分も農業Uターンしたりという例もあります。ともあれ、専業者も兼業者も一堂に集まって話し合う機会がもてているということは、地域としてものを考えるうえで何かのきっかけになるのではないでしょうか。このような世代別グループの存在によって「死ぬまで世帯主」も暗黙の規制を受けているのかもしれません。

以上、主として「いえ」にかかわる問題になりましたが、今日では、「いえ」が変わることが「むら」を変えることである。そういう「いえ」をめぐる新しい規範形成の場として「むら」がある、といえないでしょうか。

Ⅳ　「むら」の囲い込みと農民自治

1　「むら」の囲い込みと明治合併村

ところで、このような生活共同体であった「むら」は、それ自体が資本主義の展開に伴う農村囲い込みのなかで、社会的に拡大していかざるをえなかった。このような農村囲い込みはほぼ四段階に分けられるのではないか。

第一段階は、いうまでもなく町村制施行に伴う明治二一年の合併。農民にとって御一新、そして明治の歴史は、絶対主義権力が「藩政村」をどう囲い込み、その自治をどう無力化させるかの歴史だった(8)。まさに日本的原蓄政策の典型であり、それを島恭彦氏たちは「政治的囲い込み運動」と規定しました。しかし、そこでの抵抗とその生産力基盤が、「藩政村」を「行政区」として残させることになり、それは「藩政村」とともに今日までひき続いています。第二段階は、高度成長開始期における戦後市町村合併。これは、いわば都市による農村の政治的再囲い込みといえます。第三段階は、その後の今日にまで至る農協合併とその広域化。これは、農業面での都市による農村の経済的囲い込みといえます。そして第四の完成段階は、新都市計画法の線引きによる農村部の都市計画区域、市街化区域への編入で、これは都市による農地の囲い込みといえましょう。

このような幾段階もの、資本主義の節目節目での囲い込みを通じて、自然的・社会的立地条件を異にする異質な複数の社会が強引にひとまとめに囲いこまれ、その内部で異質な利害の調整が「地方自治」の名のもとに都市・資本サイドのイニシアティブで強行され、今日の、どこまでいっても都鄙混在的な特殊日本的「地域」ができあがってしまった。このことが、とくに土地利用調整とか産業振興に独自の困難を生みだしていると思われます。

このような歴史の展開のなかで、今日の時点から注目に値するのは、資本主義経済下の「近代」における出発点になった明治合併村の範域です。たしかに明治の合併は「政治的囲い込み運動」だった。明治末の部落有林野統一はそれを経済的囲い込みに高めようとするものでしたが、実質的には必ずしも完遂されていない。そのような明治合併は、戦後のそれと異なって、比較的に自然的・社会的条件の同一性を保った形の合併だったといえるのではないでしょうか。その意味では、「むら」を超えたところでの農業諸条件の同質性をふまえながら、そこで農民自治を実現する場にふさわしい広がりだといえます。

戦後の農地改革における、たとえば岩手県の江刈村の中野清美村長の牧野開放等も、もし現在の葛巻町合併後であれば実現しないことだった。このシンポジウムに御出席いただくはずだった愛媛の宇和青果の幸淵文雄組合長も、喜佐方村が吉田町に合併してしまったあとで、喜佐方農協の専務として旧村レベルでの「水を逆に流す」といわれた水利改革やほとんど全農家を巻き込んだ画期的なミカン園の交換分合にとりくんでいます。そしてこのような農業上の改革の単位として旧村の重要性を常々強調されています。また、先ほどの東与賀町の農業委員会は佐賀市からの代替地取得にあれこれ抵抗して、地価つりあげと農地の町外流失をふせいできましたが、このような抵抗も、もし同町が佐賀市に合併していたら（同町は一度も合併したことがありません）、まったく不可能だった。

たしかに明治合併は血にまみれたものだった。にもかかわらずそれが、その後の歴史のなかで農業変革の場としての一定の役割を果たしてきた。その歴史の二面性に注目しつつ、このような自然的条件の同一性に基づく地域の拡がりをどう活かしていくのかが問われていると思います。

2　今日における農民自治の課題

しかし、「むら」はいまも行政区として末端機構を担っていますが、明治合併村（旧村）は、その行政的存在を抹殺されてしまった（もっともたとえば砺波市は「自治振興会」という名で一定の機能を残していますし、学校区の単位などとしては残っていますが）。そうした現実のなかで、今日の農民自治の具体的な手がかりになるのは、なんといっても市町村自治体であり、農業委員会であり、あるいは農協や土地改良区といった、選挙で役員や代表を選べる諸組織でしょう。「地域農政」が叫ばれる今日、そのような組織を通じて真の農民自治を貫徹しうるか否かが問われているといえます。地域農業論といっても、そのような基本的課題を避けて別の次元で語れるわけではない。

しかし、それは農民自身の選択の問題なので、ここでは自治の器のあり方を考えるにとどめます。その点にかかわって、このシリーズの幾編かで、地域農業、あるいはその発展の担い手として農協に対する大きな期待が寄せられています。農協が、地域を基盤にした全農民的組織として存在する以上、その期待は農民自治の点からいっても当然すぎるくらいです。そして地域農業といっても、基本は農産物を作り、売ることですから、そのための組織として農協が地域農業の担い手のひとりとして位置づけられることもうなずけることです。

しかし農協だけが突出的に強調され、たとえば農地問題とか、土地利用調整機能まで農協に期待するようになったら、それは行き過ぎではないか。地域農業として重要なことは、先の諸組織の本質に応じた分業関係であり、そこでの連帯だと思います。農協には、経済団体としての、営農指導組織としての大きな役割がある。八五年正月の全国農協組合長に対する日本農業新聞のアンケートでも、今後もっとも力を入れたいのは営農指導の強化ですし、また私が農協青年労働者に対して行なったアンケートでも、農協に求められているものの第一は、営農指導の強化、第二は農業ビジョンの確立でした。

横浜市内で土地改良に最近取り組んだある小さな土地改良区は、整備後の農地は十分に管理してもらわねばならぬということで、組織内に野菜・果樹・植木の部会を作りユニークな活動をしています。しかし、土地改良区としては解散ということがありますし、「都市農協が共販に取り組んでくれればこんなことをしなくても」と、理事はいっています。今日、農産物価格とならんで地域農業に重くのしかかっている暗雲は、農業生産資材価格の高騰です。単位農協は、まさにこの点をめぐって、地域農業の側を向くのか、系統組織の方を向くのか、選択を迫られているし、お門違いの期待をするより、その選択をせまることが大切です。

農業委員会は、戦後民主主義の象徴ともいえるユニークな行政委員会組織で、本来なら農民自治にもっともふさわしい仕組みをもっていますが、現実には先の「いえ」・「むら」問題の正確な鏡で、農業委員が経営委譲年齢をとっくに超えた老人の名誉職だったりして、実際に農業している青年や女性の進出をこばみ、あげくの果てには不動産屋の手伝いに落ちたりもする。実際に農業する者による土地管理主体への脱皮が期待されているわけです。

このような既存諸組織の分協業関係とともに、各組織が、その内部に先の旧村レベルのブランチをもち、その活性化をはかることが不可欠ではないか。農協でも合併前の組合を支所として残して、そこに大幅な権限をおろしている農協は、地域からも親しまれ、活発に活動しています。土地改良区も同じことがいえます。あの自然的条件の等質性に基づき、高度成長前の日本における歴史的実在だった旧村は、いまやたとえばこのような農協支所という形で実在しているともいえます。そこでの、「むら」を超えた、しかし、フェイス・トゥー・フェイスの関係が大切なのではないでしょうか。

ともあれ、現実の諸組織を前提として、その連帯と重層化（組織内の中央集権と地方分権）の課題を指摘しておきたいと思います。

Ⅴ　担い手論への視角――農法変革の担い手

1　何のための担い手か

今日、「担い手」という言葉が頻繁に使われておりますが、一体、何のための担い手なのか、何の担い手なのかがはっきりしない。おそらく、この言葉の源は綿谷赳夫さんではないでしょうか。あの中農層の形成にかかわらしめた「生産力担当層」・「生産力のトレーガー」論です。綿谷さんにとっては、労働生産性と土地生産性を併進的に担っていく層が「生産力担当層」だった(9)。

それに対し、基本法農政では、所得均衡の視角から自立経営が担い手とされた。総合農政では、労働力保有の視角から中核農家が担い手とされた。そして地域農政期には「地域農業の担い手」といいたいところだが、現実には視角ぼかしの、裸の担い手論が横行している。そういう不透明な農政の本音を「自主選別」と鋭くも指摘する御仁もいる。そういうなかで依然として地域＝周りとのかかわりでは、農業労働力保有の視角からの「中核的担い手」論がひき続いているし、現在の農政の至上命令としての規模拡大の視角からは、コストダウン・労働生産性の担い手が問題にならざるをえない。そして、この労働力保有や規模拡大の視角からは、いくら「兼業農家も含めた地域農業の組織化」云々といっても、理論的に兼業農家は排除されざるをえない。日本農政は兼業農家に好意的か否かといった議論がありますが、リップ・サービスか否かを判断するのも科学のうちです。

このようななかで、われわれが問題にしたい担い手とは、いかなる視角での担い手なのか。それは原点にたちかえって、労働の社会的生産力と労働の原生的生産力の構造的結合を果たしていく主体の視角ではないだろうか。それはいい換えれば、農法変革の課題である。このような視角から、農法変革の場としての地域農業が問題とされ、その担い手が問題とされているのだと思います。前回のシンポジウムで、私は担い手は多様であると申し上げましたが、このような農法変革の課題は全農民的な課題であることを、再度確認しておきたいと思います。

2　零細農耕と農法変革の課題

そうなると問題は、農法変革の内容になってきますが、ここでは田中さんの「深耕精作」論をふまえつつ、いままで申しあげてきたこととのかかわりを述べておきます。その前に、やや農法という言葉が安易に、あるいはいたずらに拡張的に使われていないか。歴史的にも地力維持と雑草防除の内給体系のあり方を、それを支える土地所有形態と生産様式とのかかわりで問題にしてきたのであって、単なる技術とは異なる。チューネンの自由式農業に農法はあるのでしょうか。それをぬきにすると、封建農法と「むら」、「いえ」の関係、それが日本の資本主義のなかで変革されたのか否かといった問題も曖昧になってしまう。

ところで零細農耕をめぐって二つの見解がある。山田盛太郎先生と磯辺さんのそれです。山田先生の場合、戦後では零細農耕＝零細地片所有がこちら側にあって、あちら側に農業生産力それ自体がある。要するに、零細農耕は「農耕規模」の問題であると同時に、それが所有規模でもあることによって生産関係的に把握され、それと生産力との外的矛盾が問題になる。それに対し磯辺さんの場合は、零細農耕は労働の社会的生産力の面での労働力の半自立と、労働の原生的生産力の面での農法固定との矛盾的統合としていわば生産力的に把握され、この内的矛盾に影を落とす資本蓄積との矛盾が問題になる。そこでは規模論はおそらく、先の「むら」論に委ねられる。

かくして、一方（山田）での農法問題の欠如と、他方（磯辺）での規模問題の欠如。しかし、規模拡大と農法変革は切り離せない問題で、それを日本の零細農耕下でどう実現していくかが課題ではないでしょうか。その手がかりを一つ二つみておきたいと思います。

第一は、一部の畑作や集団転作で取り組まれている交換耕作の実践です。所有の零細な枠組みは前提として、その枠内で個別的には実現不可能な輪作と土地の合理的利用を、相互的な土地利用関係として実現していく。そこには零細農耕の枠内で、その限界をひろげようとする努力があるのではないでしょうか。

第二は、前回のシンポジウムで田中さんが指摘された、外圃欠落症状の問題。それによって多くの「むら」は、水と外給肥料に頼る形で共同体的な地力維持の機構を崩壊させてしまったが、それに代わって個別零細農耕内に地力維持を取り込めたわけではない。そこで、日本的な農法変革と規模拡大の一環として、集団的外圃の確保による零細農耕の集団的補完の可能性が考えられないか。『九州・沖縄編』でそのような提起をさせていただきましたが、有畜複合経営の多くが、そういう問題にぶつかっている感じがいたしました。もちろんそこには土地問題の壁がある。そうなると、「むら」的規模を超えた場での地域土地利用体系の問題が出てくる。いずれにせよ、多様な可能性があり、多様な実践が積み重ねられてきていると思います。

第三は、水稲移植連作栽培に伴うロータリー耕作の限界を時間的に止揚する田畑輪換農法の問題(6)。これもまた現実には第一、第二の問題とからむはずです。

先ほど、「むら」は農法変革の課題をし残しているといいましたが、それゆえこれらの問題は、少なくとも「むら」的な規模で取り組まれるしかない課題として提起されるのだと思います。その意味でも「むら」の全農家的な課題であり、全農家が担い手とならざるをえない。こう考えると、やはり磯辺さんの零細農耕論には規模がないのではなく、零細農耕＝「むら」論として規模を包摂しているのでしょう。

Ⅵ　農業のある地域づくり――連帯の課題

1　くらしにおける連帯――産直運動と地域

このような農法変革はしかし、それが消費者に受け入れられ、経済的にペイするものでなければ実現しない。消費者としてのくらしを見直す運動と不可分です。その点で注目されるのは、臨調行革の槍玉にあがっている生活改良普及員や生活改善グループの実践です。たとえば、長野の普及員さんたちが生改グループからの聞き取りで「堀金村の食生活」の変化を軸にした年表を作るといった取り組みをしている。また神奈川でも各地で生活改善グループを中心とした「つどい」が開かれていますが、たとえば今年の横浜・川崎地区の場合は、「主婦が守る都市の農業」というテーマで、兼業農家主婦が家の近くで、自給には多すぎるが市場に出すほどではない野菜を直販しつつ、奥さん方との交流を深めている実践例がたくさん報告され、こんな取り組みがなされていたのか、と参加者の感銘をよびました。

この「産直」が、消費者との連帯の今日的な軸になっているわけですが、実はそこにも地域問題があります(10)。「産直」とカッコをつけましたが、「産直」には、消費者サイドなかんずく生協のイニシアティブによる産地直結的なものと、生産者サイドからの直販的なものとの二つのコースがあります。後者は、典型的には生産者が消費者まで組織していくわけですから、そもそも地域農業を守るところから出発しており、価格とか農業の論理は十分に貫徹し、消費者との交流も本当に消費者の要求を聞こうとする深いものになる。しかし、他方では、専業農家中心で相手も専業主婦中心になりやすく、運動の広がりに欠け、価格その他の経済動向に敏感でなくなる「閉鎖ロマン」に陥る危険性ももっています。しかし、なるべく生産者の近くに消費者を組織していく等「生産者の顔と暮らしの見える産直」の原点を守っていこうとする姿勢は強いといえます。

それに対し、生協サイドからの産直は、生協自体の規模拡大と店舗生協化を通じて、「開かれた産直」ということで、高価格、無償労働依存、保守化といった小規模産直が陥りがちな「閉鎖ロマン」を打破してきました。そして今日では、大規模化による遠隔産地との「産直」だけでなく、県内農業を見直す協同組合間提携が推進されています。しかし、それには消費動向として県内産が人気を呼ぶなかで、しかも小さな生産者グループや点在する都市農家との取り引きでは商品ロットが揃わないといった商業的利害もからんでおり、また、スーパーとの競争もあって、生産者の健康や農法を無視した「朝もぎ」品の追及といった問題も出てきており、生産者との交流もお祭り的になりがちです。つまり、協同組合間提携といっても、それが農協民主化をめざす農民の運動や農協共販の発展と結合しているのでなければ、地域農業の発展とはすれちがう可能性もあります。

そのなかで生協と対等にやっている産直は、農協一本ではなく、必ずその下に多くは「むら」単位の生産者団体を組織しております。京都生協は「産直三原則」をたてておりますが、農民サイドでも、生産者を独自に組織する、兼業農家や点在農家、小物・端物を包摂する（排除しない）、なんでも朝どりのような無理な栽培はしない、といった地域農業を守るための直販原則をたてていく必要があります。

また、生協運動にしても、今日の状況のなかで生協があれよあれよという間に拡大し大規模化する必然性が客観的にあるとしても、他方で、くらしを見直し、生活を守る運動にふさわしい地域の範囲はどれくらいなのかといった問題が、地域農業論と同じくあるはずです。事実、県レベルの生協でも、産直は、支店なり地域ごとに直結して行なっているところがありますし、たとえば名古屋の名勤生協（六万八〇〇〇人）は、自分たちがいちばんがんばっていたのは六〇〇〇～一万人規模の時であったことを顧みて、地区別に分けて組合員の活動の活性化をはかる方針を立てています。「三里四方のものを食べていれば大丈夫」という昔の人の言い伝えがありますが、現代の「三里」とはどのくらいのひろがりなのか。農業とくらしを見直す、農業とくらしを守る、ということは、必ず地域の重層性の問題に突き当たると思います。そして、このような消費者といっしょになって地域農業をまもる運動は、「農業のあるまちづくり」、「農業のある教育づくり」と、そこでの連帯に発展していくことと思います。

2 経済における連帯——低賃金と格差の是正

最後に、副題から落としましたが、与えられていたもうひとつのテーマは、「労働市場の視点から」でした。実はこれが大変な事態です。御承知のように、一九七九年以降、時間当り農業所得は農村日雇賃金以下に落ち込んだまま回復していない。戦前は、農業の限界生産性が日雇賃金を割り込んで、ゼロに近づくことすらあった。それがそれなりに日雇賃金の歯止めがかかったのが、戦後の成果であった。それが戦前状況に逆戻りしてしまった。これは、「戦後政治の総決算」ならぬ「戦後経済の総決算」ともいえる戦後民主主義の否定です。他方、農村日雇賃金が密接に関連する地域最低賃金制賃金が、北海道・東北・中国・九州といった低賃金地帯で七〇年代後半以降、失対賃金や老人単身者世帯の生活保護水準さえ下回るに至っている。七八年以降は県民所得格差も拡大している。「おらトウキョーさいぐだ」は、都会をチャカしているようで、案外本音なのかもしれません。

こういうなかで従来、農村工業導入による農工両全がてっとり早い地域経済振興の道とされてきた。ところが、今回調査してみまして、工業導入で農政の筋書通りに賃貸借がふえる地域もようやく出てきましたが、そういうところでは他方で、耕作放棄とか地域農業の荒廃が目立ちはじめていました。つまり条件の良い土地は貸せるが、悪い土地は放棄するしかない。しかも、相対的な高賃金を出す本格的進出の場合は、親企業・本社企業の稼働日程に地域生活全体のリズムを従わせようとする。農繁期休暇は昔の話、生理休暇は無視で、地域や学校行事はおろか、冠婚葬祭の日程・出席まで規制される（葬式ばかりは計画できませんが）。そういう企業に採用された農家青年たちはエリート意識をくすぐられて、親企業・親組合の方ばかり向くようにされ、家の農業や地元・地域への関心を失っていく。これが農工両全ならぬ農亡工盛の実態です。

四全総の全貌はまだ定かではありませんが、工業立地政策としては「地方の時代」ということで、各県が立地計画を立てる、その際にコア・シティをひとつ、その周囲にテクノポリスを含む数個のサテライト・シティを設け、そのサテライトに末端工業立地が従属していく、という構想が練られているようです。農村工業化といっても、先端技術産業の量産工場の最末端を受け持たせられるのがせいぜいで、雇用は新卒者と細かな作業に耐えられる視力のある女子パートに限定されざるをえない。

だからといって、企業導入を全面否定して、「内発的発展」だけで済むとは私は思いません。企業を入れるにせよ、入れないにせよ、農村は農業を基軸産業にしていく以外に道はない、というのが平凡ではあるが、私の長年の調査の結論です。同時に、地域が、企業・労組の縦系列に分断されるのではなく、地域における企業横断的な労働者の組織化が不可欠です。地域自治は、農民のみならず、地域の生産者すべての、「つくる喜びと生きる呪い」（久保栄『火山灰地』、昭和一二年）の関係の止揚にむけての課題であります。

注

(1)上原専禄『国民形成の教育』新評論、一九六四、九二頁。
(2)平田幸宏「地域、地帯」、小山智士他編『新版農林統計の見方・使い方』家の光協会、一九七九。
(3)拙稿「農地の公共的管理と流動化」、全国農地保有合理化協会『土地と農業』一五号、一九八四。
(4)拙稿「マルクス・エンゲルスの土地所有・農民論」『経済』一九八四、一、二月号（本書第8章）。
(5)大島美津子『明治のむら』教育社、一九七七、中村吉治『家の歴史』農山漁村文化協会、一九七八、蓮見音彦編『農村社会学』東京大学出版会、一九七三を参照。なお、「いえ」と「むら」の問題に経済学的な鋭いメスを入れたものとして、『綿谷赳夫著作集』第二巻、農林統計協会、一九七九、がある。
(6)拙稿「日本農業変革の課題と展望」暉峻衆三他編『現代日本の農業問題』ミネルヴァ書房、一九八六。
(7)暉峻衆三・中野一新編『日本資本主義と農業・農民』大月書店、一九八二、第六章（太田原高昭執筆）。
(8)前掲、大島著を参照。
(9)『綿谷赳夫著作集』第一巻、農林統計協会、一九七九。
(10)拙稿「都市農業振興と産直の諸形態」農業・農協問題研究所編『農業・農協問題研究』第二号、一九八五、所収を参照。

「農民の自治と連帯——担い手の視角から」磯辺俊彦・田中洋介・保志恂・田代洋一編『変革の日本農業論』日本経済評論社、一九八六年

第4章　中山間地域政策の検証と課題

はじめに

本章に与えられた課題はあまりに大きく、その明確化と限定を要する。

第一に、いかなる政策を対象として取り上げるのか。後述するように固有の「中山間地域問題」あるいは「中山間地域政策」が登場するのは一九八〇年代末であり、高々この一〇年のことである。他方、農林統計上の中山間地域においては、そのはるか以前から問題が発生している。いうまでもなく過疎問題である。かくして固有の「中山間地域問題」と「中山間地域の問題」とはひとまず区別されねばならない。

あらかじめ結論的にいえば、固有の「中山間地域問題」とは、価格政策の線上に浮かび上がった生産条件不利（マイナスの差額地代）の問題であり、そこで求められるのは政策は産業政策としての生産条件不利の是正あるいは補償である(1)。それに対して過疎問題は地域の人口減に伴う問題であり、そこで求められる政策は定住促進である。

前者は後者の一環でもあるが、その全てではない。後者は前者の前提条件の一つであるが、その全てではない。「中山間地域」という統計概念が同時に政策概念として用いられることにより、以上の二つの問題がごっちゃに論じられている懸念があり(2)、政策「検証」にあたっては、ひとまず問題の整理が必要である。

しかしながら、現実にあるのは「中山間地域の問題」という一つの問題であって、それは条件不利問題（政策）と過疎問題（対策）の重層に他ならない。本章が対象とするのは、このような意味での「中山間地域の問題（政策）」と理解する。

第二に、検証の方法である。中山間地域政策は、従来の中央集権型政策の限界面に位置するのみならず、それが本来的に地域政策であることによって、国、県、町村の行政事務の各段階での政策に注目する必要がある。また政策の検証は、このような各レベルの政策主体だけでなく、政策対象としての地域に即して行う必要があり、農業・農村にとっての基礎的な地域単位は集落である。

中山間地域はそれぞれが地域個性をもち、大きくは東日本型と西日本型、峡谷型（主として日照、面積上の不利）と高原型（主として標高、傾斜上の不利）に分けられているが、研究能力上の制約から本章では事例分析にとどめざるをえなかった。すなわち県レベルについては地域性を考慮しつつ、特徴的な政策を打ち出している数県について紹介した。また町村レベルについては、中山間地域を最も多く抱える県の一つである高知県の中から、県農政の代表的な対象地域の一つである西土佐村を選び、村内から一集落を選んで農家全戸調査を行った。とはいえ紙幅の都合から事例紹介の域は越えられない。

Ⅰ　国の中山間地域政策

上述のように「中山間地域の問題」を捉えた場合、それは過疎問題から始まった。以降の国の政策対応は三つの系統に分かれる。①全国総合開発計画、②過疎法、③山村振興法と特定農山村法である。①が全国レベルからの国土開発に関する計画であるのに対して、②と③は地域レベルでの地域振興政策であるが、②が人口問題を、③が条件不利

表 4-1　全国総合開発計画の推移

	全国総合開発計画	新全国総合開発計画	第３次全国総合開発計画	第４次全国総合開発計画	第５次全国総合開発計画
策定時期	1962 年 10 月	1969 年 5 月	1977 年 6 月	1987 年 6 月	1998 年 3 月
計画期間	1960〜70 年	1965〜85 年	概ね 10 年	1986〜2000 年	目標 2010〜15 年
経済的背景	第一次高度経済成長	第二次高度経済成長	低成長へ移行	国際経済構造調整	長期不況
開発方式	拠点開発	交通ネットワークと大規模プロジェクト	定住構想	交通ネットワーク、多極分散型国土形成	参加と連携、多自然居住地域など
主な施策	新産都市法、工業整備特別地域整備促進法	苫小牧東部・むつ小川原地区整備	モデル定住圏整備	多極分散型国土形成促進法	—

を問題とする点で異なる(3)。

1　全国総合開発計画

一九五〇年に国土総合開発法が制定され、表４−１にみるように五次にわたる全国総合開発計画が策定されてきた。各全総は、それぞれ時代背景を異にしつつも、「国土の均衡ある発展」をめざす立場から、過密過疎問題を最大の問題の一つとしてとりあげてきた。しかしながら問題は一向に解決されず、むしろ逆にこれらの計画のもとで増幅されてきた。では、なぜ、国土開発計画は過疎問題の解決たりえなかったのか。

その理由は二重である。第一に、これらの計画はあくまで時の中央権力による国土開発計画であり(4)、そのために中央の観点から全国を地域区分し位置付けることであり（後述する「政策地域」の設定）、地域それ自体の位置付けではなかった。その結果として第二に、これらの計画は一貫して過疎地域の外部に存在する何らかの拠点がもつ外部経済効果に依存し、あるいはその溢出効果によって過疎地域の活性化を図ろうとし、その意味でも過疎地域それ自体に対する政策ではなかった。このような外部からの働きかけは結局のところ、過疎地域のなかの拠点、例えば過疎の村の役場所在集落とか、あるいは過疎の県の県庁所在地等への一層の集中を招くだけだった。そしてそれらを中継点として結局は国土規模での過疎過密が一層進行していったわけである。以下、各期の総合計画のアウトラインをトレースする。

(1) 第一次全国総合開発計画（一全総）

一全総は、まず「過密地域」、「整備地域」、「開発地域」という三つの「政策地域」を設定した。整備地域は過密地域（既成四大工業地帯）の外部経済効果を享受できる太平洋ベルト地帯であり、ここに大規模工業開発拠点（鹿島、東駿河、東三河、播磨、備後、周南地区）を育成して過密を分散し、開発地域（北海道、東北、中四国、九州）では大規模地方開発都市（札幌、仙台、広島、福岡）を拠点として育成することとした。この開発地域における大規模工業開発を図ったのが新産都市法（一九六二年）であり、小規模開発拠点の育成を図ったのが低開発地域工業開発促進法（一九六一年）である。

一全総は、根拠法である国土総合開発法が一九五〇年に制定された後も長らく策定されなかったわけだが、その理由としては、前提となる経済計画がなかったことがあげられている。その前提を与えたのが一九六〇年の所得倍増計画であり、その国土計画版が太平洋ベルト地帯構想だった[5]。それは、「最も効率がよく最もコストが安い所をまずつくって、日本経済全体の規模を大きくして、そしてその上でまた地域開発へ進展させるほうがいい」[6]と、後進地帯の開発要求をしりぞけた。一全総はこのような拠点開発主義の開発手法をそのまま受け継いで策定されたものである。かくして日本の国土開発計画は、その出発点からして、大小さまざまな拠点を設け、それがより大都市の外部経済効果の受皿となり、同時に自らが外部経済効果を及ぼしていくものとされたのである。

かかる一全総の拠点開発主義の目玉は新産都市建設だったが、新産都市法は知事の申請に基づき国が承認するという「地方主義」をとった。その点では同時期の農業構造改善事業と同じである[7]。しかし申請方式は地方から国への陳情合戦を招き、「新産都市計画が策定される頃から、中央からの天下りが県の開発部局に入り込む時期が来てしまう」(8)という行政の中央集権主義が決定的に強まり、そのことがまた過密過疎を極端に進行させた。

（2）新全国総合開発計画（新全総）

拠点開発主義は周辺地域からの吸収効果を発揮し、地域内での過疎過密を促進することになった。それに対して、「拠点主義という形での工業の再配置を中心とした地域格差の是正策では、ますます進行する過密と過疎に対応できない」(9)として、「拠点開発主義よりはナショナルプロジェクト主義」(10)で、「市場性を乗り越える」(11)ことを目的として、大規模プロジェクト（苫小牧東都、むつ小川原地区。志布志は調査検討の対象）とそれらを結ぶ新幹線・高速道路等の交通・通信ネットワークの先行的整備を提起したのが新全総だった。それは、拠点開発主義を批判しつつも、実はそれと同根の外部経済効果論にたちつつ、その極限化を追求するものだった。しかしながら大規模開発地区は「市場性を乗り越える」ことはできず、企業の立地選択からは外れ、かくして日本列島の総都市化を狙ったネットワーク整備の方のみが実現し、都市化地域としからざる地域の格差を拡大していった。

新全総のもう一つの柱は広域生活圏構想だった。一全総は工業化を通じて生産所得の地域格差を是正しようとしたが、新全総は生活環境水準の格差を問題とし、「地方の中核都市の社会的環境整備を図って、周辺地域の生活環境も、その中核都市と一体になって」ナショナル・ミニマムを確保するものとされた(12)。これまた生活環境整備における拠点開発・溢出効果論にたつものといえる。そして折から深刻化する山村・過疎地域問題については、効率主義にたつ集落再編成が提起され、過疎化集落の地域拠点への撤収が図られた。

（3）第三次全国総合開発計画（三全総）

新全総は策定直後のオイル・ショックによる高度成長の破綻により短命に終わり（それはタイミングからしても

「主計局三大バカ査定」といわれた戦艦大和の運命に似ている）、低成長期計画としての三全総に席をゆずる。三全総については高い評価もあるが、国土開発計画として新たに付け加えたものは基本的になかったといえる。すなわちそれは工業立地としては、新全総の苫小牧、むつ小川原、秋田湾、志布志湾の開発を継承し、生活面では広域生活圏構想を受け継いで定住圏構想を打ち出した。

このうち一般的に注目されたのは、「生活」と「地方」だった。一九七〇年代に入り、地方から三大都市圏への流入超過は急速に減少に向かい、過疎地域の人口減は鈍化し、地方圏の人口は増大に転じた。三全総はこのような傾向を踏まえて、若年層を中心に人口の地方定住を促進しようとした。

しかし「定住」といっても「人口」の言い換えに過ぎず、五〇～一〇〇世帯からなる居住区――定住区（全国で二～三万）――定住圏（同二〇〇～三〇〇）の重層性において住民生活を捉え、そのうち定住圏は「都市、農山漁村を一体」とした「地域開発の基礎的な圏域であり、かつ、流域圏、通勤通学圏、広域生活圏として生活の基本的圏域」とされる。立案者達としては、この定住圏を基礎自治体とし、二層制（県――市町村）でなく一層制の地方自治を模索しており[13]、今日の小選挙区制や地方分権論の走りといえる。具体的にはモデル定住圏事業が「公共事業を大々的にやるための一つの手段」[14]として採用された。

前述のように、一九七〇年代には地方における人口増がみられたが、それは「定住構想の実現」（四全総）というよりは、端的に高度成長の破綻による都市の人口吸収力の低下によるものだった。

（4）第四次、第五次全国総合開発計画（四全総、五全総）

一九八〇年代に入ると再び過疎地域の人口減が強まり、地方圏の人口増はストップし、東京圏一極集中傾向が強まり出す。それに対して四全総は、多極分散型国土形成を目標として、その達成手段として交流ネットワーク構想を打ち出した。四全総は、一方で東京圏の世界都市機能集積を促進しつつ、それへの地方からの反発に対しては多極分散を唱い、また「定住圏の範囲を越えたより広域的な観点からの対応が重要」として「交流」を重視した。

それは定住人口の減少としての過疎化が依然として止まらない状況のもとで、それを糊塗するため、定住人口に代わる「交流人口」を重視したものであるが、そこに表現されているのもまた「拠点からの溢出効果」に他ならない。ただその「拠点」が地続きでない多極分散的な遠隔の大都市におかれ、かくして過密と過疎の間の「交流」となる点が異なるわけである。そして「多極分散型」といっても、その極の数によっては「多極集中型」になり、「優秀な都市への集中が進み始めていて、それは過疎を促進するかもしれない」(15)ことが立案者自らによって懸念される程のものだった。

四全総には、三全総まではみられた強烈な工業立地政策はみあたらず、経済のソフト化、サービス化に対応した「新しい産業」の分散配置やリゾート地域整備が強調された。

四全総は、これまでの全総と同じく「国土の均衡ある発展を図ることを基本」としているが、実はその破綻を示すものといえる。すなわち一九八〇年代以降、なかんずく一九八〇年代なかばのプラザ合意と「前川レポート」以降、急速に経済の国際化・ボーダーレス化が進むなかで、日本の産業・企業の立地選択も国際化していく。「海外直接投資による産業空洞化も辞せず」という前川レポートは、その端的な表現だが、その点は既に「三全総フォローアップ作業報告」(一九八三年)が「国際フレームをわが国の国土計画の前提条件として考えていかなければならない」とし、四全総総合的点検調査部会報告(一九九四年)もまた「地球時代の到来は、国土計画の策定にあたり、アジア太平洋地域、ひいては世界全体を視野にいれる必要がある」としていたところである。

このような多国籍企業帝国主義によるグローバルな立地選択は、一国レベルの国土利用の均衡をむしろ突き崩していくことになり、それに対する行動(立地)規制なしには、「国土の均衡ある発展」は望みえない。そのことを端的に示したのが四全総における東京圏の国際金融都市化と多極分散、定住と交流といった相反する方向の混在であり、それは国土利用計画そのものの破綻である(16)。

にもかかわらず策定された五全総は、「地球時代」(国境を越える地域間の大競争)にあって「アジア・太平洋での日本列島の位置付けを見据えたグローバルな視野」にたち、「多軸型国土構造」への転換戦略として、「多自然居住地域の創造」「大都市のリノベーション」「地域連携軸の展開」「広域国際交流圏の形成」を掲げている。ここでいう「多自然居住地域」は、「中小都市と中山間地域等を含む農山漁村等の豊かな自然環境に恵まれた地域」ということだが、当初は「低密度居住」という案もあったようである(17)。つまり「多自然」は「低密度」すなわち過疎の言い換えであって、どうにも止まらない過疎化を逆手にとって、そのような「多自然」地域を「二一世紀の新たな生活様式の実現を可能とする国土のフロンティア」にするという逆転の発想である。そこでは「安易に人の数だけ増やそうとするようなことは、その価値を自ら失う」(18)と「定住」は捨てられ、「交流」もコンピュータを通じるそれとなり(19)、あるいは海外との交流に飛躍する。そこには発想の転換以外には定住促進の手立てはなく、国土利用計画の破綻の再確認といえる。

以上をふりかえって、全国総合開発計画の策定は新全総をもって終わったといえる。三全総は高度成長という根拠を失い、四・五全総は国内均衡という枠組を失った。いずれにせよ、それらの拠点・大規模・定住・交流のいずれの手法も(五全総の手法は「参加と提携」となっているが、それはもはや手法とはいえない)、拠点から過疎地域への外部経済効果、溢出効果しか期待されず、過疎地域それ自体を対象とした国土利用計画はついに登場しなかったといえる。

2 山振法、過疎法、特定農山村法

国土利用計画からとり残された地域問題への対応は、個別的な一種の地域立法を通じてなされることになる。それが地域からの議員立法としての過疎法なり山振法である。特定農山村法もまた一種の地域立法であるが、政府立法の形をとった点では前二者と異なるが、一括して扱う。

(1) 山村振興法

国土総合開発法は全国総合開発計画、地方総合開発計画と並んで「特定地域総合開発」を盛り込んでいた。これはアメリカの「TVAの日本版」として全国一九地域を指定して河川開発を中心に公共事業の重点配分を行おうとしたものである。その一環としてのダム建設に対して、危機感をもった奥地山村が、一九五四年に全国ダム対策町村連盟を結成して山村振興運動を開始し、さらに対象を拡大した全国奥地山村振興協会に諸組織を統合し(一九五八年)、山村農林業振興法の制定を要求していった。

その後、太平洋ベルト地帯構想や拠点開発方式が主流となるに及んで、このような投資効率からする立地選択からとり残される山村地域の政治力を結集した全国山村振興連盟が一九六三年に結成され、議員立法としての山村振興法が一〇年の時限立法として一九六五年に制定された(20)。

同法は、一九七五年の改正により一〇年の期間延長とともに、第一条の目的に「国土の保全、水源のかん養、自然環境の保全等に重要な役割を担っている山村」の産業基盤、生活環境整備の低位性の克服を掲げた。その後も三度の改正をみているが、最後の一九九一年の改正においては、前述の「役割を発揮させるため森林等の保全を図る」こととし、そのための第三セクターの活用等を規定している。

図4-1　山村振興計画施策別構成比の推移

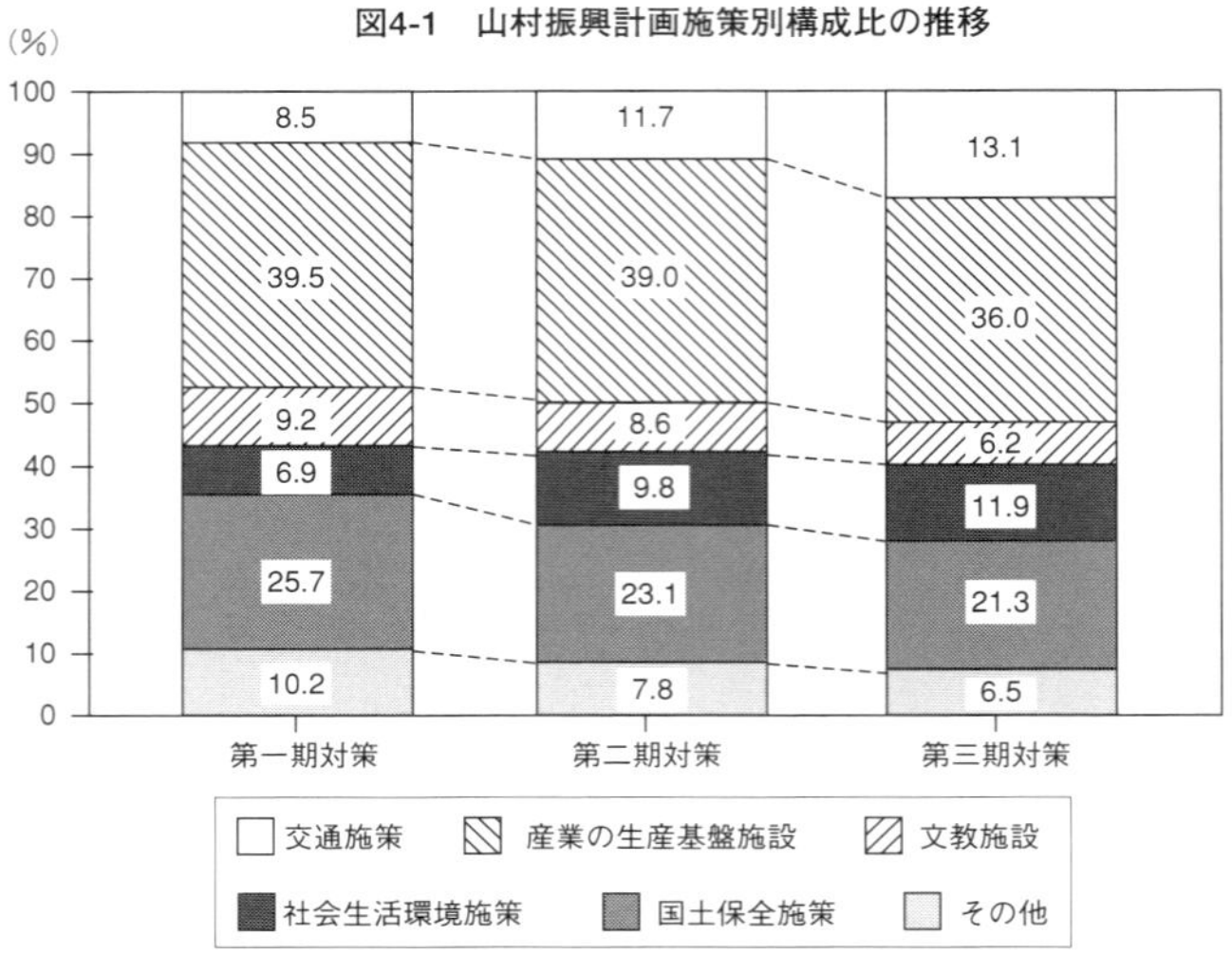

注：本文注（20）の文献による。

法における「山村」の定義は、「林野面積の占める比率が高く、交通条件および経済的、文化的諸条件にめぐまれず、産業の開発の程度が低く、かつ、住民の生活文化水準が劣っている山間地」であり、指定の要件は、林野率〇・七五以上、一平方キロメートル当たり人口一・一六人未満、諸施設の整備が十分でないことである。このうち林野率が自然条件の劣悪性を、その他が産業の開発の遅れを示す指標とされている。

このような指標設定等からみる限り、全体として「低開発」あるいは条件不利を政策対象としているといえよう。山振対策の成果としては、道路・水道・集会施設等の生活環境整備、農道・林道・圃場の整備、造林、滞在・展示・スポーツ・加工施設の整備等があげられている。計画ベースでの事業費構成の推移は**図4－1**のごとくである。全体として生産基盤整備と国土保全施策のウエイトが高いが、期を追うにつれそのウエイトは低下し、代わって交通通信施策、生活環境施策、観光施策（「その他」に入る）のウエイトが高まり、その意味で過疎法に接近することになる。一九九〇年代に入っては、社会保険等の整備された広範な事業を行う第三セクターの整備、水洗化等の生活環境整備、都市との交流促進が強調されている。

（2）過疎法

過疎法は、一九七〇年の過疎地域対策緊急措置法、一九八〇年の過疎地域振興特別措置法、一九九〇年の過疎地域活性化特別措置法と三次にわたり、時限議員立法されている（以下、七〇年法、八〇年法、九〇年法と呼ぶ）。

過疎法への取り組みは、一九六六年に島根県と同県議会から始まり、全国知事会と自民党の連携により一九七〇年に成立したもので、その経緯は山振法と似ている。

地域指定の要件は、人口減少率と財政力指数から構成される。同法は端的に人口問題への対処であり、具体的には次のようである。

七〇年法は、「人口の急激な減少」としての過疎現象が起きている地域について「人口の過度の減少を防止」することを目的とした。そのため「生活環境におけるナショナル・ミニマム」の確保に向けて交通・教育文化・生活環境施設・産業振興を行うこととしたが、なかでも道路が最も重点的に整備された（**表4―2**）。

八〇年法は、当時の人口減の鈍化から「緊急的な目的は一応達成されたものと考え」、「激しい人口減少の後遺症ともいえる状況」すなわち地域社会の機能低下や生活・生産水準の相対的低位性に対処することを目的とした。事業的には道路整備が七〇年法と同じ比重を占め、また産業振興のウエイトが少し高まった。

しかし人口減の鈍化は、前述のように、実際には過疎法の成果ではなく、高度成長の破綻による都市部の雇用吸収力の結果に他ならなかった。一九八〇年代後半に入り、バブル経済のもとで再び過疎地域の人口減少率は強まる。このような東京一極集中が進むなかでの「新たな過疎問題」に対して、九〇年法は「過疎地域の自主的・主体的努力によって活性化を実現できるよう」にすることを目的とした。具体的には新規事業として高齢者福祉の増進が掲げられ、

表 4-2　過疎対策事業費の構成の推移

（単位：%、億）

区分	1970〜79 年	1980〜89 年	1990〜94	1995〜99
交通通信体系の整備	49.6	49.5	40.3	35.0
産業の振興	22.2	27.8	30.1	27.8
生活環境の整備	11.3	10.4	13.9	21.0
高齢者等の福祉増進			2.9	3.6
医療の確保	1.2	1.4	1.5	1.8
教育文化の振興	12.0	9.8	9.4	8.5
集落の整備	0.2	0.2	0.2	0.7
その他	3.5	0.9	1.7	1.6
計	100.0	100.0	100.0	100.0
事業費計	(79,018)	(173,669)	(144,156)	(204,425)

資料：国土庁過疎対策室『平成 6 年度版　過疎対策の状況』(1995 年)。
注：1994 年までは実績、95 年以降は計画。

また過疎債の対象事業が、地場産業を行う第三セクターへの出資、生産・加工・流通販売施設、産業振興に資する市町村道・農林道、高齢者福祉、下水道等に拡張された。事業費としては、交通のウエイトが減り、代わりに一九九〇年代前半には産業振興と生活環境・高齢者福祉が伸び、一九九〇年代後半にはもっぱら後者が伸びている。山振法に比べて道路の比重が高く、産業振興の比重が低いのが特徴であるが、近年では生活環境のウエイトが高い。

七〇年法は、新全総の翌年に制定された。新全総がナショナルな見地にたって大規模開発を提起したのに対して、過疎法は過疎地域それ自体を政策対象とした点で決定的に異なる。しかしながら新全総が日本列島の基軸的な交通・通信ネットワークを整えたのに対して、過疎法は末端の過疎地域から道路交通網を整備して前者につなげる役割を果たし、その意味で前者を補完したといえる。

すなわち道路網整備の突出的な先行は、第一に、過疎地域内における「中心地と周辺集落の格差を救いようもないほど拡大」(21)し、第二に、「高速道路が整備され時間的距離が短縮されると、相対的に弱い地域が強い地域に吸収される」という「ストロー効果」を発揮した(22)。

なお過疎法に固有の手法として過疎債の起債があげられる。その元利償還の七〇%が基準財政需要額に算入され、地方交付税交付金の対象とされるものである。これは一種の紐附き交付税であり（「交付税の補助金化」）、その安易な利用が後に市町村財政を圧迫する原因ともなった。

（3）特定農山村法

以上の過疎対策に対して、固有の中山間地域政策は、いつ、何を契機に浮上したのか。

中山間地域を固有の対象地域とした立法は、一九九三年の特定農山村法といえる。同法の「特定農山村」の定義は、「地勢等の地理的条件が悪く、農業の生産条件が不利な地域」であり、地域指定要件には、前述の山振法の林野率に農地の勾配を加えている。つまり過疎法の対象が人口問題であるのに対して、特定農山村法の対象は農業生産の条件不利問題である。かくして先の設問は、このような生産条件不利が、いつ、いかに浮上することになったかと言い換えることができる。

七三％もの市町村が特定農山村の全部あるいは一部指定を受けている中国地域を中山間地域の代表にみたてて、米の地代率の推移をみたのが**表4―3**である（米を取り上げたのは、中間・山間両地域とも稲単一経営が販売農家の五〇％以上を占めるからである）。これによると一九八〇年産から一挙にマイナス地代に転じる。次にマイナスの度合いが強まるのは一九八七年産からである。一九八〇年は政府米価が据え置かれだして三年目にあたり、一九八七年はいうまでもなく三一年ぶりに米価引き下げをみた年である。さらに一九八八年米審小委は、米価政策の対象農家を将来的には五ヘクタール以上、当面一・五ヘクタール以上（平均すれば二・六ヘクタール）とした。つまり価格（引き下げ）政策によって中山間地域の条件不利（マイナス差額地代）の露呈が決定的になった時、日本の中山間地域問題は浮上し、政策対象として強く意識されることになる。その表現が一九八八年度農業白書における「中山間地域」の登場だった。

表 4-3　中国地域の米の地代率の推移

年産	1975	76	77	78	79	80	81	82	83	84
地代率	40.5	10.1	10.0	8.2	2.2	△14.5	△4.2	△6.4	△10.2	△0.1
年産	85	86	87	88	89	90	91	92	93	94
地代率	△4.9	△1.4	△16.7	△8.2	△8.9	△12.5	△10.5	△3.5	△1.2	△6.2

注：『米生産費調査』による。地代率＝1－反当粗収益/反当費用。統計の改訂があった年産については新数値によるものを表示した。

他方、それまで鈍化傾向にあった過疎地域の人口減が一九八〇年代後半から再び強まりだし、過疎地域の人口動態は、一九八七年にはついに自然減に落ち込む。このような「第二の過疎化」への突入もまた中山間地域問題を鋭く意識させることになったといえる。しかしその原因は、第一次過疎化時代の国内における高度成長ではなく、その後遺症（人口流出からとり残された者による社会の高齢化）および国際的経済構造調整とそれに基づく国際的な立地選択によるものだった。

このような条件不利問題と第二過疎問題のダブルパンチに対しては、それぞれ独自の農業政策と人口政策が必要とされる。後者については、前述の「交流」系列でのリゾート開発やNTT株売却に伴う公共事業の展開等がみられたが、既に前項でみたように新たな独自の人口政策は採られなかった。

前者については、中山間地域稲作の耕境外化に端を発していたわけであるが、米の構造的過剰のもとで、それを耕境内に引き戻す政策は忌避され、その作目転換（転作）が志向されていく。こうして一九九二年の新政策を受けた一九九三年農政審報告『今後の中山間地域対策の方向』の「標高差等中山間地域の特性を生かし、……花きや特産品など労働集約型作物を中心に、高付加価値型・高収益型農業への多様な展開を目指していく」という方向づけに沿って、特定農山村法が一九九三年に制定され、「新規性のある付加価値の高い作目の導入等」に伴う経営リスクに対する融資制度や農林地の転換手法の整備が盛り込まれた(23)。

農政審報告の「標高差等中山間地域の特性を生かし」とは、中山間地域の絶対優位性の追求に他ならないが(24)、それは今日では一種の隙間産業探しに過ぎず、絶えざる市場の収縮・移動と競争激化、新規作目探しに追われることになる。他方、「労働集約型作物を中心に」とは、平場に比して圃場の条件が悪く保有規模が零細な中山間地域においては土地利用型作物が比較劣位にならざるをえないことの単なる裏返しであり、中山間地域の園芸作等の市場競争力を保証するものではない。

かくして本格的な中山間地域立法の期待を一身に担った特定農山村法は、現実には、コメ過剰下で稲作振興もダメ、構造政策未達下で直接所得補償もダメ、山振法や過疎法というハード事業主体の地域振興立法のもとでインフラ整備もダメという条件下で、「青い鳥」としての新規作物探しの支援というソフト事業に矮小化していかざるをえなかった。

特定農山村法が、このような地域の現実的要請から著しく乖離した立法になり終わった背後には、地域立法であるにもかかわらず、従来のような議員立法の形をとらなかったというプロモーター不在の問題も横たわっている。

3　まとめ

過疎地域それ自体の底上げではなく、拠点地域の外部経済効果による過疎地域の引き上げを狙った全国総合開発計画は、過疎過密を激化させることに終わった。それに対し山振・過疎法は、過疎地域それ自体を政策対象として、産業基盤や生活基盤のハード整備に力を尽くしたが、過疎化を食い止めるには程遠かった。

拠点開発による外部経済効果は拠点への「ストロー効果」が勝り、産業基盤の整備も所得増につながらなければ費用負担を増すのみである。いくら生活基盤を整備しても所得確保機会のないところに人は住まない。このようにみてくれば、過疎化の根本原因は、農工間所得格差を根底とする地域間所得格差だといえる。

それを打破する道は、地域内での所得確保機会の創造であろう。特定農山村法は、米価引き下げ、農村工業導入の停滞、地域からの工業撤退のなかで、新規作目の導入と地域産業起こしに地域内所得確保の活路を開こうとしたわけだが、その政策手法は余りに限られており、未だ活用には至っていない。

地域内所得確保は、人口の社会減の食い止めには有効だが、人口の自然減には無効である。地域が自然減に対抗するには、端的に出産可能年齢人口が必要である。五全総の「多自然居住地域」は、このような人口の自然減段階の課題を意識したものといえるが、「参加と提携」をいうのみでは課題に応えられない。

かくして課題の所在はほぼ煮詰まったといえるが、国政レベルではその突破口がみいだせないのが現段階である。

Ⅱ　県の中山間地域政策

地域内所得確保機会の創造が行き詰まっている現状では、問題は結局のところ直接所得補償の是非、あり方に収斂せざるをえない。その導入が国のレベルではこれまた壁にぶつかっているもとで、地方自治体が、ガットウルグアイ・ラウンド対策を契機として、独自の中山間地域政策を模索しはじめ、その一環として「日本型直接所得補償政策」を模索している。地域立法が議員立法であったという歴史に照らしても、このような地域からの動きには問題の突破口の可能性がみられる。そこで次に県レベルの政策展開を概観する(25)。

1　秋田県——補助率上乗せ

秋田県はウルグアイ・ラウンド対策期間における農業農村政策の一環として中山間地域農業活性化緊急支援措置を講じている。その前提は、中山間地域の米の低コスト生産は困難で、米づくりによる所得の維持・向上は期待できないという認識であり、「米依存から脱却し、野菜、果樹、花きなどの収益性の高い作目への転換が急務」としている。

同県の農協組織は、銘柄米偏重、あきたこまちの「山登り」現象の是正を名目に、平均気温により県内産地を六段階に区分し、各銘柄米を適地にはりつけるとともに、あきたこまち、ササニシキ、ひとめぼれ等の銘柄品種面積を抑制的に地域配分している。中山間地域からの銘柄米撤退作戦である。それを受けた具体的な支援策は次のようである。

①土地基盤整備対策については、中山間地域を意識した採択要件の緩和と強化を行っている。緩和の事例としては、担い手育成事業（中間地域型、国五〇％、県三〇％）については圃場区画を三〇アールでも可とし、水田営農活性化事業（山間地域型、国五〇％、県三五％）では区画整理の採択要件の下限を一〇ヘクタール以上に緩めている。他方では、農地流動化率三〇％以上や作目転換一〇％以上という、国よりも厳しい採択要件を課している。

②農業近代化施設整備事業では、国庫補助（五〇％）に、市町村の上乗せを期待しつつ、県補助の傾斜的上乗せを行い、国県の補助率が平地では五〇％（国費のみ）、中間地域では六〇％、山間地域では七〇％になるようにしている。

また園芸産地緊急拡大対策、肉用牛肥育経営拡大対策など新たな県単事業を起こし、ここでも市町村の嵩上げを期待して、平地は三分の一、中間地域は二分の一、山間は三分の二の補助率としている。

③県単の担い手対策として、戦略作物の導入や複合化を図る経営の立ち上がり支援策として、肥料、農薬等の経費に対する補助（中間地域二分の一、山間地域三分の二）、新規就農者が支払う小作料に対する補助（平地は県四分の一、市町村四分の一に対して中山間地域は県三分の一、市町村三分の一）を行う。

要するに米以外の集約的な新規作物について、中間地域、山間地域に補助率の上乗せをするのが秋田県の特徴といえる。

2　岩手県——山間地域の園芸・地域特産農業支援

岩手県では、高付加価値型農業育成事業等による園芸作等に関する基盤整備、機械・施設整備について、国の三分の一補助に対して県が六分の一を上乗せして補助率を五〇％にもっていっている。これは全県を対象としているが、市町村の四分の三が中山間地域に属するので、実態的には中山間地域対策になっている。

同県は特に山間地域に対して特別の振興策を講じている。代表的なものとして、第一に山間地域農産物価格支持事業がある。これは山間地の農協等が野菜・花き等の園芸作物を対象に価格差補給準備金を造成した場合に、その経費の三分の一以内を県が補助するものであるが、期間は一九九五～九七年に限られ、五〇〇万円が上限で、一九九五年度総額は一〇〇〇万円程度である。第二は、山間地の地域特産物としての日本短角種振興基金助成事業で、繁殖用雌牛一頭当たり五〇〇〇円の放牧料金、種雄牛管理、牧柵補修等の補助をするものである。県が短角牛振興を打ち出した点で産地をエンカレッジしており、また価格補填とともにわかりやすい事業ということで評判はよいようである。

そのほか、市町村が自由につかえる資金が欲しいという要望に応えた「活力あるむらづくり促進対策事業」での直売施設、集落公園、地域シンボル施設の整備等がある。また「いきいき中山間賞」を設け、ユニークな取り組みを行っている集落、生活改善グループ、直売組合、生産組織等を表彰し、受賞したグループなど三戸以上の集団に対して「中山間おもしろ農業展開事業」を行っている。

岩手県については、②の山間農業支援策が最も特徴的といえよう。ここでも対象が園芸作および地域特産物に限定されている点では秋田県と同じである。

3　福島県——中山間地域における米産地シフト助成

福島県は、それまでの生産調整政策における市町村間の地域間調整の実績を踏まえて中山間地域米生産推進モデル事業を行っている。これはソフト事業とハード事業からなり、前者については中山間地水田活性化事業として、冷害を受けやすい地域である概ね標高六〇〇メートル地帯において転作目標面積を超過達成した分について、集落等での経営転換に要する経費（種子、肥料、研修等）として反当たり一五〇〇〇円の補助を行うものである。転作物を事例的にみると、ソバ、カスミ草、トルコキキョウ、リンドウ、山菜、トマト、インゲン等が多い。

後者は高付加価値米産地育成事業として概ね標高四〇〇メートル以上の地帯において、もち米、酒米等の付加価値の高い米の低コスト生産を促すため、ライスセンターやコンバイン等の施設機械整備に助成するものである。県としては両者を一体的に推進することにより望ましい水田営農を確立するとしているが、それが要件とはされず、それぞれに取り組むことができ、結果として米産地の県内シフトが実現される仕組みである。

4　鳥取県──「鳥取県型デカップリング」

鳥取県は一九九〇年に山間一一四集落の調査、一九九二年には中山間六〇集落座談会を実施し、同年に中山間地域活性化推進協議会を設置するなど、ウルグアイ・ラウンド対策以前から中山間地域問題への取り組みを始め、体系だった施策を打ち出している点で注目される。

同県の中山間地域対策は大きくは二つからなる。一つは、一九九三年から発足した「うるおいのある村づくり対策事業」で、一集落当たり五〇〇〇万円の事業費で、県二分の一、市町村三分の一の補助率により集落機能の維持拡充をめざしたものである。事例的にみると、地域に伝わる「人形浄瑠璃の館」を作り、都市部の生協と交流するとか、「ジゲの自慢料理」を提供する施設の建設とか、竹炭作りといったものである。

二つ目は一九九六年度からの「中山間ふるさと保全施策（鳥取県型デカップリング的施策）」である。それは「中山間地域が有している水源のかん養・国土の保全・保健休養などさまざまな公益的機能を維持・永続させる」ため、その「基礎となる、担い手に係わる緊急かつ重要な課題」についての県単事業であり、公益機能を「維持する担い手（個人、集落、集団等）が、これまで負担すべきとされてきた費用について、行政がその一部を肩代わりすることに

図4-2　鳥取県の中山間地域対策

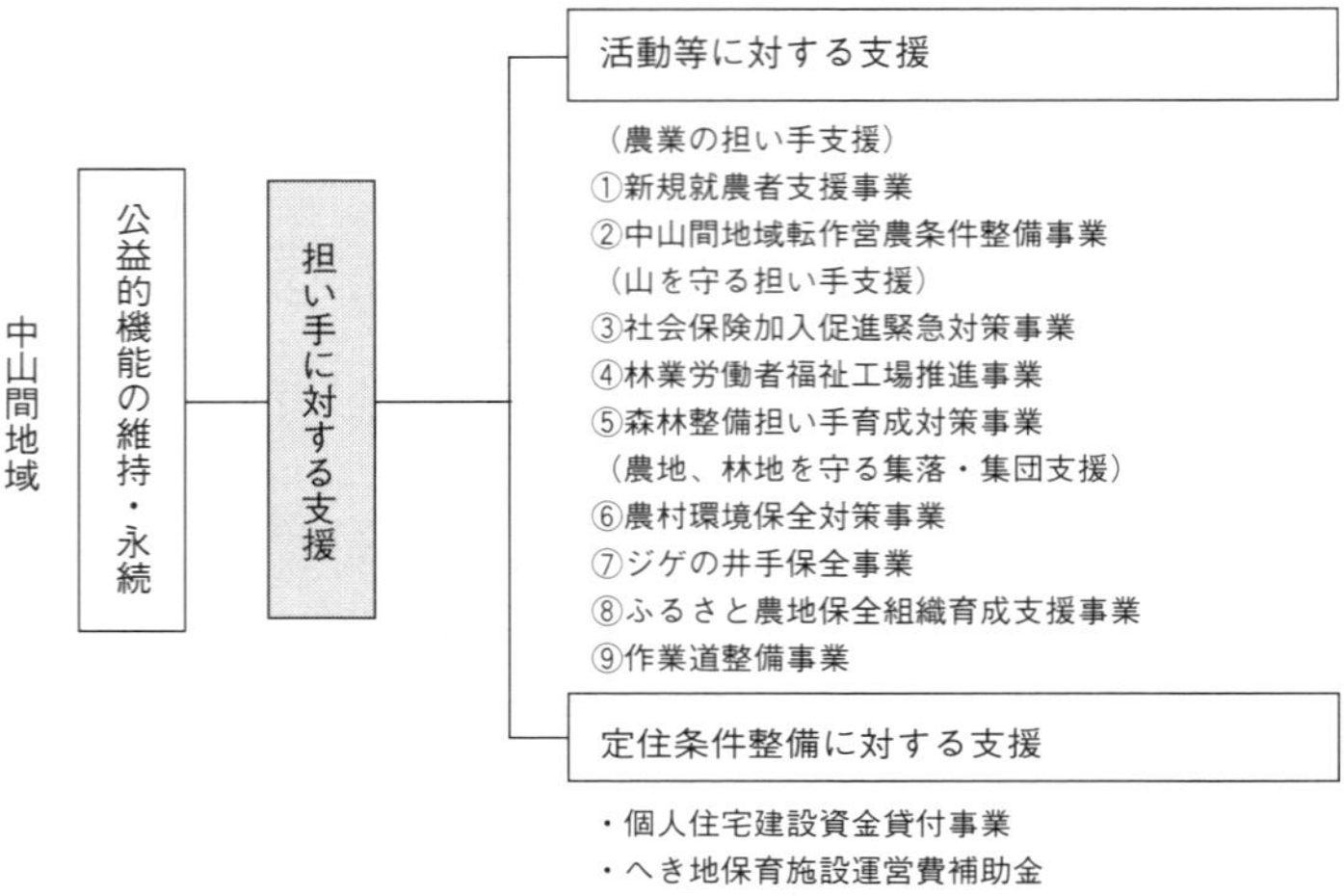

よって、担い手を強力にバックアップするもの」と位置付けられる。

その施策体系は図4―2のごとくであるが、簡単に紹介すると、①は就農支援資金償還免除（研修後に五年間以上就農した場合）、新規就農者に機械・施設を貸与する農協への助成、②は退職者等の新たな担い手を含む営農集団等に対する機械・施設助成、③は事業主負担の助成、④は林業労働者共済年金の掛金に対する助成、⑤は林業労働者の雇用条件の改善支援、⑥は耕作放棄が予想される少戸数・高齢化の集落を対象に集落土地利用計画の策定、簡易な基盤・施設に対する助成、集会所の改築、防火水槽、除雪機等に対する助成、⑦は市町村が行う小規模な水路・ため池の整備に対する助成、⑧は農作業受託する第三セクターに対して、平坦地域との作業経費の差額を補填し、立ち上がりを支援する。⑨は森林組合が行う作業道の開設・改良支援による間伐の促進である。なお一九九七年度から、集落の話し合いで計画を建てて行った間伐が赤字になった時には、県が助成するという間伐材の価格保障を検討している。

5　高知県――せまち直しとレンタルハウス

（1）こうち農業確立支援事業

高知県は諸指標における中山間地域の割合が全国最高である。それだけに早くから園芸産地としての確立をめざし、一〇アール当たり生産農業所得額は全国第一位となっている。中山間地域政策への取り組みも早く、県単事業として、①せまち直し事業は一九八九年から、②レンタルハウス整備事業は一九九〇年から、③中山間地域農業拠点地区育成事業は一九九三年から取り組み、一九九四年に以上を核とする一六県単事業を「こうち農業確立支援事業」に統合している。統合の理由は、重点的投資によりやる気のあるところを伸ばす、バラバラではなく総合化を狙う、県が誘導するのではなく市町村に考えてもらう、といった点である。このうち②は一九九六年から園芸団地整備事業として独立させている。

①は、国の採択基準から外れるものをピックアップする方式で、せまち直しとして概ね五～一〇〇アールの区画整理事業（灌漑排水、集出荷道、農地造成等を含む）、山村小規模基盤整備として五ヘクタール未満、受益二戸以上の事業である。②は農協を事業主体とするハウス等のレンタル事業（主として自作地にハウスを建てる）と、県農業公社を事業主体とする土地付きレンタル事業（公社を通して借りた農地にハウスを建てる）から成る。③は園芸産地としてのワンランクアップと新たな取り組みを支援するため、国庫・県単・市町村事業を重点投資するもので、園芸産地拡充型、農畜林複合経営型、自然農法による産直契約型、特産物加工販売推進型の四タイプごとに、それぞれに拠点地区と波及すべき地区の市町村を指定して行う。具体的な事業としては圃場整備、かん排水、農道、レンタルハウス、集出荷施設、直売所、協議会、研修会等がある。

これらの事業は、総合型と個別型に分けられ、前者については中山間地域については事業費二億円以内、その他については一・五億円以内と事業規模について中山間地域を優遇している。また補助率は、近代化施設については、市町村が補助する額の二分の一以内で全事業費の三分の一以内、基盤整備については受益者負担を一〇％以内とする事業についてのみ補助対象とし二分の一以内、ただし中山間地域の小規模圃場については五五％以内と五ポイント優遇している。

具体的な事業としては、せまち直し、レンタルハウス、集出荷場の機械整備、農道、用排水路等が多い。県としては、国庫補助事業の上乗せ方式ではなく、「すき間を埋める事業」という性格付けである。予算額等については略すが、市町村からの要望は多く、その意味で評価と期待感が高いといえる。県としても国庫補助事業の要件をみたせない中山間地域等では、この事業が廃止されると導入できる事業がなくなるとしている。ただ公共事業の見直し論のなかで、基盤整備事業については、市町村負担と県負担を均等にするなど見直しを迫られている。

（2）こうち・新ふるさとづくり推進事業

高知県は農業施策については、ソフト事業は国の事業を活用することとし、県単事業はハード事業に絞ってきた。しかし「生産性を考えるだけでは守っていけない中山間地域の農業、農村の現実に対応し、農業を通じて、地域に暮らしている人々や豊かな自然、農村のもつ伝統文化などを再認識し、このような資源を有効に活用することによって、地域の活性化を図る」（『県農林水産部行政要覧』）県単事業を一九九五年から始めている。県としては地域政策、社会政策という位置付けで、事業費限度額六〇〇万円以内で補助率二分の一以内（市町村以外が主体の場合は市町村が補助する額の二分の一以内）、対象としては有機・無農薬野菜への取り組み、国土環境保全のための農地の維持管理、農作業体験、農作業受委託組織の機械施設整備等である。具体例としてはホタル保護、高齢者のための小規模ハウス、棚田保全を通じた交流、集落営農のための機械等がある。

なお県はこれまで直接所得補償的な施策は講じてこなかったが、その必要性が高まったとして、市町村レベルでの動向を踏まえて、棚田等の農林地を保全する市町村の第三セクターの経費助成（方式は鳥取県に準じる）を開始した。

6　宮崎県――林業労働者の社会保険負担に対する助成

中山間地域対策というよりも、端的に山村・林業対策をいち早く模索してきたのが、民有林地帯を多くかかえる宮崎県である。林業の担い手の多くが農林家であることにより、結果的には農業をカバーすることになる。以前から森林交付税創設促進連盟等による森林交付税の要求があるが、使途を特定されない交付税措置に対して、目的を明確に特定した国土保全奨励制度を要求してきたのが宮崎県の立場であり、それは全国研究協議会に発展している(26)。

その考え方は、過疎化の究極原因を所得格差にもとめ、その解決にはこれまで生活基盤整備や企業誘致ではだめで、第一次産業が軸になる必要があるが、それもこれまでの生産・流通・価格政策では限界があり、山林のもつ外部経済効果（公益的機能）に対する対価の支払いが必要であるとして、具体的には公益的機能の担い手確保の支援措置を要求する。担い手確保のためには、まず現在の日給制の日雇形態では魅力がないとして、道路整備・農作業受託等への業務拡大も図りつつ常勤化を図る。雇用者としては、既存の森林組合等も考えられるが、その伝来的な親子・親戚関係をひきずった「家」的な労務班等にはUターン者等はなじみにくい場合もあるので、第三セクターも考える。その上で具体的な支援措置は、次の二点である。

第一は、第三セクターの運転資金の赤字分を運用利子でカバーするための基金造成への国の支援である。これはふるさと創生資金等を積み立てて、年間二〇〇〇万円程度の赤字補填に使っている諸塚村の財団法人・ウッドピア諸塚（旧国土保全森林作業隊）の事例がヒントになっている。

第二は、林業従事者の社会保障の充実に対する国の支援である。当初は林業者年金等の制度も検討されたようだが、少数化した専業的林業者を職能型年金に仕組むことは限界もあり、現在では厚生年金等の既存の制度の活用が模索されている。既に五ヶ瀬村森林組合、東郷町森林組合・牧水郷みどり保全スタッフ、北郷村森林組合、宮崎北部森林組合・森林作業隊、延岡地区森林組合・北側町森林隊など森林組合内の一部で行なわれている方式として、社会保険制度（健康保険、雇用保険、農林年金、林業退職金共済制度、労災保険）の掛け金や事業主負担の助成措置がある。助成は全額から三分の一まで幅がある。このような仕組みに対する国の支援により、その一般化を図ろうとするものである。

このうち、青年林業者の社会保険関係については、一九九六年度から地方交付税による措置がとられるようになり、市町村が倍の者を雇用できるようにということで県が市町村負担の二分の一を負担することになった。

7　まとめ

このような県レベルの政策展開は、国のそれといかなる関係にたつのか。基本的には国が踏み切れない直接所得補償的な性格の施策に、まず県から踏み切ったという関係であろう。おそらく今日における国と県の関係からして、政策内容に関する情報の交換、協議は濃密になされており、両者の差は、農政当局のそれというよりは、結局のところ財政当局および議会の理解の差に帰着しよう。

各県の政策は、それぞれがかかえる問題の多様性に応じてバラエティに富んでいる。そのことは国の一律の政策になじまないことを意味しよう。いいかえれば中山間地域政策は「地方分権」の最適領域であり、それを可能にする地方財政調整制度こそが最大の政策課題ともいえる。

具体的な施策については次のような特徴を指摘できる。

第一に、中山間地域の農林業政策と地域維持政策の二本立てをとっている県が多い。「はじめに」で述べたように、中山間地域問題は生産条件不利問題と人口問題を含み、二正面作戦が求められるわけだが、大きくは前者の内部においても産業政策と地域政策の両方が求められるわけである。このうち産業政策は、農林業生産における条件不利の是正ないしは「比較優位」の追求であり、地域政策は高齢者や女性による農業生産にも目配りしつつ幅広く集落機能と農家人口を維持していく政策である。これは農業経営なり地域資源管理の「担い手」を、平場のように特定階層に限定することができない中山間地域の特性でもある。そしてこの産業政策と地域政策の中間にくるのが棚田など条件不利な農地の作業を受託する市町村公社等への支援である。

このように産業政策と人口政策の中間に、広義の産業政策の一環として地域政策が登場することが、県レベル政策の特徴である。

第二に、作目的には、転作の促進（稲作の比重の引き下げ）、園芸等の集約作の振興、一部の地域での畜産振興がみられる。大きくは特定農山村法に至る国の政策にそって、中山間地域の比較優位を追求しようとする政策だといえる。このような政策が追求されているにもかかわらず、それを支援するはずの特定農山村法の活用がみられないということは、同法が地域の政策要求の実態に即していないことを示唆するともいえよう。

地域的には、東北では稲作からの転作が強く志向されているが、西日本では、例えば高知県のように稲作の園芸作等への転換がかなり進んでいることもあり、また棚田等の条件不利な水田が多いこともあり、棚田等の水田維持施策がとられていることが特徴的である。

このような地域差を踏まえて中山間地域の水田・稲作をどう位置付けるが政策上の課題である。また多くの県が園芸作を志向している現状からして、その過剰生産や産地間競争の激化が懸念される。

第三に、中山間地域農林業施策としては、①圃場整備や近代化施設に係る補助事業における補助率の上乗せ、採択要件の一部緩和（秋田）、国の採択要件から外れる地域の政策対象化（高知）、②経営費の補填（地代、肥料農薬、放牧料）（秋田、岩手）、③価格補填（秋田、高知）、④地域資源管理費用の一部負担（鳥取、高知）、⑤農林業の作業受託組織等の立ち上がり支援（鳥取、高知）、⑥林業者の社会保険費用の助成（宮崎）等があげられる。

これらの多様な政策を行政段階間の関係として整理すれば、第一に、①のハードな圃場整備、施設整備等の事業については、国の補助率に対する県等の上乗せ政策と、そもそも国の補助事業の採択基準から外れる部分を拾い上げる純県単事業的なものに分かれる。それは「東高西低」[27]といわれる水田整備率の違いにもよろう。

第二に、②、③、④、⑤は純県単事業で行われている。ここでは、①のうちの純県単事業的なものと同じく、市町村等の助成を条件にしたり、あるいはそれを期待する事業が多いのが特徴的である。これは国庫補助金に対する地方自治体の「裏負担」の自治体版ともいえるが、その意味は国と地方では異なりうる。

第三に、⑥については交付税交付金措置が採られたことを前述した。それは「補助金の交付金化」でもあるが、補助金には必ずしもなじまないと思われる事業に対して、地方に執行責任をもたせる形での国の支援方策ともいえる。

以上のような自治体政策の整理を踏まえて、前述の「地方分権」と地方財政調整制度改革を進める必要がある。

第四に、以上の措置は、さもなくば農家がその所得から負担せざるをえない経費が公的に支援されることにより、さもなくば農家の所得から支払われる分が農家の手元に残るという意味で間接的な「直接所得補償」になる。このことを指していくつかの県（知事）は、自らの措置を「日本型デカップリング」等と称している。

2（3）にまとめたように、国レベルの政策展開では過疎化はとまらず、地域内所得確保の機会創造が求められているが、その前途が多難ななかで、何らかの所得付与措置が必要とされているわけで、それに対する地方からの回答の一つが「日本型デカップリング」だったわけである。

問題は「日本型デカップリング」の含蓄であるが、ここでは次のように理解したい。まず「デカップリング」については、生産や価格から切り離された厳密な意味でのデカップリングということではなく、たんなる「直接所得補償」

と同義とうけとった方がよかろう。なぜならそのことごとくが生産に関連付けられているからである。

次に「日本型」については、第一に、まさに生産に結びつけた直接所得補償であるがゆえに、デカップリング型のそれに対して「日本型」といえる。第二に、たんなる生産条件不利の補正ではなく、中山間地域の農林業が果たしている公益的機能の担い手に対する積極的な対価の支払いと位置付けているが、それが「日本型」たる所以は、農業生産を、欧米のように環境に負荷を与えるものとしてではなく、国土環境保全に寄与するものとして捉えているからである。

このように理解すれば、今日の政策焦点となっている直接所得補償のあり方に対する一定の現実的な示唆があるようにみうけられる。その示唆とは、「何らかの形で生産活動と結びつけた直接所得支払い」という方向である。

そこでの問題はハード事業に対する補助は、原則として一回限りであり、そこでの補助を間接的な直接所得補償とみなしても、それは経常的なものにはなりえない点である。

Ⅲ　地域からの検証――高知県西土佐村F集落

1　西土佐村

(1)　歴史的特質

西土佐村は、四万十川の中流域、愛媛県境の村で、四万十川に流れこむ大小四つの河川沿いに狭隘な農地と集落が展開する峡谷型中山間地域である。同村は、かつてはしいたけ、栗・養蚕等の販売額で県下一、二位を占め、また米の生産調整政策に伴っていち早く園芸産地化を図り、県下で最も早くから園芸作物の価格補填政策に取り組んできた。

同村は一九五八年に津大村と江川崎村の合併により誕生したが、その歴史的特質として、第一に、村内の米どころである大宮地区における一九二四〜三〇年にわたる隣県地主等に対する小作争議の経験があげられる(28)。これは県下でも早期に起こった小作争議で、長くかつ粘り強い戦いにより一定の減免措置を勝ち取った点で社会的影響を残した。

第二に、満州分村（両村併せて一七五戸六二四名の送出。うち江川崎村は一九四二〜三年に吉林省大清溝開拓団へ一一七戸四二九名送出、生還者名簿に記載は八四名、他に残留後帰国者もいる）の悲惨な経験があげられる(29)。津大村は一〇カ村による取り組みだったが、江川崎村は一村による選択であり、その禍根は、戦後の民主的な地方自治の確立に多大な影響を与えた。すなわち戦後の同村は、青年団や婦人会の活動、村民集会、村政懇談会、農林業振興対策協議会等が活発に活動してきており、村の第五次振興計画の審議会や作物部会に引き継がれている。

合併時の村の経済課長だった中平幹運は、青年団活動で鍛えられた人材の一人であり、一九六〇年の両村の農協合併とともに農協に移り、専務、後に組合長として農協再建を果たし、一九七一年に「民主村制を進める会」に推されて村長に無投票当選して以来一九九一年まで村長を務め、今日の村自治の骨格を作り(30)、その住民要求を掘り起こす政治姿勢は「わらじ履き村長」と呼ばれた。

（2）農林業の展開と施策

①園芸産地の形成

戦前から戦後にかけての村の経済を支えたのは「山の幸」だった。その主なものとして木材、薪炭、水稲、養蚕、紙漉きがあげられる。一九六〇年代なかば頃から紙漉き、山仕事、炭焼きに代わってしいたけ栽培が盛んになる。村の第二次振興計画（一九六六〜七五年）は、農業のみの自立は困難として農林複合経営の育成をめざし、米、養蚕、しいたけ、栗、和牛、養鶏の振興を掲げている。

村の農林業は一九七〇年代始めの米の生産調整政策を契機として転換する。村農林振興対策協議会は一九七一年に答申をだし、食管制度を守ることを基本に、生産調整は農家の自主判断に委ね、農家所得の増大を図るため高収益作物の決定・振興を図るとした(31)。

その後は、園芸産地の形成と維持のために次々と新規作目を導入していく過程だった。主な作目とその導入年度をあげると、スイカ（一九七一年）、インゲン（一九七三年）、イチゴ電照栽培（一九七六年）、シシトウ（一九七七年）、米ナス（一九七九年）、菜花（一九八二年）、小ナス（一九八六年から農協出荷）、アロエ（一九九四年）と続いており、最近ではハウスのミョウガ、花き、チンゲンサイの周年栽培などへの取り組みもみられる。

こうして一九八〇年代前半に園芸品の販売額が米に拮抗するようになり、一九九一年は農協が朝日農業賞を受賞し、一九九四年には総販売額に占める園芸品の割合は六七％におよび、シシトウは単品で二三％も占め、米の一六％をはるかにしのいでいる。

このような園芸産地化にあたっては、次の三つの点が大きく寄与している。

第一は、一九七八年度からの園芸作物価格安定基金制度である。これは村と農協が二分の一づつ負担して基金を造成し（一九九五年で約一・七億円）、農協出荷した指定作物の価格下落時に基準価格から清算払い価格を差し引いた額を価格差補給金として支払うもので（条例上は異常災害補給金も交付可）、現在ではシシトウ、米ナス、スイカ、オクラ、イチゴ、菜花、小ナス、インゲン、花きが指定されている。一九九一～九五の五年間における各年の支払い総額の最高は一九九四年の一二一一万円、最低は一九九一年の七五万円で、当然のことながら変動は激しい。利子収入が一九九一年の一二二五万円から一九九五年の四〇六万円へ激減しており、低金利時代の運用は厳しくなっており、総額も決して多くないが、一戸当たりにすれば零細な園芸作を維持するうえでの効果は極めて大きく、農家の評判もよい。西土佐村に続いて県下一〇数町村が同様の制度に取り組んでいる。

第二は、高知県園芸連による県下一円の共同計算システムである。高知県は、早くも一九二一年に高知県青果物あっせん所（マル高）を設け（翌年には園芸連設立）、今日では全国七地域に県職員一一名、園芸連一七名を張り付けてマーケティングにあたっているが、このマル高制度の集荷面を支えるのが共同計算システムであり、シシトウ、米ナス、小ナス、ニラ、オクラ等一二品目が対象とされている。このシステムのもとでは、農家は農協まで荷を運べば、あとは園芸連差回しのトラック網にのって、産地ごとでは多品種少量の荷がまとめて全国市場に運ばれることになり、しかも運賃コストはプールされるので、県内における遠隔中山間地域支援になるわけである(32)。

なお県下単協の九割が共選共販体制をとっているが、西土佐村農協は個選共販にとどまっている。その理由は小規模なので個別に選別等ができる、共選のコストを所得化できる、農協の労働力確保が困難等の理由があげられているが、園芸作の規模を拡大したい農家や人手不足に悩む高齢農家等は共選体制を強く望んでおり、農協合併が実現の暁には共選が実現する見込みである。

第三に、前述の県単事業の指定を受けて、せまち直し事業やレンタルハウス事業に取り組んできている。とくにレンタルハウスは低蓄積の中山間地域農家への寄与が大きい。

さて園芸作のうち、米ナス、小ナス、ハウスのミョウガ等は若い農業者が取り組み、シシトウ、オクラ、菜花等は中高年の取り組みが多い。このうち菜花は、冬期の作物に欠けるなかで水田裏作として導入された。シシトウは最大の園芸作目であるが、連作障害を避けるための消毒がきつい、パック詰めに夜中までかかる等の問題があり、またオクラは人によってはかぶれがひどく、健康面での問題も発生している。

(3) 新たな後継者対策

このような問題と、第五次振興計画が重視する後継者問題に対処するため、村は新たに二つの事業に取り組んでいる。

一つは、アロエの栽培加工で、これは県を通じて群馬県のある食品会社を紹介され、その契約栽培ルートにのったものであるが、収穫期間が長く、手間がかからず、農薬も使わないといった利点があげられている。一九九六年現在で、後述の三町村併せて五一戸、八ヘクタール（うち西土佐村は二四戸、四・二ヘクタール）のレンタルハウス事業等を活用したハウス栽培が行われている。

加工については、県による一九九三年からの「ふるさと定住促進モデル事業」により大正町・十和村・西土佐村の北幡三町村で作る「北幡振興協議会」がアロエ工場を建設し、株式会社「四万十ドラマ」（三町村と先の食品会社が出資し、四万十の有機農産物等の食材の販売を目的とし、現在のところ工場には三町村から常雇一〇名を入れており、その六割はUターン者である）に貸与してアロエ・ジュース等を生産し、直売と群馬の食品会社のＯＥＭ生産（相手先ブランドによる生産）を行っている。

いま一つは、国県の補助事業による里山開発と実験農場の設立である。すなわち一九九四年からの「力強い農業育成事業」（農業経営育成促進農業構造改善事業）により、県農業公社が里山を一括購入して、二・三ヘクタールの農地開発を行い、地権者、入植者、村農業公社に払下げを行い、村農業公社は研修生二名をおいて、水稲・野菜の育苗と養液栽培の実験農場を営む。研修生は、新農法、地域農業、家農業の将来の担い手という位置付けで、村の後継者育成基金から月一〇万円が支払われる。

このアロエの栽培加工と農業公社の設立は、村農政の切札とされているが、その問題点について後述する。

（4）その他の分野

これまでは主として園芸関係に触れてきたが、前述のように同村は大宮地区を中心に良質米の産地でもある。同村は一九八九年からの県営圃場整備事業などあらゆる国の事業を活用し、その採択基準に満たない地区については県のせまち直し事業により、実績で三六％（一九九五年）、計画では四二％の整備率に至っている。また県圃事業を受けて農事組合法人・大宮新農業クラブが一九九四年に四〇歳代二名、三〇歳代一名の実質三名によって設立され（一名は農協の退職者）、田植・収穫・籾摺等の作業受託を行っている。今のところ一人年間六〇万円程度の収入にとどまっているが、一九九六年実績では田植八ヘクタール、収穫一七ヘクタール、籾摺一八ヘクタール分、乾燥八ヘクタール分、米運搬等を行なっており、また米ナス栽培が稲収穫とぶつかることから、法人として前述のアロエ栽培に取り組んでいる。同法人は、高齢化すると三五キログラムの生籾の運搬や畦草刈りは大変になり、受託量は増えるとみている。

そのほか農業では四万十川沿いの桑園跡地の利用が課題になっている。

林業については、森林組合は職員一三名、労務班に常時一〇〇名程度を雇用しているが、若い農業者は園芸作に向かうため、高齢化が進んでいる。組合は小径木工場と竹工場（土壁用）を経営しているが、採算的には苦しい。国有林が三二％、私有林が六四％を占め、それぞれの人工林率は六二％、五二％（『新山村振興計画基礎調査報告書』一九九一年）と県平均よりは低い。三〇年生以下の木が九〇％を占めるが、手入れの状況は、下刈りは九割に達しているものの、除伐は要面積に対して一四％、間伐は五％と極めて低い（同上、一九八九年の数値）。

(5) 村おこしと財政

村の人口は一九六〇年前後の八五〇〇人台をピークとして一路減少に向かう。年減少率は一九六二～六四年が六・三％、一九六四～七二年が三・一％、それ以降が一・一％で、一九九五年の人口は三九二七人。早くも一九七九年から自然減に向かい、六五歳以上人口は一九九五年で二八％、二〇〇〇年には三四％という推計である。

このような過疎化のなかで、村は五次にわたる期間一〇年の振興計画を策定してきた。このうち第三次（一九七五〜八四年）までは、簡易水温、し尿・ゴミ処理、住宅改善、医療施設等「社会開発基盤整備」を前面に掲げてきた。第四次（一九八五〜九四年）では「地域の資源を生かし、新しい産業をおこして豊かな村づくり」、第五次では「若者が郷土に定着できる地域づくり」をトップに掲げるようになったが、内容的には農林業、地場産業の振興を柱とするものだった。

振興計画においては、特に健康づくり、予防医療に重点がおかれ、同村は高度の健康活動に取り組み、今日でも県下最低クラスの国保税率を保っている。村は診療所分散配置の方針をとり、三診療所と一僻地出張診療所体制をとってきたが、交通事情の改善等に伴う患者数の激減により大幅赤字をかかえるに至って統合された。それに伴いバスの無料乗車券を発行するとともに、過疎バスが補助金から交付税措置に切り替えられたことにより、スクールバス等の乗り合いが可能になったが、一日一〜二往復のため交通弱者へのしわよせは否めない。

また一九九二年には村内地域格差の是正をめざして「里づくり事業補助金交付規則」を制定し、一集落一〇〇万円を年五集落に補助し、里づくり（実施例としてはみそ加工場）と生活道整備事業にあてている。ふるさと創生資金の村版ともいえよう。

しかしながら最近では、これまでのような「内向き」政策にもやや変化が生じている。それは一九九五年からの第五次振興計画における「交流人口の増を目指し、観光・サービス業の振興を図る」という新たな文言にも象徴されている（第四次計画では、「農林水産業など地場産業や資源と結びつけた（観光）開発振興を図る」ことが強調されていた）。このような方向の裏付けになっているのが、一九八九〜九三年にかけての「リバーふるさと振興構想推進事業」である。これはカヌー館（一九八九年）、ふれあいホール（一九九〇年）、ふれあいの館（一九九三年）等を建設するもので、当初予算額が八・四億円に対して実績は一二・九億円、うち一一・四億円は過疎債、地域改善対策特定

表4-4　西土佐村の財政の推移

（単位：%、百万円）

区分	1980年度	85	93	94	95
歳入構成					
地方税	4.6	7.6	4.0	4.0	4.9
地方交付税	42.7	44.1	38.1	35.1	44.4
国庫支出金	13.3	17.5	20.1	23.4	8.8
県支出金	12.7	9.1	8.6	10.5	16.6
地方債	11.3	14.2	21.1	16.3	13.9
その他	15.4	7.5	8.1	10.7	11.4
計	100.0	100.0	100.0	100.0	100.0
事業費計	(2,116)	(2,657)	(5,711)	(6,132)	5,007
財政指標					
財政力指数	0.129	0.142	0.112	0.116	0.128
公債費比率	13.6	13.6	13.9	15.5	15.3
地方債残高		2,411	5,100	5,690	5,989

注：村資料による。

事業債によるものである。このうちふれあいの館は、地場の旅館業との競合をさけるため、料金を高めにして都会からの呼び込み客を狙ったリゾートホテルであり、運営を林業会社との第三セクター「しまんと企画」に委託している。

そのほかにも特養施設（一九九二年）、小中学校の改築や体育館等、起債で対応してきたものが多い。ここで**表4－4**で一九八〇年代以降の村財政について概観すると、歳入面では地方税収入は四％台で、財政力指数も〇・一一台に低下してきている（一九九五年度は上向いているようにみえるが財政規模の縮小によるものである）。財政規模が小さな村なので、年々の歳入構成が変動しやすく、とくに最近では一九九二、一九九三年度災害による災害復旧事業費（国庫補助）や災害復旧事業債の増減が響いているが、おおまかな傾向としては、地方債とそれに伴う交付税、そして県支出金への依存が強まっているといえる。地方債残高は六〇億円、村民一人当たり一四三万円にものぼっている。ちなみに一九九四年度の村債の元利償還は六・六億円、このうち四三・五％が地方交付税で措置されているが、措置外の負担は六割弱に及ぶわけで、それが公債費比率を一五％台に高め、既に同比率は黄信号の域に入っている。さらに村は総合福祉センター建設、中学校大改修、し尿・一般廃棄物処理の施設（これは北幡地域で広域対応する意向）等さけられない起債依存事業を控えている。

このようななかで、先の交流・観光等の施設に関する地方債が総残額の二〇％程度を占めるわけである。国庫補助金が削減されるなかで、過疎債をはじめ地方債の元利償還の相当額が地方交付税で手当てされることから、それによりかかった事業選択がなされがちであるが、それは結果的には交付税手当て外の公債費負担を村に強いることになり、一般財源の補助金化ともども、地方財政の自治をせばめることになりかねない。

2　F集落

同集落は、四万十川の支流・吉野川のそのまた支流沿いの、駐車にも苦労する狭隘な峡谷にある。村の中心地から四キロメートル、車で一〇分程度の位置にある。同集落は一九七九年に村でも最も早く小規模排水対策特別事業によるニ・三ヘクタールの圃場整備事業に取り組み、施設園芸の取り組みも早くからなされているが、西土佐村の「普通の集落」という位置付けである。総戸数は三〇戸、五アール以上の耕作農家は二三戸で、その全戸を悉皆調査したが（一九九五年二月）、特徴的な点のみを報告する。

（1）　農家の状況

①世代構成別にみた農家割合は、三世代世帯が七戸（三〇・四％）、二世代世帯が八戸（三四・八％）、一世代世帯が同じく八戸（三四・八％）で、「いえ」（直系家族制）の崩壊は著しい。二世代世帯のうち世帯主夫婦プラス親世代が全体の二六・一％、プラス子世代が八・七％を占めるので、このまま推移すれば世代再生産の可能性があるのは、三世代世帯七戸と世帯主夫婦プラス子世代二戸の計九戸、四割に限定される。一世代世帯は夫婦のみが三戸、単身世帯が五戸であり、後者のうち四戸までが女性の一人暮らしで、うち三戸は夫が戦死ないしは戦後直後に死亡しており、

一人は特養ホームの順番待ちである。

②家のあとつぎの状況をみると、三世代世帯のうち二戸は在宅就業（農業と森林組合）、一戸は大学在学中であり、二世代世帯のうち二戸は在宅兼業、三戸は他出、夫婦世帯の全戸が他出、一人世帯の三戸は他出、二戸はあとつぎがいない。要するに在宅あとつぎがいるのは四戸に限られ、あとつぎ他出が九戸（うち二戸は次男があとつぎ）にのぼる。大学在学中の者もすぐには戻らないとすれば、長男あるいはあとつぎが他出している農家は半数にのぼる。このうち親が帰る可能性有りとしているのは五名に過ぎない。結局のところ、ある程度までいえのあとつぎ確保の可能性があるのは、前述のように九戸に限定される。

③就業形態は、世帯主は農業と不安定兼業が主流、兼業先は建設業である。主婦は農業が多いが、製材・弱電・縫製工場勤務もかなりいる。

（2）農業経営

①経営耕地規模は一〇〇アール以上が四戸、五〇～一〇〇アールが一一戸、五〇アール未満が八戸で、平均して六七アールと零細である。地目構成は水田五九％、畑一〇％、樹園地三一％である。水田耕作農家の平均水田面積は四四アールで飯米プラス・アルファ程度である。

ほとんどの農家が山林をもち、最高で三〇ヘクタール、所有農家平均で一〇ヘクタールである。ほぼ半分を植林しており、一〇～四〇年生に及ぶ。少数の農家が切り捨て間伐を森林組合に委託するのみで放置林が多い。

②圃場は三分の一程度の農家が前述の排水事業や個人・グループで整備している。多くの農家が、区画が狭い、農道が狭い（ない）、機械が入らない、飛び地や分散、排水不良等を指摘している。特に畦草刈りや畦塗り、猪害に苦労している。

圃場整備については、一一戸の農家が「やりたい」、六戸が「不要」あるいは「やりたくない」としている。既に集落として前述の「里づくり事業」の計画書を村に提出しているが、要望する集落が多くなかなか採択されない。「やりたい」理由としては、あとつぎや作り手の確保のためというのが多い。反対の理由は、既にやっている、あとつぎがいない、金がかかる、といったところである。

③借地（主として水田）が七件一一九アール、貸付けが四件七〇アールあるが、耕作放棄地は、樹園地が四件一二〇アール、畑が三件四七アール、水田が八件一〇三アール、合計で一二戸一五件二七〇アールに及ぶ。経営耕地に対する割合は一七％で、貸借地をはるかに上回る。耕作放棄の理由は、猪害が最も多く、その他は人手不足、園芸作との競合、病気・怪我等である。貸借関係は、集落内なかんずく田隣り関係が多く、親戚関係は少ない。借り手も園芸作に取り組んでおり、条件の悪い農地を借りることに積極的ではなく、相手の事情で借りた田を「返せない」ことがむしろ問題になっている。

④作目的には二・三世代世帯農家は全戸が水稲を作っている。施設園芸に取り組むのが三戸、露地園芸に取り組むのが、この三戸も含めて全部で一一戸である。ハウスではニラ、ミョウガ、シシトウ、米ナス、アロエ、シシトウ・小ナス・米ナスの育苗、イチゴ等が作られている。露地園芸農家はほとんど全戸がシシトウを作り、その他は米ナス二戸、菜花三戸等である。その他に栗が六戸、しいたけ、タケノコ、柚子が各一戸である。村による平年の粗収益試算は、シシトウ一アール三一・五万円（時間当たり所得七九六円）、米ナス一〇アール一五〇万円（同一二三〇円）、菜花一〇アール三五万円（同五三八円）である。シシトウは一戸二～五アール程度で、平均三アールで一〇〇万円程度の収入にはなるわけである。新作目のアロエには二戸が取り組む。

⑤ここで最大規模のある園芸作農家のプロフィールを紹介しておく。世帯主六一歳、妻五七歳、あとつぎ三六歳、嫁三〇歳。水田一二〇（うち借地七〇）アール、畑一〇アールで、栗園五〇アールは一〇年前に猪害と園芸作のため

に放棄。山林は一六ヘクタール所有し半分ほどに杉を植林し二〇年生ほどになっている。園芸作の作目展開は次の通りである。

・世帯主は一九五五年に婿入り、六〇年まで炭焼き、その後は土建人夫を一〇年、一九七〇年から八年間スイカ一〇アールを作り、八〇年代始めに農業専業となる。

・一九七五年頃からハウス一〇アールでイチゴを始め、一九九四年にニラに切り替える（イチゴは苗作りが大変なので）。なお一九九〇年から菜花をやるが、ニラの収穫とぶつかるのでやめた。

・同じく一九七五年頃にショウガを始めたが、人手不足と病害で三～四年でやめ、一九九二年に再開する。ショウガは水田裏作だが連作がきかず、灌水施設もないのでやめる予定である。

・一九八五年頃から米ナスをやるが、連作障害で秀品ができず、次のミョウガに切り替える。

・一九八九年から二年間、ハウスを建てて花き（スターチス）をやるが台風にやられ、一九九一年に農協の勧めで県事業にのって村内六戸の農家でハウスのミョウガを始める。

・一九九〇年頃から嫁がシシトウ五アール程度を始める。シシトウは価格補填も受けており、嫁は「この制度があって助かる」としている。しかしシシトウは消毒がきつく健康によくないということで、一九九五年からあとつぎがアロエに取り組みだし、七アールにする予定。世帯主がミョウガ、あとつぎが水稲とアロエという分業である。

以上の結果、現在では、水稲七〇アール、ハウスでニラ一〇アール、ミョウガ一六アール、露地でショウガ一三アール、シシトウ五アール、さらにアロエ七アールが追加された。粗収益は順調にいって一〇〇〇万円程度である。

注目されるのは、「手当たり次第」ともいえるような余りに急激な作目変化であり、複合経営というよりは多角（雑多）経営であり、一つ一つの作目は小面積にみえるが、集約的な園芸作としてはオーバーワークになっている点である。地域の園芸作をリードしてきた積極性の現れともいえるが、峡谷型中山間地域にあって集約的作目の定着がいかに困難かの証左でもあろう。

(3) 農家の意向調査結果

以下では、農業と生活面についての農家の聞き取り調査結果を集約する。

①地域農業の課題

設問一「地域農業にとっての最大の問題」としては、営農条件の不利（猪害、圃場未整備、日照不足等）が一〇件（うち猪害が四件）、高齢化やあとつぎ問題が六件、零細性が五件（連作障害の替地がない等を含む）、新規作物の導入（ポスト米ナス対策等）二件などである。

設問二「最も必要な施策」としては、圃場整備一一件、新規作目と価格安定各四件、担い手育成、直接所得補償、あとつぎ対策が各二～三件である。

以上の二問に関連して、農協共販、価格補填について「この制度が農家に物心両面で与える影響は大きい」「農業でがんばろうとする人には安心になる」「どんなに作っても農協が売ってくれる」（八一歳の婦人）など肯定的なコメントがあり、他方で「共販では個人の品質が十分に評価されない」「園芸作は農薬よりも深夜に及ぶ箱詰めの長時間労働が健康に悪い」、あるいは「これほど自由化されると作る作物がない」といったものがある。

設問三「直接所得補償についてどう思うか」については、「積極的に導入すべき」が八件で最も多いが、そう回答した者のなかにも「あれば特に若者によいが、国も財政的に可能かどうか」「中山間地域の施設、圃場整備の補助率アップが必要」「長男も給料が安く、遊ぶところがないから高知市に出た。所得補償だけでは若者は定着しないのではないか」「趣旨はよいが、金額が低ければお話にならん」と、可能性には懐疑的である。「好ましくない」の一件は「裏があるのではないかと恐ろしい気もする。やはり収穫して金をもらうのが常道だ」、「不可能だろう」の二件は、

「生活できる保障が欲しい。四〇〇～五〇〇万円は必要なので、よいことだが不可能」「出してもらえれば幸いだが、国は価値のないものに銭は出さんだろう」。

設問四「地域における農地移動の見通し」では、売買については「動かない」が一一件で最多、貸借については「動く」六件、「多少は動く」四件で、「動かない」五件を上回る。

耕作放棄については、「起こる」七件、「多少は起こる」五件と、強く危惧されている。最大の要因は猪害で、それに高齢化や独り暮らしが重なる。農地よりも山がもっと荒れているという指摘もある。

②地域の生活問題

設問五「生活上最もハンディを感じる点」については、道路交通八件と医療四件に集中している。「特に感じない」も一〇件と「住めば都」的な受けとめ方も多い。交通については、国道の拡張や各戸の庭までクルマが入る生活道など道路に対する要求と、道路は拡張されたがバスの便が朝夕一回しかないという交通手段に対する要求がある。特に後者はクルマに乗れない高齢者等の交通弱者に多く、通院に一日かかる、作った作物を農協まで運べないといった不満になる。

医療面では、村の診療所は予防中心で、病気等は愛媛県側の総合病院等に行っている。緊急時や夜間、眼科、耳鼻科など通院型疾病への対応への要求が多い。若い世代は小児科系に対する要求（子供の村外通院に付き添えば一日仕事になってしまう）、高齢者は交通の便あるいは近くに診療所をといった要求になる。

福祉面ではデイサービス、ヘルパー制度等については、「よくやってくれる」「充実してきた」という評価が高い。しかし「特養があるが入るのを泣いていやがる」「痴呆や下の世話は他人に迷惑をかけるので自宅で介護している」「病気になると家に引き取る」「早く入りたいが自分でできる間はがんばるしかない」「電話に出れなくなったら終わり」「地震などの時は何もできない」といった悩みがあり、ソフト面、メンタル面での対応、福祉と医療との結合等が求められている。

買物など日常生活面では、クルマに乗れる人は村の中心部のスーパーへ、その他の人は隔日の移動販売車に依存している。生協の家庭班への参加、農協のＡコープへの期待もある。

文化娯楽面では、村にはパチンコ屋しかない、本屋もない、本やコンサートは宇和島市か松山市にでかける、新聞も読まずテレビと酒だけ、ふれあいホールの催しがあるが出かける時間的余裕がない、住民の希望を聞いた出し物にしてほしい等遅れがめだつ。他方では公民館に本をおいても利用がないといった実情も指摘される。

教育面では、小中学校の統廃合については、統合した方がみんなにもまれてよいという意見と、統合することで教育効果はあがらず地域の文化活動も衰えるという反対論に分かれる。また若い主婦からは公園など子供の遊び場がないという声がある。

③行政への要望

設問六「行政への要望」では、診療所充実、圃場整備が各七件、福祉充実が六件、道路整備と企業誘致が各五件、農業振興・下水道整備・仕事確保が各二～三件である。

設問七「観光・交流施設について」は、「過疎化の防止、活性化になる」という肯定的な回答は三件のみで、批判と不満が多く、「もっと住んでいる村民向けの施策を」の回答が圧倒的である。主な批判は、迷惑施設化している（ゴミ、糞尿の垂れ流し――トイレ不足もある――などの環境汚染、自然破壊、水難事故への消防団の出動）、経済効果に乏しい（持ち込みが多く地元に金がおちない）の二点である。リゾートホテルについては、婦人グループで行ったが評判がよかったという声もあるが、行ったこともない村民も多い。

これらの点については、野外トイレの設置、地元の産物を販売する工夫、観光客マナーの向上、カヌー等のルール遵守等、本腰を入れた観光・交流になっていないことからくる点も多いが、根本には外向け施策か内向け施策かの選択の問題がある。

Ⅳ　中山間地域政策の課題

冒頭に述べたように、本章では統計概念としての中山間地域を、政策概念としての生産条件不利地域と過疎地域の重層として捉え、そこでは条件不利の是正・補償政策と人口対策の相互補完的な展開が必要であると考える。あえて「中山間地域」という言葉を用いれば「中山間地域の問題」「中山間地域の政策」である。

このうち国、県の政策については2、3の末尾でそれぞれで小括してきたので、国県の政策を地域から検証するという本章の方法に即して、前節を踏まえながら、「中山間地域の政策」として何が求められているのか、どうあるべきなのかをまとめたい。

1　条件不利地域政策の課題――「間接的」「直接的」直接所得補償

西土佐村は、戦前は満州分村に追い込まれるなど、零細性をはじめとする農業の条件不利に悩んできた。同村の生活を支えてきたのは、一九七〇年代なかば頃までは「山の幸」であり、それ以降は園芸作と兼業収入だといえる。このような園芸産地化を果たし、その産地維持を支えてきた条件として、①村自治の主体的力量、②農産物価格補填制度、③マル高制度を土台とする農協共販体制（販路確保と共計による運賃プール制）、④各種県単事業（最近ではせまち直しやレンタルハウス事業がその典型）をあげることができる。

①については、次から次へと作目選択を試行錯誤してきた主体は、個々の農家もさることながら村の農林業振興対策協議会、青年農業経営者協議会等の主体的な取り組みや、農協の指導があげられる。このような主体的力量は長い歴史を経て培われてきたものである。

②③については、中山間地域の農業政策といっても特別の政策があるわけではなく、市場経済のもとでの価格販売政策が基本となるべきことを示唆している。にもかかわらず、このような価格政策等に対する国際的制約が課せられてきているところに今日の問題がある。なお価格補填政策は、調査した県では岩手県でも試みられ、また農協共販による多品種少量生産の広域集荷、運賃プール制は、秋田県下の町村がホウレンソウ、米ナス等に取り組むうえでも力を発揮していた。また共販制度の仕組みとして農家の選別労働を肩代わりする共選共販体制の確立が必要である。

④については、高知県がハードの隙間事業に絞って打ち出したせまち直しやレンタルハウス事業は、西土佐村においても産地化にとって有効だった。特に圃場整備に対する要求は強いものがあり、各県が追求している採択要件の緩和、補助率の上乗せ等は有効である。これは中山間地域政策といっても、各地域の実情に即した生産基盤の整備に対する支援措置が依然として強くもとめられていることを意味する。

以上は西土佐村からみた総括であるが、高知県に限らず多くの県が、これらの施策の一部なかんずく④について、「日本型直接所得補償」と称していることは前述したとおりである。「日本型」についての本稿の解釈は3（7）に示したが、要するに何らかのかたちで農業生産とカップルされた直接所得支払い政策といえよう。西土佐村F集落においても、「自分で所得をあげる基盤づくりを支援してほしい」「収穫して金をもらうのが常道だ」という声が聞かれたが、以上の限りでは、生産に関連させずに農家一戸当たりに配分するデカップリング型の直接所得補償は、日本の現実になじまないといえる。

かくして生産条件不利に対して、その是正措置を強力に推進することと関連させた「間接的な直接所得補償」がまず求められているといえる。しかしながら、このような型の所得補償は一回限りのもので年々の所得補償にはならないという根本的な問題がある。また今日の技術をもってしても是正できない条件不利（地形の大幅変更、日照等）、国土環境景観面からそのまま保全した方がよい条件不利（棚田など）も存在する。前者については条件不利の補償が必要であるし、後者については国土環境景観保全機能に対する積極的な費用負担が必要であろう。これらは多かれ少なかれ「直接的な直接所得補償」を必要としている。このような「間接的」「直接的」二つのタイプの直接所得補償に留意する必要がある(33)。

いずれにせよ、直接所得補償政策は、農業が環境に負荷を与える面よりも、農業の国土環境保全機能が高く評価されるわが国にあっては、ヨーロッパのような「価格政策よりも優れた政策」ではなく、「価格政策をやむをえず代替する政策」に過ぎない。そのことは永らく価格補填政策を実施し、そのことが農家から高く評価されている調査地の現実からもいえることである。

2　地域農政の課題――主体的政策形成

西土佐村は農業立村の立場から、米の生産調整を契機にいち早く園芸産地化をめざし、一定の実現をみてきた。しかしそこには数々の問題が山積している。

第一は、園芸産地化それ自体の問題である。西土佐村は峡谷型中山間地域であり、標高も低く、園芸作目への取り組みは、その比較優位性を発揮する道ではない。零細な農地と兼業条件の欠如というハンディが集約作を選択させたに過ぎない。しかるに第2節でもみたように、中山間地域をかかえる県農政のほとんどが稲作から集約的な園芸作への転換を模索している。いずれそれが成果をあげた暁には、冷涼気候等の比較優位条件をもたない（峡谷型）地域は、園芸作の産地間競争において不利な立場にたたざるをえない。

いま多くの中山間地域の悩みは、新規作目が次々と国際競争にさらされていく点である。農産物総自由化により「隙間作目」がなくなっていく過程でもある。西土佐村におけるその典型は、かつてのしいたけであるが、次々と新規作目を模索していく過程は、連作障害、産地間競争、国際競争を背景としている。これらの問題は一地域では解決のしようがない。国としてどう考えるかが問われている。

第二に、中山間地域の最大の困難の一つとして鳥獣害問題がある。西土佐村でも補助金を出して電気牧柵を設けたり、捕獲報奨金を出している。しかし猪、猿、鹿等が里近くまでおりてきて作物を荒らす根本原因は、杉・檜の植林により彼らの食料源である広葉樹林が乏しくなったためである。経済効率を極端に追求して生態系のバランスを崩した林業政策や開発政策の結果が鳥獣害として跳ね返っているのであるとすれば、その修復なしには根本解決にはなりえないだろう。

本研究の対象ではないが、新潟県安塚町のある集落は昔からの三〇戸の戸数が半減するなかで、一九九五年に集落の土地利用計画をたて、荒廃農地の一部を山に戻すこととしたが、その際に「動物と植物の共存」を考慮して広葉樹を植林することにした。小面積がどれだけの効果をもちうるかは疑問だが、このような主体的努力が欠かせない。

第三は、産地形成を支える主体的条件にかかわる。西土佐村における新規作目の取り組みは農家の主体的組織的努力と自治体や農協の協力によるところが大きかった。しかるに最近のアロエ栽培は、村がはじめて県を通して外部から持ち込んだ作目である。県、村、企業の協力関係それ自体は必要なことだが、これまで主体的な作目選択をしてきた村の農家にとって、これは一つの転機を意味する。そしてすべり出しは好調だったアロエ加工品も親会社の引き取り量も減り、最近では関係者が販路確保に苦労している状況で、このままでは前述の新規作物探しの一齣になりかねない。

村農政は現在、農業公社の活動と養液栽培に活路をみいだそうとしているが、これはまたこれまでの農家の主体的組織的模索から生み出されたというより、村当局の発案になるようである。とくに農業公社は、地域の十分な合意なしに「はじめに公社ありき」で設立が急がれたようで、調査農家のなかからも「農業公社は何をするのかわからない」「まず土を使った農業を追求すべき」といった声が聞かれる。

そこで農業委員会がたちあがり、農家の集会を組織して公社のみならず村農業のあり方について議論し(34)、公社のあり方について村に建議するに至っている(35)。農家の主体性それ自体の衰えという問題もあろうが、大切なのは、農家の声を行政や農業団体が聞こうとする姿勢であり、それに基づいて政策を立案・選択しようとする姿勢である。

これまた本研究の直接の対象地ではないが、高知県大豊町では、集落の生産組合を発展させ、土木会社も加わって、せまち直し事業、農作業受託、アンテナショップ経営を行う株式会社「大豊ゆとりファーム」を作り、棚田の作業受託を行いだしたのに対して、町が六五歳以上の農家等からの受託に対して交付金を出す制度を設け、さらに県は町村を支援することとした。まさに下からの動きが行政の支援を引き出した例といえる。

3　過疎対策の課題——そこに住む人びとのための施策

西土佐村は園芸産地化に一定の成果をあげてきた。しかしそれでも過疎化はとまらない。定住人口の減少をくいとめるためには産業政策だけでなく定住政策が必要である。西土佐村からみた定住政策の課題は次のようである。

①一般的な定住政策の主流は道路交通政策であり、西土佐村のF集落調査においても、道路整備は必要不可欠といえる。特に中山間地域にあっては末端生活道の整備が欠かせない。しかしそこにも問題は多い。

第一に、地域内に所得確保の機会が乏しい場合には、道路網が整備されればされるほど、「ストロー効果」を発揮して、地域から人が他出するための道路になってしまう。道路網が整備されたことにより西土佐村の各診療所の受診者が激減し、その維持が困難になったのもストロー効果の一つである。

第二に、道路網というハードの整備は、交通手段というソフトの充実を伴わない限り、クルマ人口に利便をもたらすだけで、クルマに乗れない交通弱者を決定的に不便に追い込む。交通弱者のための公共交通便益の充実が不可欠である(36)。

②西土佐村の定住政策においてユニークなのは、予防医学に力点をおいた保健活動である。保健活動は健康な人を健康に保つ活動として意義がある。しかし今日の中山間地域に累積しているのは高齢者であり、少ないのは出産年齢家族と子供である。いいかえれば、今日の中山間地域に強く求められているのは、健康な者というよりは「高齢者や幼児が安心して暮らせる地域づくり」である。

村の社会福祉活動は住民からも高い評価を受けているが、狭い社会だけに高齢者にも介護者にも「遠慮」が多い。啓蒙活動や地域の理解が欠かせない。

③国の政策は、産業から観光へ、定住人口から交流人口へ重心を移している。そこに住む住民のための保健政策に力を入れてきた西土佐村の「内向き政策」の姿勢も、このような国の政策と地方債の交付税払い戻し政策を背景に、最近では「観光」や「交流」に力点をおいてきたといえる。それで地域が潤うなら結構なことだし、そのための観光や交流のマナーや技術に習熟することも大切であろう。しかし集落調査にみる限り、観光・交流施設は、「若者は残らなかったが、ゴミは残った」といみじくもF集落農家がいうように、住民にはなはだ評判が悪い。極端にいえば「迷惑施設」である。「国県の補助事業を取り入れるということは、同時にその政策理念を受け入れるということである」(37)という指摘はかみしめるべきである。

いいかえれば定住促進のためには、何よりもまず「そこに住む人のための内向き政策」、要するに定住者対策が必要なのである。最近の農業政策について指摘したのと同様、生活面においてもまた住民要求を正確に把握し、即応する必要がある(38)。

なお前述のように、人口自然減段階に至れば、以上のような社会減をくいとめる定住政策だけでなく、端的な人口増なかんずく出産可能年齢人口の導入策が必要になる。その点では、調査地においても、4（1）でみたように、アロエ工場はごく少数ではあるがUターンを招いていた。そのこともまた、定住の魅力とともに所得確保の魅力が必要なことを示している。

注

(1)条件不利地域政策については、拙著『食料主権――二一世紀の農政課題』日本経済評論社、一九九八、第七章において論じた。本章の姉妹編をなすので併せて参照いただきたい。

(2)両者をごっちゃにすると、例えば「農業政策は中山間地域政策として有効ではない」といった批判が出される一方、「中山間地域の最大の課題は農地保全ではなく集落の維持にある」といった規定がなされる。両者とも中山間地域問題を過疎・人口問題に限定し、固有の条件不利地域政策の領域を無視する点では共通している。

(3)国の施策の検討としては、小池恒男「中山間地域立法の現段階」『日本農業年報四〇　中山間地域政策』、農林統計協会、一九九三。

(4)「計画策定というのは、時の内閣の政策と合致しない限り決めてはいけない」下河辺淳『戦後国土計画への証言』日本経済評論社、一九九四、一八五頁。

(5)同上、五六頁。

(6)総合研究開発機構『戦後国土政策の検証（上）』一九九六、八〇頁（宮崎仁）。

(7)農政における中央集権性の形成については、田代、前掲書、第三章を参照。

(8)下河辺、前掲書、八二頁。

(9)総合研究開発機構『戦後国土政策の検証（下）』一九九六、五四頁（吉田達男執筆）。

(10)下河辺、前掲書、一七七頁。
(11)同上、一〇七頁。
(12)総合研究開発機構、前掲書（上）、一九四頁（小谷善四郎執筆）。
(13)下河辺、前掲書、一七二頁。
(14)同上、一六九頁。
(15)同上、一九二頁。
(16)国土利用計画の破綻は、このような主権国民国家の領土内での「均衡」を追求しえなくなった点にあるのであって、社会改良計画や地域からの積み上げといった「本来の国土計画からの逸脱」（中村剛治郎「戦後国土政策の変遷と四全総」『都市問題』一九八七年一二月号）にあるのではない。
(17)宮口侗廸「新しい全総計画と多自然居住」『人と国土』一九九八年五月号、四三頁。
(18)同上。
(19)『日本農業年報四〇　中山間地域対策』（前掲）の座談会「中山間地域政策をどう構想するか」における下河辺淳発言（二一〇頁）。なお五全総には同氏の「小都市論」が強烈に反映している（『戦後国土計画への証言』前掲、第一一章二）。
(20)山振法の制定経過については、国土庁・農水省監修『新山村振興対策の実務』地球社、一九九二、第一章。
(21)乗本吉郎『過疎問題の実態と論理』富民協会、一九九六、九五頁。
(22)同上、二六二頁。
(23)特定農山村法の制定経過については、特定農山村法研究会編『特定農山村法の解説』大成出版社、一九九五、第一章。
(24)生源寺眞一『現代農業政策の経済分析』東京大学出版会、一九九八、第Ⅱ部を参照。なお氏は条件不利地域の比較優位を生かすものとして「土地を大量かつ粗放に利用する土地集約型農業」（同一二〇頁）を想定している。要するに自給飼料（同一二八頁）に基づくヨーロッパ流の粗放型畜産のイメージであろう。しかしながらそれは、地代の低さへの注目であって、農家保有面積の零細性という条件不利を考慮に入れていない。むしろ労働力外給的な企業形態（同一二二頁）、大規模経営を想定している。また高原型ならいざ知らず、峡谷型では環境面への配慮も問題になる。

(25)自治体の中山間地域政策については、農政調査委員会『中山間地域の振興と支援方策――農地の管理・保全とその主体』一九九六、同『地方自治体における中山間施策の現状と課題』一九九七を参照。

(26)森林交付税については森林交付税創設促進連盟『「森林交付税」についての調査報告書』（一九九五）、国土保全奨励制度についてはもりとむらの会『国土保全奨励制度調査報告書』（一九九四）、松形祐堯『今、何故、国土保全奨励制度か』（宮崎県、一九九五）。

(27)「山間地帯の水田整備状況については、『東高西低』型の地域間格差が大きくは析出できる」小田切徳美「中山間地帯の地域条件と農業構造の動態」宇佐美繁編『日本農業――その構造変動』農林統計協会、一九九七、二三四頁。

(28)西土佐村『西土佐村史』（一九七〇）、五七二～五七六頁。

(29)西土佐村満州分村史編纂委員会『さいはてのいばら道――西土佐村満州開拓団の記録』西土佐村、一九八六、笹山久三『母の四万十川　第一部』河出書房、一九九六。

(30)中平幹通『北幡に生きて』一九九五。

(31)鈴木文熹「西土佐村」、鈴木他著『「国際化」時代の山村・農林業問題』、高知市文化振興事業団、一九九五、一一三頁。

(32)斎藤修「青果物市場の再編と系統共販」（日本農業市場学会編『食料流通再編と問われる協同組合』、筑波書房、一九九五）は、福岡県園芸連の「単協のマーケティングを支援しており分権型管理」の共販との対比で、高知県園芸連の（集権的）システムを批判しているが、それはこのような立地条件の相違をみていない。

(33)田代、前掲書、第七章を参照。

(34)西土佐村農業委員会『西土佐村の農業を考える会報告書　テーマ　豊かさを感じる村づくり』一九九七年一一月。ここでは、①直接所得補償制度への期待と農家の意欲をそこなうという危惧がよせられ、後者の立場からはむしろ園芸作物価格補填制度の方が大切で、利子率の低下をカバーする国の助成を求められている。②一部農家の施設園芸を補助すべきか、露地園芸を振興すべきか、③西土佐村の農業の活気は、農家・行政・農協が「うまくいっている」からだが、最近は行政主導で三者のバランスが崩れている、④農協合併に伴う補填制度や公社のあり方等が議論され、農機具のリース、施設園芸等の農作業のヘルパー制度、圃場整備、補助金に関する情報公開等が提案されている。

(35)「建議書」（一九九八年五月）では、公社のあり方については、「黒字を求める機関ではなく、農家のための機関として位置づけ」ること、「露地及び簡易なハウスでの徹底した野菜の試作及び今後村で導入することができる可能性のある新作物の研究」、「機械銀行、農地銀行、人材バンクの中核的センター」たること等を要望している。

(36)交通問題については、乗本、前掲書、第五章第二節を参照。

(37)乗本、前掲書、九六頁。

(38)西土佐村のような相対的に自治能力の高い自治体にあっても、このように行政と住民要求にずれがありうる場合、昨今よく行われる行政の担当者等に対するアンケートによって中山間地域の要求や政策方向を探ろうとする研究手法は、大きなあやまりを犯す可能性が高い。

「中山間地域政策の課題と検証」田畑保編『中山間の定住条件と地域政策』日本経済評論社、一九九九年

第Ⅱ部　協同の時代

第5章　ヨーロッパ都市における農的空間

はじめに

この調査はヨーロッパ都市における国公有地の農的活用の実態を知ることを目的に行われた。

都市と農村が土地利用面で截然と区別されたヨーロッパでは、日本のような都市農業は存在しないとされている。都市は集住空間としてコンパクトに形成され、住宅は石で垂直に築かれ、都市の緑は公園の人工緑地として確保される。そのような「公」（みんなのもの、みんなに公開されたもの）の概念に乏しい日本では、都市の緑は、「庭」として「私」的に確保されることになるが、実態的には都市農業が「私」的に緑と自然を代替提供してきたといえる。

ところが公園という人工緑地と都市農業という自然緑地は、同じ緑の提供でも異なる面をもつ。前者のメンテナンスは公的な自治体等が行うことになるが、自然緑地のそれは私的な農業者が行う。さらにはたんなる緑の提供を越えた多面的機能をもつことになる。

日本では産業としての農業の困難が増すなかで、農業の存在意義の一環として農業の多面的機能がことあらためて認識されるようになり、それを国際的にも主張するようになった。農業の多面的機能の多くは農地の多面的機能である。そのような多面的機能はとくに都市生活にとって貴重なものであり、そこから都市農業・農地の重要性が指摘されることにもなる。

そして農業・農地の多面的機能に着目すれば、その利用・保全は農業者に限らず市民も参画しうることになる。農地は生産財としてのみならず環境財としても位置づけられ、前者は農業者が担うとしても、後者は市民も担い手になりうる。自然緑地としての都市農業の利用・保全を農業者のみならず市民が分担しうることになる。

このようにみてくれば、確かにヨーロッパの都市には都市農業は存在しないが、農業のもつ緑空間の提供以外の多面的機能はヨーロッパ都市においても必要とされているのではないか。そして都市農業がないとすれば、それは公有地の農的活用としてなされているのではないか。そしてその存在は日本の都市における農業・農地の多面的機能の有り様を考えるうえで何らかの参考になるのではないか。このような、いささかもって回った仮説と問題意識の下にヨーロッパ都市の公有地の農的利用を探し歩いた。

Ⅰ　イギリス

1　アロットメント（市民農園）的活用

イギリスのアロットメント・余暇園芸者全国協会（National Society of Allotment and Leisure Gardeners Ltd.）は一五五〇の会員をもち、参加者は九万七千人、イギリスのAllotment（以下AMと略す）の利用者の四分の一を結集しているというから、全国では四〇万人程度といえる（アロットメント統計の最後である一九七八年には四九万人と記録されている）。協会は全国を一〇地区にわけており、ミッドランド地方、バーミンガム周辺がもっとも多い。また一一〇の自治体がAMを所有しており、自治体代表三名も加入しているが、公園、レジャーのセクションが多い。

AMの起源はエンクロージャー時代にさかのぼるが、産業革命時代の村の都市化のなかで、村からでてきた貧しい労働者に自治体が一ギニーで農園を貸し付けた（ギニーガーデン）が出発点である。

一八八七年にアロットメント法が制定され、四名以上の納税者が要求すれば自治体がＡＭのために土地を確保しなければならないという設置義務が課せられた。今日のＡＭは同法以降のものがほとんどである。

一九〇八年のアロットメント法でさらに、自治体は所有地の転用あるいは買収によりＡＭ用地を確保することとされた。自治体は強制買収権を与えられたが、購入価格はあくまで市場価格である。私的農業者から農地を借りて農園利用していた者が、開発用に売却予定の土地を自治体に頼んで強制買収してもらった事例もある。

一九二五年法で「貧しい人々のため」という規定は消え、さらに一九七二年には県が設置義務から解放された。

ＡＭは第一次、第二次世界大戦中は食料難と行政の後押しで人気があったが(両大戦時は一四〇万区画にも達した)、一九五〇年代以降は需要が減っている。ＡＭはどうしても戦争と関連するという。スーパーマーケットで野菜類が購入できるようになってから、ＡＭはすたれた。減少傾向は一九八〇年代まで続いたが、九〇年代には必死に挽回を図っているという。現在では四五％の支部で空きがない状況である。

今日の利用状況をみると、会員は庭いじりの好きな人、庭のない人で、六五歳以上が多い。大戦中にフルに利用した人びとが、戦後は高齢者のレジャーとして利用しているものが多い。労働者階級の利用がほとんどだが、一五年ほど前からはミドル・クラスも利用するようになった。レクリエーション的な興味がでてきたことや、農産物に放射線をあてて長持ちさせるといったことに対する危惧感がその背景にある。ＡＭはイギリスでは伝統的に男性がやるものとされており、「うるさいかみさんからの避難場所」としての意義を強調する向きもあるが、最近では女性も顔をだすようになった。

ほとんどの場合は個人が自治体から借り、協会として借りるのは例外的である。またほとんどが歩いていける距離内にある。一プロット二五〇㎡で、ロンドン近郊では年三〇ポンド、全国平均で四五ポンドである。契約は一年ごとの更新だが、父の跡を息子がつかうケースもある。土地・水・塀・道路は自治体が提供。八七％が水道、二七％がトイレをもつ。

バーミンガム大学の地理学教授・ソープ（H. Thorpe）が、政府からの依頼によりAMの改善に関するいわゆるソープ報告を一九六九年に行い、AMの「レジャー農園化」を提唱した。この報告が協会を批判したこともあってか、事務局長は、「この報告はまったく無視された。報告はたくさん要求・勧告しすぎた。ヨーロッパ流の小屋や花でうずめることまでイギリス人は望んでいない」といたく冷淡であり、「自分も読み通せなかった。その辺にころがっているから持っていってもいい」といわんばかりの口調だった（バーミンガム市にはソープ教授の方針によるAMがあるので後述する）。

われわれは彼の案内で事務所近くのAMを見学したが、区画はいわれているよりも狭い感じで、専ら野菜類の栽培であり、小屋は物置程度で、全体として景観的にそう美しいものではなかった。利用者も高齢者がめだった。しかし利用者達は、品評会でかぼちゃの大きさを競い、そのために盗難まで起こるというほどの熱心さである。このような景観からする限り、確かにソープ的なレジャー農園化はイギリスの国民性にはあわなそうである。

次にAMの転用については、需要の減少したAMの転用はあるということであるが、その場合には利用者は必ず代替地をもらうことになる。最近ではもっぱら公営住宅の建設のための転用であり、多いのは土地全部を売却してその一部に公営住宅を建てるやり方である。サッチャーの方針として、自治体は自ら財源をつくれということで、土地を売却した資金の半分はとっておくことを勧められている。転用によるAMの減少について住民の関心はあまりない。

後述するCity Farm（以下、CFと略す）の運動に対する感想を聞くと、両者は関心がかなり異なり、AMはあくまで野菜・果物の栽培が目的であり、それに対してCFは教育実習の面で張り切っており、郊外に出て楽しめない人々にとっては重要だが、両者が一緒に活動することは考えられないとしている(1)。

〔事務局長からCorbeyの協会事務所でヒアリング〕

2 City Farm（都市農場）的利用

（1） 都市農場と全国協会

「CFとは何か」について後述するバーミンガム市役所の“Birmingham—A Greener Future”から引用しておく。

「一九七〇年代に、一般市民のグループが、市や町のなかで、自治体から小さな土地（しばしば一エーカー以下）を借りて、家畜や菜園のコミュニティ・プロジェクトを展開し始めた。これは年齢・階層を問わず全地域の人々の社会的なレクリエーションになり、また子供と大人双方にとっての教育資源となった。地域住民の代表が、しばしば慈善団体にも登録される委員会を構成してこのプロジェクトを運営している。地域住民は、毎日自分のごく身近なところでお互いに親近感をもち地域活動を体験することになる。これらのプロジェクトは『シティ・ファーム』として知られるようになった。『全国都市農場協会』がその本部としてブリストルで発足した。今日では全国で七〇を越える農場が存在している」。

この全国協会は一九八〇年に発足した。後述するケンティッシュCFが中心となって集まり、メンバーが選挙権をもつ独立のグループである。協会ができる前は、政府の息のかかったCFのアドバイザリーの集まりがあった。機関誌『シティ・ファーマー』も発行している。現在は六三のメンバーから構成される（先の引用とは若干数が異なる）。スコットランド四、ウェールズ、北アイルランド各一で、その他はイングランドである。そのほか建設中のグループも五四参加しており、このうち五年以内に一五〜二〇は実現するだろうと協会はみている。協会の主な仕事は設立援助、実例を示すこと、情報の交換、政府からの情報収集等である。

六三のうち二つが民間会社の土地を借り、四つが国鉄の土地を借りている。その他は自治体からの借入である。三〇年の契約なので土地返却の危険はすくない。自治体が返却を求めた場合は代替地がもらえる。

むしろ現在の問題は補助金の削減圧力が強い点である。自治体の財政が厳しいなかで、ここ五～六年はＣＦの設立の勢いも鈍化している。その他の原因として、中央政府が地方政府に未利用地の登録を義務づけ、そのような土地があれば売却を指導することがあげられる。

自治体のＣＦ担当は教育・レクリエーション・土地管理の部門である。ＣＦがあるのは大部分が労働党政権下の自治体である。運営上の悩みは異なった世代が交じって教育に取り組むため世代ギャップが大きい点である。

European Federationも一九九〇年につくられた（本部はブリュッセル）。イギリス、ベルギー、フランス語圏ベルギー、デンマーク、フランス、ドイツ、オランダ、ノルウェー、スウェーデンから参加している。

(2)　ウインドミルＣＦ（ブリストル）

規模、活動スタイルからいっても、今日のＣＦの代表的な存在といえる。その設立過程はＣＦの理念や性格をよく表している。場所はブリストル駅の近く、市の中心から南へ半マイルのところにある約二ヘクタールの農場である。元は市の城壁の外側にあたる地域で、職人や労働者が住む下町だったが、大戦で破壊され荒廃してしまった。一九五〇年に高速道路のインターチェンジが計画されたが、資金ぐりがつかなく挫折し、ゴミ捨て場などになっていた。一九七六年に土地の有効利用を求める市民運動が起こり、市が買収した。市は長距離トラックのターミナルを計画したが、市民が反対し、一五〇〇名の市民が集まるなかで一九七八年に市民運動のなかからＣＦが誕生した。

最初の頃は土地の権利もはっきりせず、ボランティアが占拠して掃除していたが、現在は市に対して名目地代一ポンドを払う賃貸借関係である。

八〇〇名の会員を擁しているが、集会等に集まるのは三五〇名、実際に活動するのは五〇名程度という。当初から財政的に苦しく、リサイクルや有機農産物の販売を行って活動を支えてきた。先の紹介のように、これは一種の市民運動であり、人間のかかわりあいや運動の成長過程を大切にしている。地域住民でない有識者著名人がCFの設立を呼び掛けた例もあるが、地区外からの呼び掛けは成功していない。ブリストルの場合も他地域の人の協力はお断りして地域住民の力で始めたことを強調している。市議会にはメンバーもおり、地方政治への影響力はあり、政治家もCFを支持しているという。

活動内容は多彩であるが、第一は、児童に対する自然・農業・環境教育である。地元の一一校と提携し、年間一万五〇〇〇名の児童が訪問する。「手でさわる。匂いをかぐ」という体験的・全人格的教育が方針である。「自分たちの食べるものがスーパーマーケットで作られるのではない」ことを教えるのがポイントだともいう。

農村地区からも児童の訪問がある。農村でもひとつのところで全ての畜種をカバーできなくなったので、わざわざ農村から都会に家畜を体験しにくる。関連して七歳未満の子供のための過三回の保育所、また子供たちの遊び場「アドベンチャープレイグランド」があり、有料での団体利用もある。

第二は、「コミュニティ・ガーデン」で、一区画五七㎡、五〇プロットの農園があり、高齢者や身障者にも開放されている。安全な環境でのリハビリ等も行なわれている。市民のためには小さなカフェが設けられ、憩いと交流の場になっている。また「ガールズナイト」を設けて、「男の子だけがやること」と性差別的にみなされている行動ができるようにしたりといった社会教育も試みている。

現在の職員は一二名、パート八名。財政は年二三万ポンドで、収入は農産物販売、年一家族五ポンドの会費、カフェ、イベント収入等が五五％、病院施設等との契約二〇％、自治体からの補助金二五％からなる。補助金は減額の可能性があり、なるべく自前の収入をもちたいということで二〇マイル離れたところに一七ヘクタールの農場を購入し、職員一名で野菜づくりや羊を飼っているが、担当者は二名に増やしたい。

運営はマネジメント委員会が一〇名のボランティア委員で構成され、教育・園芸、児童生徒、コミュニティ、経済、運営、渉外（他のファームとの連絡等）の六部門構成をとっている。

ヒアリング相手のプリマローラ氏は、名前が示すように祖父はイタリア系、元教師であり、現在は「コミュニティ・コンサルタント」を職業としており、一六年間にわたり運営委員会の事務局長を務めている。熟練した市民運動家といったタイプとみうけられた。

彼はＣＦの展開方向として二つの道を考えている。一つは第二の協同組合の方向である。もう一つはコミュニティ・ビジネスの方向である。スコットランドではこれが盛んで、イングランドでも取り入れたいという希望である。コミュニティ・ビジネスとは、この農場にもカフェがおかれているが、例えばそのようなもの、コイン・ランドリー、片親の子供のための旅行業、地元の交通サービス等である。みんなが働くワーカーズ・コープともちがい、一部の者は働き、一部は援助のみするような組織で、利益は地域社会に還元されるシステムである。このような考え方は後述するグランドワーク事業団とも共通するが、要するに、メンバーシップ制の協同組合とも異なり、ボランタリーに人が集まり、ある人は金を出し、ある人は力を出して、自らも採算をとりながら地域社会に貢献する事業を行おうとするものである。

(3)　ケンティッシュＣＦ

ロンドンのカムデン区に一九七二年に開設されたイギリス最初のＣＦである。大ロンドンには今日では一三のＣＦがあるということである。ケンティッシュＣＦの用地は、そもそもはこの地域に四エーカーのＡＭがあったが、第二次大戦後に公営住宅地に転用され、その代替にもらった土地である。公営集合住宅の住民たちが庭が欲しいということでＡＭがつくられ、その未利用地を利用して、ＡＭにくる親の子供たちの遊び場づくりとして始まったのがケンティッシュのＣＦである。場所的には、国鉄のトンネルの上にあたる市街地開発困難な袋地であり、区が国鉄から借りてケンティッシュ農場に転貸したもので、面積は約五エーカー、年三〇〇〇ポンドの賃貸料である。

ＣＦとしての活動内容はウインドミルとほぼ同じである。四～一〇歳児の環境教育の一環として使われており、年間三万五〇〇〇名の生徒が訪れる。また一プロット三〇㎡の年金生活者用のＡＭが二三プロットつくられている。活動の幅や施設の整備状況はウインドミルよりやや落ちる印象を受けた。

給与をもらうスタッフは四名。年間予算はほぼ一〇万ポンドで、区がこれまで八・五万ポンドの補助金を出してきたが、九三年度から三万五〇〇〇万ポンド削減するということで、農場は「閉鎖の危機」を訴えている。われわれが訪問するとすぐに、小学生クラスの女の子がちらしを渡しながら、われわれに「削減反対」の署名を求めてきたのが印象的だった。

〔National Federation of City Farm（ブリストル）の事務局長、Windmill CF（ブリストル）の運営委員会事務局長、ロンドン市カムデン区のkentish CFのスタッフからの聴き取り〕

３　バーミンガム市におけるＡＭとアーバン・ファーム

（１）バーミンガムのＡＭ

バーミンガムは今日では一〇〇万都市として街の美化に取り組み、街路のポールが鉢植えの花で飾られる等、工業都市的な景観からの脱皮を図っている。農村に始まったＡＭは一八世紀後半には都市にも展開するようになったが、その発祥はバーミンガム近郊の「ギニーガーデン」だとされている。その多くは、都市化によって宅地化される運命にあったが、今日でも一二〇カ所、七五〇〇プロットのAMがある。一プロット二〇〇〜五〇〇㎡というから平均三〇〇㎡とすれば、三〇〇ヘクタール前後の面積になるわけである。国鉄およびカドベリーのチョコレート工場が従業員のためのAMをもっているが、その他は全て市の所有地あるいは借入地であり、前者は地主（領主）の寄付によるものである。

一九〇八年法は自治体にAMのための用地の強制買収権を認めた強力なものだが、同市は豊富な公有地をもっているので購入例は少ないようである。ただし一二〇カ所のうち一二カ所は農場主から二五年、五〇年契約で借りている。AMの最盛期は大戦中で、一九七七年にも九八％利用されていたが、現在は八二％の利用率である。二年前に七九％まで落ちたのを少し挽回した。将来は八三％よりほんの少しあがるだろう。現在の利用者の平均年齢は六〇歳。この地域は有色移民が多く、彼らは野菜を自給したがるので需要はあろうとしている。需要が減ったので合理化のための売却はある。ただしAMと指定した土地を売るには環境大臣の許可がいる。売却は主として住宅用であり、相手方としては、①市の他部局が利用する、②非営利目的のハウジング・アソシエーションに公共住宅用地として売却する、③私的部門に宅地として売却する場合の三つがある。①の学校、デイケアセンター、老人施設等が優先権をもつが、バーミンガム市は労働党政権のためか②のケースが多い。保守党政権なら③でオープンマーケットでエステートガゼット紙等で公告し、競売となるだろうとしている。

過去一〇年間に一六ヘクタールを売却した。主として②である。またAMの需要がなくなったので環境保全地区に指定したものもある。市の考えとしては売るよりも環境保全地区にしたいが、跡地利用については開発部門との協議が必要で、環境保全地区としての管理費用もかかるのでままならない。売却価格は市場価格という指導がなされているが、家賃については条件をつける。

前述のようにバーミンガム大学のソープ教授が、一九六九年の報告書でAMのレジャーガーデン化を説き、市は地元ということもあり、一二カ所についてその実践を行った。駐車場、アスファルト歩道、パビリオン、ロッカー、トイレ等を設置し、小屋を建て、芝生や花も植えられるようにしたものである。使用料は通常の年一二ポンドに三ポンド割り増す。財政難のため七〇年代後半からは新設は困難になったが、一二カ所は今も維持されている。

われわれは、後述するシェルダン・カントリー・パークの一角に設けられた、このヨーロッパ型ＡＭを見学したが、駐車場、物置等が一カ所にまとめて設置され、個々の区画には小屋も建てられ、イギリスのＡＭとしてはたしかにこぎれいさを感じた。しかしドイツ流の芝生や花で蔽い、立派なコテージがあるといったものにはほど遠く、野菜の栽培が主で、あくまで実用本位のイギリス型に属すると思われた。かなり広い会員向けの集会所があり、玉突き台などもおかれ、簡単な飲食が可能になっており、地域に開かれた社交の場になっている。しかし利用者は有色の人々が多かった(2)。

(2) アーバン・ファーム (Urban Farm)

前述のバーミンガム市発行の"A Greener Future"は続けて、「アーバン・ファーム」を紹介している。要約すると、シティ・ファームの展開と時を同じくして、全国協会には参加しないが、同様の「都市コミュニティ農場」(local urban community farm) のアイデアが実施にうつされた。そのいくつかは、都市の郊外に三〇エーカーもの面積をもっており、自ら「アーバン・ファーム」を名のっている。他方、地方自治体も自ら同様の計画を実施している、と。

バーミンガム市には、この市民団体運営型と自治体経営型の二つのタイプがそろっている。前者の代表が市の西端にあるWoodgate Valleyカントリーパーク内の同名の農場であり (ただし全国協会の資料では正式の同メンバーになっている) であり、後者の「官製」農場の代表が市の東端のSheldon Country Park内のOld Rectory Farmで、市のレクリエーション・市民サービス部の直営である。

ウッドゲート農場は、土地をよい状態にたもち、病害虫の蔓延を防ぐために、数区画に区切って動植物をローテーションするパドックが中心になっている。羊は草を食べ、豚は土を耕し、鶏は有機質を与えるといった形で飼われている。多種類のウサギやかわいい家禽類も飼われている。二エーカーの果樹園も始められ、古い品種やコマーシャルベースにのらなくなった品種も植えられている。隣接して養蜂園もある。将来計画としては、アヒル池を作り、ガチョウ、アヒル、七面鳥の類も飼いたい。豚、小動物、山羊等についても珍しい品種を導入したい。農場はすでに純血種の鶏と原種の羊をもっている。

農場は地域コミュニティのボランティアによって運営されているが、市のレク・市民サービス部と密接な連係をとっており、また毎日の給餌や掃除は他の慈善団体の雇用訓練計画と提携してなされている。アーバンあるいはシティ・ファームは、コミュニティの全ての階層、大人や子供、身障者にレクリエーションの場を提供する。近くに約四〇校があり、その多くが会員になっており、農場が教育施設として利用されている。農場は、都市文化のなかで環境保全的なやり方で持続的農業をすること（sastainable farming）を推奨し、地域住民を広範囲な社会的経済的活動に引き込み、そのことを通じて、可能な限り参加者に体験してもらいながら良好な家畜飼養をすることを通じて、コミュニティを統合し、地域住民が生活と環境の改善に自ら参加していることを感じさせているとしている。

自治体経営型のシェルダンの農場は、一九八七年にレジャー・サービス委員会の提言で始められたが、当初から教育とレクリエーションについて地域コミュニティと学校がよきイニシアチブを発揮しているという。教会に所属する農場があったところで（Old Rectory Farm、「旧牧師館農場」?の由来）、個人の私有地として荒れていたのを市が購入したもので、一三〇ヘクタールの公園のうちの二ヘクタールを占める。農場の由来が畜種の選択にも影響し、農場は伝統的な品種をたくさんもっている。これらの家畜は小さい時に買われてきて農場で育てられたため普通の家畜よりも近づきやすい。三頭のポニーが身障者の乗馬用に購入され、職員がインストラクターの訓練を受けている。

「車椅子にのってこれる農園」がモットーである。その他、乳牛、ウサギ、豚、鶏、山羊等がいる。

農場は、多くの高齢者には農場や家畜がもっと身近だった過去の記憶を思い起こさせ、バーミンガムのような大都市で成長した子供たちには彼らの祖父母にとってはあたりまえだったたくさんの動物に近づき、実際に手で触れるというユニークな機会を与えている、と市は強調している。

五～一一歳の小学校の生徒三〇名に教師一名、父兄二名がつきそう形で、クラスごとに農場の仕事を手伝うことが歓迎されており、子供たちは実際の仕事を与えられ、古着をきて肥料、餌、水を与える。このような家畜との緊密な交わりが、全ての動物に対する一層の配慮や環境への注意深い態度をもたらすことになろうと、市は期待している。

農場は公民館の役割を果たし、美術の展覧会や週二回の母子教室が開かれ、生涯教育として洋裁教室も開かれている。あれやこれやでフルに活用されているそうである。

管理は市職員三名とボランティア四〇名（Queenaway Community Enterprise――プリマローラ氏がいう「コミュニティ・ビジネス」か――が初めから参加し、農場の通常の維持の労働を提供している）で行い、週末には若い人たちが手伝いにくる。

要するにバーミンガムの農場のケースは、菜園的な機能より家畜動物園的な色彩が強く、たんに鑑賞するのではなく、家畜を子供たちが育てるという教育機能が重視されているといえる。民営か市営かの相違はあるが、自治体と地域住民が協力して農場を運営し、また地域社会に開かれた「公民館」的な存在である点は共通している。

ところで、ウッドゲートの方は「アーバン・ファーム」を名のっているが、全国協会には加入しており、シェルダンの方は「シティ・ファーム」を名のるが全国協会には加入していない。理由は年会費が八〇ポンドもするからということであるが、市営というのが本当の理由のようである。以上から推するに、バーミンガム市がいうように、全国協会加入か否かで「シティ・ファーム」と「アーバン・ファーム」が分かれるわけではなく、どちらを名のろうと目的や機能は大差ないといえる。相違はシェルダンのような市営方式をとるか、あるいは前述のウインドミルのような住民自治を徹底するかの相違のようであり、それに応じて農場の態様や機能のウエイトも異なるといえる。例えばシェルダンの農場は整然と整っているが、ウインドミルの場合は主として手造りであり、雑然としているが人間臭い温もりがあるといったニュアンスの相違がある。

〔市役所レクリエーション・市民サービス課のAM担当者、グランドワーク・ファンディション小山善彦研究員から聴き取り〕

（3）補足――Groundwork Foundationの活動

バーミンガムに本拠をおき、以上にみたような政府自治体と地域住民等との協同の事業遂行の精神の流れを汲み、シティ・ファームの建設も手伝っているという意味で調査テーマにも間接に係わる機関として当事業団の活動が注目されるので、小山氏の論文と説明をもとに簡単に紹介しておく(3)。

同事業団は、環境省によって一九八五年に設立された公益団体で、法的には有限責任会社形式である。「一〇年ほど前に英国で始まった新しい環境づくりの運動で、都市近郊での農村地域を、農業経営にとっても、そして都市住民にとっても、ともに望ましい地域環境として再生させることがねらいとされている」(3)。都市周辺部を主たる活動地域として、開発規制の強化だけでは再生不能な、過去の工業活動により破壊された環境を、農業経営や都市住民にとって望ましい開発をしつつ再生していく運動体である。このような問題・手法に着目したのは田園地域委員会（Countryside Commission）で、その手法を「マネージメント・アプローチ」と呼ぶが、それを実践に移したのが同事業団の方式である。

環境再生、環境教育、レクリエーションが主な対象である。特徴的なのはその仕組み方で、私企業、公共団体、法定団体、ボランタリー・コミュニティ団体、個人のパートナーシップが基本である。事業団は「都市のなかに農村をつくろう」をスローガンに、地域社会としての環境管理能力を高めることを狙い、そのためにストーリー性を大切にし、地域での問題発見を通じて事業団に提起された課題について、少しづつ時間をかけて取り組む姿勢である。自治体等が短期間にやってしまえばよいという結果尊重ではなく、主体形成も視野に入れたプロセス尊重型の取り組みである。

事業団の具体的な任務は、次のトラストを年五～六カ所設立し、そのトレーニングを行い、全国的キャンペーンを企画して大手企業等との関係をつけることである。トラストとは、国と自治体が共同出資してつくる小チーム（トラスト）であり、トラストごとに専門家を募る。現在は全国で三〇トラストある。一つのトラストが一〇〇以上のプロジェクトを実施している。

トラストは五年を通じて経費の五割を政府補助、三割を自治体と企業、二割を自前調達し、五年で財政的に自立することを目標にしている。企業は寄付行為をするのではなく、事業費や必要資材の提供という形で係わる。チャリティとビジネスを半々あるいは六対四ぐらいの比率で追求する。自治体だけでは環境問題に取り組めないし、また企業は何をすればよいのかわからない。その辺の触媒（catalyst）の役割を果たしたいというわけである。例えばマクレスのトラスト事務所は、一階が貸し自転車屋の店舗（自転車で近郊を回れということか）、二階が農村発見センター、三階がトラストのオフィスになっている。

具体的な取り組み事例については小山論文を参照いただくとして、若干あげると、前述のCFの建設援助、ポケットパークの建設、植樹運動、青少年のための春・夏・秋のキャンペーン、農家の納屋の建て替え、農家のそばにある池を鱒の釣り堀につくり替える、歴史的遺産の現代的利用、環境教育イベント、小運河の整備、どんぐり集めと植栽等々である。

事業団からもらったパンフレットのなかでとくに興味深かったのは"farm link"だった。これは一農場と一学校が長期的関係を結ぶというシンプルな運動である。農場に対する不法侵入や破壊行為の大半は若者たちの無理解から起こる。ファーム・リンクの目的は若い世代が農家の要望や農家が直面している問題についての意識を高めることにある。このリンクは、農家にとっては農業という産業を説明したり非農家との関係を改善するよい機会となり、学校側としては農業問題を理解し、また農家とコミュニティの関係改善に貢献できる。そのためには、多数の学校の一度の訪問よりも、このペアの長期関係の方が効果的というわけである。

公・私という問題の建て方でなく、国・自治体・企業・個人が金と人材と知恵を出しあって都市と農村が共存するコミュニティづくりのなかで環境保全を図っていこうとする一種の社会運動といえ、ＣＦ等の運動とも精神的に共通する今日のイギリス、あるいはヨーロッパの新しい社会活動スタイルといえよう。

Ⅱ　ミュンヘンのクラインガルテン

1　州・市からの聴き取り

州としてはクラインガルテン（以下ＫＧとする）には、あまり直接に影響を与えられない。長期的ＫＧはＢプランで定められることになっている。連邦ＫＧ法は公益性が守られるかを監督する（たとえば宿泊は禁止）。州の組織されているＫＧは四万七〇〇〇である。面積は不明だが、一区画四〇〇㎡以下に限定されており、平均二五〇㎡である。うち八％が民有地や国鉄用地で、残りが公有地である。

現在ではＫＧのために用地取得するというよりも、ＫＧを用途転換する場合の代替地の購入が多い。代替地確保は連邦法で努力規定となっている。

州のＫＧの拡大は、ここ三年間で一一〇〇区画という微々たるものにとどまっている。できるだけ市街の近くに確保する必要があるので、用地確保が困難なためである。連邦法以外に州法で都市計画に即して施設の基準等を定めている。バイエルンの場合、建物はテラスを含め二四〇㎡以下としている。台所はだめだが、根拠法はなし、荒らした場合の措置等はクラブ、協会の会則でしぼることになる。

農地過剰で農家がＫＧとして農地を貸すという、Ｂプラン上の連邦法にのっとった長期ＫＧ以外のFreizeitgarten（自由農園、日本流にいえば「やみ」）が増えているともいわれるので、その真相をたずねると、休耕の代わりに市町村に借りて欲しいという要求は増えているが、土地過剰は農村の現象であり、都市周辺ではない。農村にＫＧをつくるとすれば都市から行かねばならぬが、村人は来てほしくないということで、希望はあるが実現は困難だということである。希望があるのはむしろゴルフ場だという。結果的に自由ＫＧはあるにはあるが、それほど展開しているようではなさそうである。

次のミュンヘン市の話では、市内に一万一三〇〇区画のＫＧがある。うち州と民間の所有が一三〇〇、国鉄所有が二〇〇〇、残り八〇〇〇が市有である。ＫＧを転用する場合は代替地の提供が条件であり、またこれまで長期ＫＧの売却例はない。民間所有のＫＧは、周囲が建築権利を与えられるとＫＧ所有者も建築権利を欲しがるので、その場合は、ＫＧの減少を防ぐため、売った場合の時価との差額を支払ったりして確保に努めている。

一九八七年の条例で毎年一〇〇区画をつくる計画にしたが、実績は五年で二一六区画に過ぎない。現実は横ばいで、減少を防ぐのが精一杯である。市周辺の農民がＫＧへの指定を望んでいるが、周辺が住宅になっても立ち退きさせられないので、認めるのは問題である。「自由農園」等についての知識はなかった。

2　ミュンヘン市のKG

産業革命の開始とともに一五〇年前にKGが始められた。農家の次三男が都市に出てプロレタリアートと呼ばれるようになり、食料難で健康も悪化した。そこでシュレーバー博士が小さな庭をつくり食料を自給することを提唱し、一八六五年にライプチヒで社会福祉施設としてKGが始まり、「シュレーバー・ガルテン」とも呼ばれる。

ミュンヘンでは一九〇五年にできる。高校教師フライタークと市会議員シュリヒトが提唱する。カール・フライターク・ガルテンがつくられたが、つぶされてボーゲンハウゼンの病院になっている。シュリヒト・ガルテンは残っている。

第一次大戦後に、借り手を解約から守る規則ができ、それが第三帝国時代に詳細化した連邦KG法が一九八三年に施行された。それによると、①二〇〇〜三〇〇㎡に限定、②収穫物を市場で売ってはならない、収穫物は自分と家族のために使う、③居住してはならない、労働の場だから全部を芝生にしてはならない、④借りるのは子供をもつ家族とか年金生活者とか社会的ハンディを負う人に限定する、一戸建て住宅に住む人や自営業（金持ち）はだめ、集合住宅に住む雇用者はOK、社会福祉住宅の基準年収の四割増しが収入上限ということである。

実態面では、電気、上下水道はない。世襲制ではない。市等の所有者の都合や立退かせる場合は代替地を確保し、協会から鑑定人が派遣され、「庭の価値」を査定し、その価値が買い取られる。

連邦法で、賃貸料はその土地で一般の営利のための菜園賃貸料の倍まで認められているが、ミュンヘンの場合は、一㎡年〇・三四マルク平均で、三〇〇㎡として一〇〇マルクの賃料である。

市全体では七八カ所八一八六区画あり（市の情報とやや異なるが、こちらの方が正確かもしれない）、四カ所に分かれている。連邦一州一市にそれぞれ協会（支部）があり、ミュンヘン支部が市との交渉窓口になる。借り手一支部一市の二重契約になっている。

市独自の規制を加えることができる。同市の場合は、農薬を使わない、化学肥料の散布回数を制限、台所はOK、週末を過ごすことには目をつぶる、ガスボンベ、上水道はOKだが、冬は水が出ない、等である。連邦法で又貸しは禁止されている。

二五区画で一ヘクタールは必要になる。一区画の土地代を除く造成費は一・五〜一・六万マルクにのぼる（径、上下水道、緑のゾーン等）。個人負担は自分の小屋までの径、許可されたタイプの小屋の建設費等で、二万マルクほどかかる。一区画の経常費用は年四〇〇マルクで、クラブの会費一〇〇マルク、水道代九〇マルク、上納金三六マルク、残りが火災保険等である。

日本人にもなじみのあるリンダーマイヤー氏本人のKGがある「南西八三番KG」について紹介する。本人は一九五九年に現在地に引っ越してきたが、周囲は農地で、農家が建築用地として売却して金持ちになった地区だ。そういうことで、この土地は他用途があるということで長期のKG利用には懸念があった。そこで一九八三年の庭園万国博覧会の時に、KGそのものをリニューアルして万博に出展するよう市と交渉して成功した。その結果、建築家の設計で、曲線的な造形によるミュンヘンでもっとも美しい七六区画のKGに改造された。

契約年数は無期限で、終身あるいは関心がなくなるまで借りることができる。前述のように解約する場合は、連盟の鑑識人が価値を査定する。日本ではしばしば問題にされるが、やみ取引きや離作料的なものは発生していないということである。利用者の平均年齢は六四歳で、タイル職人、郵便局員、建築技師、教師、左官、印刷職人、役人等の年金生活者が大半である。最も若い人は五二歳の公務員である。

「緑の党」は反対しているが、親が借りていたものを子供が借りようとする時は、実際には拒否できない。しかしそういうケースは今のところ一件のみである。ウェイテング・リストには一〇九〇人登録されている。

第三者を宿泊させると解約等の罰則があるが、裁判保険に入っていて解約通知を出すと裁判所に駆け込むので、なかなか難しく、これまでのところ解約者はいない。現在、八〇歳の認知性の老女が年二～三回しかこず、主として人に頼んで手入れをしているが、荒らしているので解約対象になっている。

自由KGもあるが、法の規制を受けないため、解約の保護や代替地の保障もなく、賃貸料も一〇倍にのぼる。自由KGについては、政治家による見解の相違がある。

近郊のカールスフェルト村の農家が、KGとして四倍の賃料で貸し出した。借り手は小屋を建てている。休耕の場合ヘクタール六〇〇～八〇〇マルクに対して、〇・三四マルクとしてもヘクタール三四〇〇マルクになるから、KGとして貸し付けた方が得になる。しかし自由KGを放任すると宅地転用が進むのではないか。KGを都市から離れた農村につくるのは、上下水道が必要だとか、やっかみとか問題があると思う、としている。

さてKGの実物であるが、イギリスとは比べものにならないほど「美しい」。菜園というよりは、まさに庭園である。芝生が敷きつめられ、花や果樹で埋められ、野菜等の栽培は片隅に追いやられているような印象を受けた。小屋もこぎれいなものが多く、冷蔵庫等も備えられ、「週末を過ごすミニ別荘」というのが実態に近いようである。いまでは野菜や果物も購入した方が安いが、無農薬栽培の安全性には代えられない。市場でも無農薬物が売られているが、それは高価だという。KG内にはこれまたきれいな事務所とレストランが設置され、レストランは昼食等もとれ、その限りでは町の店と変わらない。KGの保有者にとっては、まさに「都会暮しのオアシス」といえそうな存在である(4)。

〔バイエルン州内務省建設局、ミュンヘン市都市計画課、クラインガルテン協会ミュンヘン支部長より聴き取り〕

まとめ

イギリスでもドイツでも、公有地の多くは旧領主地等の歴史的起源をもち、自治体は比較的豊富に所有している。新たな取得は、AMやKGのためというよりも住宅建設のためが多いが、とくに人口稠密なミュンヘンの場合は取得難だった。農家は建築許可がおりるまで保有し続け、公的取得が困難である。しかし建築許可制度による土地利用規制が明確なので土地投機のようなことは起こっていない。

公有地については、イギリスでもドイツでも、「規制緩和」と「私有化」の潮流のなかで、不要な公有地は市価での売却を財政当局に迫られているが、しかし公有地と否とにかかわらず、このような農地利用については、自治体の関係部局は、環境保全地区あるいは都市間の緩衝帯としての緑地地区として保全したい意向である。

AMやKG用地の売却はもっぱら住宅用地としてであるが、そのケースは現実には少なく、また売却した場合にはかならず代替地を用意することになっているので、転用圧力でこれらの公有地利用が減退することはない。

住宅用地として売却する場合には、公的関与のある会社への売却が主流で、ここにも規制緩和の波は押し寄せている。

市民農園的な公有地利用をめぐっては、イギリスもドイツも高齢者による古い利用形態が主流をなしており、市民農園というよりも高齢農園に近い。イギリスの場合は野菜等の自給が主目的で高齢男子による利用、ドイツの場合は菜園というよりは集合住宅に住む人々の菜園付き週末用セカンドハウスといった性格であり、家族ぐるみの利用となる。イギリスは衰退傾向、ドイツでは引く手あまたという対照的な状況は、国民性ともからんだこのような利用形態の相違にも原因があろう。

イギリスでは代わって、ＣＦやＵＦの展開がみられる。これらはいずれも市民運動を背景にしたボランタリーな活動に基づくもので、かつ地域社会に開かれた存在たらんとしており、公有地の市民農園的利用の新たな利用主体の方向を示唆するものといえる。グランドワーク事業団の活動もそのような趣旨に基づくものである。またＡＭやＫＧにしても利用者の自治組織が重んじられている。

このような都市のなかの公有地の市民による「農」的利用が、イギリスやドイツにみられるひとつの新しい傾向だといえる。

しかしこのような公有地利用は、いずれも一区画二〇〇～三〇〇㎡のものを最低でも数十区画もつ、ある程度まとまった土地利用形態であり、ただちに適用できるものではない。またイギリスやドイツの公有地の市民による「農」的利用は、地域社会・コミュニティの自立性の高さや市民意識の高さを背景としている。土地利用のあり方は、土地利用主体のあり方とも関連するわけである。

注

(1)イギリスのＡＭについては拓殖徳雄「都市アメニティ型への成熟の悩み」、荏開津典生・津端修一編『市民農園』家の光協会、一九八七、を参照。

(2)バーミンガムのＡＭについては小山善彦「英国式アロットメントの楽しみ方」『緑の読本』一九九〇、が詳しい。

(3)小山善彦「都市と農村の交流：英国のグランドワーク方式を考える」『村づくり国際研究フォーラム報告書』二一世紀村づくり塾）。

(4)ドイツのＫＧについては、東廉「農用地の多面的利用と市民農園」、島本富夫・田畑保編『転換期における土地問題と農地政策』日本経済評論社、一九九二を参照。

「イギリスおよびドイツにおける公有地の利活用」全国農地保有合理化協会『大都市地域自作農財産多元的活用推進調査報告』一九九三年

第6章　ヨーロッパ型生協と組合員参加問題

はじめに――神奈川からヨーロッパへ

本章では一九八九年のヨーロッパ生協調査のなかから、生協の店舗展開と組合員参加との関わり、生協と農業の関わりに絞って報告したい。

とくに前者については、員外利用は、今日では資本主義と社会主義を問わず、日本と韓国を除く世界の主流となっているようである。店舗を主要あるいは唯一の業態とするヨーロッパ生協にあっては員外利用はある意味で当然の帰結かも知れないが、その場合に組合員の生協参加はどうなるのか。

他方、日本の生協については、私が関わった神奈川生協連による組合員アンケート調査結果(1)をみると、県下の生協組合員のうち「店舗のみ利用の班組織非加入者」と分類される者が全体の三三%、三分の一を占めており（かながわ生協〈現、コープかながわ〉の資料でさらに五二%と高くなる）、その月平均購買額は二万六四四〇円（平均は三万三六九六円）と低く、また生協活動参加率は一四～五%と班加入者各層の参加率六四～八〇%対比して極端に低い。

もちろんこの班組織非加入者の多くは有業者であり、しかも常勤的な就業者が多い。かつ県内の女性労働者に占める生協組合員労働者の比率は三三％、労働組合員の総数に占める比率は四四％と高い。要するに、彼女等は、生協活動に極めて消極的であるが、それは生協活動に「参加しない」のではなく、その労働生活からして「参加できない」存在である可能性が極めて強い。そしてかながわ生協の事例にもみられるように、主婦の有業化傾向のなかで、こういう組合員は確実に増え、既に多数派となっているのである。

員外利用が法認され、非組合員が広範に店舗を利用しているヨーロッパの生協に対して、同じく積極的に店舗展開を図ってきた日本のいくつかの大規模生協の経験では、店舗利用者の圧倒的多数は組合員であり、少なくとも今のところ員外利用の広範化といったヨーロッパ的な現象はみられない。

しかし神奈川の事例にみるように、出資・店舗利用を生協への事実上の唯一の参加形態とする組合員の増加は、日本の生協が今後本格的な店舗展開をめざすとするならば、組合員参加という点でヨーロッパと共通する問題をかかえることを意味しないだろうか。それは店舗利用者が組合員であるかどうかといった法形式面の問題とは異なった、そもそも資本主義社会において店舗展開をとることがもつ本質的な問題の意味合いを含んでいるように思われる。

そういう意味で店舗展開を主要な業態とするヨーロッパの生協における問題の所在を知りたく思う。以下、訪問先の国別にみていきたい。

Ⅰ　イギリス——マネジメントとデモクラシーの相克

イギリスにおいては、一九三〇年頃までは生協は「互助組織」とされてきたが、その後はむしろ一個のトレーダーとみなされ、互助組織としての特典を失う代わりに、員外利用も認められるようになったそうである。それはおそらく、店舗における一定の実態が先行したうえでの、取り扱いの変更だと思われる。資本主義社会のなかで小売店舗を展開することは、経済学的には商品流通一般の世界に身を委ねることであり、資本主義の目からすれば、員外利用の禁止の方がむしろ店舗形態に矛盾する措置であり、員外利用こそが常態といわざるをえない。その意味ではイギリスの一九三〇年代以降の展開は少なくとも資本主義的には正常といえよう。

イギリスにおいても、一定の時期までの店舗生協は、労働組合員や婦人ギルト等の一定の思想を堅持した組合員に支えられて、そういう組合員の地域における「ソサエティ」あるいはコミュニティー内コミュニティー、すなわち組合員にとっての「わたしのお店」として展開してきたのであろう。

しかし、員外利用が認められ、事業活動区域の規制がない条件下で、生協が規模拡大と旺盛な事業展開をたどり、店舗の商圏が拡大していけば、早晩、かつてのような古典的な組合員と店舗との地域的一体性は崩れていくことになろう。我々が訪問したノーウエスト生協のマンチェスターのストックボート店（古い商業地区のデパート）の場合、利用者の九割は員外者だという。顧客は高齢の年金生活者と目される者がめだち、かつ店内は改装中にもかかわらずそれなりににぎわっており、また高齢者達の人なつこさから推しても、おそらく消費者に親しまれている店なのであろうが、そのようなケースにしてしかりなのである。また訪問したＣＲＳ生協（Cooperative Retailes Servies Ltd.）の最新の店舗では、顧客の中心は三〇代の子持ちの若い主婦層、いわばニューファミリー層だといわれるが、その場合にも利用者の構成は似たりよったりか、あるいはさらに員外利用率が高いと思われる。

これでは少なくとも顧客構成からみる限り、生協店舗は、特殊な生協組合員のそれというよりは、地域消費者一般を対象とした、彼らのための一般商業施設のひとつということになる。そのようななかで、生協の事業がどういう展開をたどり、そこで生協と組合員との関係がどうなっていったのかが問題である。

ＣＲＳでの聞き取りでは、全国展開をたどるなかで、経営することと「民主主義的であることを保つこと」との両立の困難が強まったとして、五年前に「経営のための組織」と「民主主義の組織」とを分け、後者については二五の地区ごとに地域委員会を、そして地域の店舗ごとに意見を述べるアドバイザリー・コミッティーをおくことにしたという。しかし価格や品数に関する意見が主で、品質や商品開発についても意見は出せるものの、あまり目新しい提案はないという。むしろ大きな組織のなかでこのようなコミッティーが活躍することは、経営との衝突の可能性もあって、なかなか困難だとしている。しかし、フロンガス問題、プラスチックから紙容器・包装への転換、ソフトな木の素材利用等、環境面での意見の活発化とその採用がみられるのは注目すべき事態だという。

ＣＷＳ（イギリス卸売生協連合会、小売生協も兼ねる）では、デニス会長自身が、「ビジネスは中央から指令するのが最も効率的だが、生協には組合員がおり、民主主義との兼ね合いが問題だ」と述べていたのが印象的だった。つまり「ビジネスと民主主義」が鋭い緊張関係において把握されているわけである。またＣＷＳでは小売部門における組合員サービスの担当部長をおき、力を入れている。すなわち環境問題のローカル・グループづくりを促し、グループができるとミーティングをもって、製品に対する意見を出させ、ＣＷＳに対する「圧力団体」機能をもたせる。ＣＷＳ消費生協が展開する三地域ごとに開かれる組合員のミーティングには、部長、店長が出席して意見を求め、同時に一般組合員に対する生協のＰＲを要請する。また、六〇〇人の組合員意見調査パネルを昨年から組織し、諮問のチャンネルとする、等である。

しかし、ＣＷＳの商品開発等は、上位一〇の消費生活協同組合の話し合いで決まるという。つまり基本的には組合員参加はないか、あるいは単協を通じての極めて間接的な参加になる。

以上がＣＲＳ、ＣＷＳの小売部門における組合員参加の実態の一端である。

ここでＣＲＳでの聞き取りにもどると、最近では一五分以内のエリアで買物をするという劇的な変化がみられ、既に価格では大手企業と生協では変わらず、従って競争の軸は、食では利便性、非食ではバラエティであり、かつこのような競争変化のイニシアチブは、モータリゼーションを背景に大手企業がとってきたという。

そしてCRSの最新の店舗の店長達も、店の魅力は価格ではなく利便性、すなわちアプローチが簡単、駐車場スペースがたっぷりある、赤ん坊の部屋がある、有名ブランド物が揃っている等である、という。

店長の一人は、つぶれた旧ロンドン生協にも勤務したことがあるということなので、ロンドン生協が不振に陥った原因についての見解を求めると、「古い理事達が儲からない小さな店舗の閉鎖に反対したことに尽きる」と断言する。そういう経験もあってか、彼ら店長クラスは、とにかく「素人」が経営に口を出したら終わりだという意識が極めて強い。

最初の問題にもどって、員外利用できる店舗という形態は、形態的には商業資本と同一であり、従って商業資本と同一の次元での競争にさらされることになる。そういう競争において、イギリスの生協は「一九五〇年代後半から流通業界における技術革新と近代化・大型化の大きな波にとり残されはじめた」(2)とされ、それが生協のシェア低下と不振の一因だとされている。

ただ今日に至るイギリス生協の不振は、近代化競争における立ち後れが基本的な原因なのか。そしてごく最近における一定の立ち直りは、その遅れの取り戻しの故なのか。資本主義的競争である以上、当然そのような要因は働いていよう。しかしそれだけでなく、そのような競争において、組合員という独自の「顧客」を内包していることの競争上のメリットが十分に発揮し切れていない、あるいは失われた点も作用しているのではないか。言い換えれば生協組合員としてのアイデンティティーはどこにあるのか。組合員としての経済的利益のメリット、生協への帰属意識はどこに求められるのか。

確かに、広範な員外利用のもとでは、低価格化は、独自に組合員だけにメリットを還元するチャンネルにはならない。そこで利便性競争が展開されるとともに、先のノーウエスト生協でもカードを利用して組合員への一〇%割り戻しを行っている。問題は、そのような部分的な経済的メリットの付与がアイデンティティーの確認にどれだけ有効かである。

前述のようにイギリスの生協では、店舗経営と組合員民主主義とは峻別され、店舗運営や商品開発といった経営に関わる問題への組合員参加は、主体的というよりは恩恵的であり、決定参加というよりは諮問答申的なものにとどまっている。たしかに顧客のほとんどが員外である時、ごくごく少数派である組合員の意見を聞いていたのでは、判断を誤り、競争に破れる可能性があろう。イギリスの生協は、組合員参加という点で、前述のようにいろいろ新しい試みを真剣に模索しているが、問題はどうやら個々の主体的努力を超えた制度的な面にも及びそうである。しかし、そのような側面への言及は今回の調査では引き出すことができなかった。

なお、協同組合党のナショナル・セクリタリーからの聞き取りでは、一九五〇、六〇年代には生協運動の活動的なメンバーが一〇万人と多く、同党の議員候補として適切な人物も多かったが、最近では「協同」の理念と運動も低下し、協同組合活動の活動家も二万人足らずに減少し、候補者選びに苦労している、ということだった。しかしごく最近では、社会全般にこれまでの物質主義、経済的利益追求に対する反省も生まれ、環境問題、汚染問題等への関心も高まり、弱かった消費者運動もようやく政治的・組織的発言の必要性を感じ出し、社会的満足をえるという協同の理念も見直されてきた。このような状況は、生協と同党とチャンスであると強調する。またサッチャー政権による水道の民営化に反対して、水道の協同組合化等も検討しているという。

イギリスの生協ではこのような環境問題を軸にして、それに関心をもつ若い組合員を拡大しつつ、消費者運動と生協との結合を強めていく方向が模索されているようである。

Ⅱ　スウェーデン——組合員よ生協へ還れ

スウェーデンについて、帰国してからもあれこれ考えさせられ、答が見出せないのは、なぜ生協がＩＣＡ（イーカグループ）のボランタリー・チェーンのグループに遅れをとったのか、その挽回の可能性はどこにあるのか、という点である。食料品部門では一九五五年以来、生協は二〇％の小売りシェアに「静止」しているのに対し、ＩＣＡは一四％から三五％へとシェアを倍増している。その点について、既存の研究では「スウェーデンの消費協同組合が大型化、効率化、合理化の方向で第二次大戦後成功し、最近はそれがためにかえって勢力を失っている」(3)とされる。すなわち効率追求のための店舗数の減少と大規模化が消費者の利便性の無視につながり、小規模店舗展開をとるＩＣＡのきめ細かさに破れたという認識である。たしかに歩行にも困難を感じる北欧特有の高齢者の姿を町のなかでみつつ、郊外の巨大なハイパーマーケット・ＯＢＳの店舗に案内されると、「高齢者はお呼びでないな」という感を深くせざるをえない。

ストックホルム市消費生活センターの女性職員の、あくまで個人的見解とことわったうえでの話では、「生協はいちばん最初の理念とは少し違った方向に展開し、企業的なものになってしまった。そこで加入者が減少したりしたが、最近では、生協自身がそのことに気づき、環境問題等を取り上げている」とコメントしていた。ここにはもう少し現実に接近した認識があるように思われる。

スウェーデンの生協ももちろん員外利用が認められているが、既に全国民世帯の半数を組織するに至った同国の場合は、対ＩＣＡとの競争関係も、員外利用問題というよりは、同一地域世帯における利用競合と、地域的な店舗展開の差におそらく求められよう。

ＩＣＡでの聞き取りによると、最近では国全体の傾向として、品揃えがよく駐車場のある規模の大きい店舗の数と売り上げが伸びているという。そしてほぼ一〇〇〇万クローネを境に家族営業と株式会社形態とが分かれるという。ＩＣＡの一九八七年の資料では、五〇〇〜一五〇〇万クローネがひとくくりになっているので、それを一〇〇〇万クローネ未満が店舗で六〇％、売り上げ額で二〇％ということになる。三〇〇〇万クローネ以上の店舗数で一一％の階層が、売り上げ額の四五％を占めるという隔層分化がみられるわけだが、店舗としては家族経営的なものが過半を占めているわけである。また一九八七年の閉鎖店数は一二一（三七は他の店舗へ転換）、それに対して新設が四〇（それぞれ三四八〇の総店舗数に対して三二％と一二％）であるが、新設は二〇〇〜八〇〇㎡の中規模コンビニエンス・ストアが七割強を占めている。

なおＩＣＡによると、「自分達には自由があるので、生協からＩＣＡに鞍替えする店舗は多いが、逆はない」という。問題は「自由」の中身であるが、おそらく家族営業としての労働条件の伸縮性が主たるものであろう。それに対してスウェーデン生協連ＫＦ（コーエフ）の側の説明では、給料も払い、労働時間の規制も厳しいもとでは、従業員を雇用して一〇〇〇万クローネ以下の規模の店舗展開を図るのは不可能であるとして、新設店舗の規模を四〇〇〇㎡規模の中規模スーパーにおいているということである。しかし一九八〇年から八五年までの数字では、四〇〇〜二五〇〇㎡規模の大型スーパー「コンスム」の数は一四％の伸びに対して、一〇〇〜三〇〇㎡規模のコンビニエンス・ストア「ゼルブス」の店舗数は七四％も伸びている(4)。このように実態把握が不十分であるが、一応は一〇〇〇万クローネを境に、生協とＩＣＡとは分業というか棲み分けができているようでもある。

他方、地域展開の点では、ＩＣＡは、イェテボリ以北の、かつストックホルム周辺を除く、相対的に人口希薄な地帯を領域とするＩＣＡハーコン株式会社傘下の地域の店舗が四九％、売場面積の四六％、売り上げ額の四七％といずれも半数近くを占め、売り上げ額の八六〜八七年の伸び率も五九と平均並みである。つまりＩＣＡの店舗はこのような地域の「むらのよろず屋」的な存在意義を果たしている可能性が強い。それに対して生協はおそらく人口希薄な地域に規模の大きい店舗の展開を図ることは不可能だろう。

かくして都市でも農村でも、地域や顧客にとって家族的でアット・ホームなお店、そこでのインテメイトなつきあいといったＩＣＡ店舗群のイメージが浮かび上がる。同時に事態は、たんなる棲み分けではなく、地域と店舗規模を異にする異次元競争状況といえそうである。

なお、以上では生協とＩＣＡの競争関係を強調したが、両者の関係は対立関係ではなく、よきライバルの関係にあるといえよう。ＩＣＡで生協についてどう思うかと質問したところ、「尊敬していますよ」という答だった。そして、食品添加物規制、空缶の効率的回収、クレジット・カードの有利取り扱い等については、生協と協同して働きかけていることが強調された。

このようななかで、スウェーデンの生協はどのような挽回策を採ろうとしているか。まず組合員の獲得よりも組合員の生協離れをどう防ぎ、その利用をどう高めるかであるとしている。これは正しい戦略だろう。スウェーデンでは、高度福祉社会化と高所得化のなかで、ヨーロッパに共通の現象として、国民の選択肢の拡大と「協同」離れが起こっているという。そして消費者は環境問題への関心を高めているが、それが食料の確保といかなる関係にたつかといった点にまではまだ配慮をめぐらしていない。また基礎的物資については低価格を望むとともに、自分の関心の高い分野についてはバラエティに富み、品質的にも高いものを志向するといった分極化した消費パターンがみられるという。このようななかで、いかに組合員の特典を考え、組合員中心のマーケティングを行なうか。それが生協の現状認識であり、問題意識である。

それに対してストックホルム生協の実践も含め、ほぼ三つの方向が模索されているようである。第一は、コンピュータ化とカード化（クレジットを伴わない）により、組合員の各種の利便をカード一枚で行なえるようにし、また同国で問題化している中流階層のクレジット・カード等の無計画な使いすぎによる家計破産が社会問題化しているなかで、カードによる買物のコンピュータ集計を通じて家計簿記帳の手伝いと家計診断、そして年末における利用高に応じた二五％までのボーナス支給（利用高割り戻し）等である。

第二は、とくに単協における店長権限の強化を軸とした分権化であり、店長がいちいち上司にお伺いをたてなくても自分で決断できるシステムにして、柔軟な対応を図ろうとしている。併せて売上げに応じて店長に三〇％以内のボーナスの支給をストックホルム生協は検討し、労働組合と対立している。また消費者の高品質追求に対しては、専門店の新設・買収を通じて対応を図っていく。

第三は、自然食品志向や環境問題への積極的対応である。これは組合員の新しい切実な関心と志向に応えようとするものである。ストックホルム生協では、生協カラーを、暖かくて、土の色に近く、環境の色でもあり、昼でも夜でもよく見えるグリーンに統一し、ユニホームも木綿の生地を使い、後述するように農家との提携による農薬や化学肥料を使わない自然食品の販売に力を入れる。

さらにストックホルム生協はイメージ戦略にも力を入れ、生協らしさを訴える。まず生産物については、ユニークさ、生協のみにある、高品質、非ブランド、新鮮等のイメージ、品質面では信頼、ベスト・プログラムでの生産、環境への配慮、生協理念等、そして行動面では、情報提供、レシピ・サービス、料理の不得意なスウェーデン人に対する料理実演、そして商品のプロモーション・セールス等である。

そして実施した戦略の例としては、環境問題のリーダーとしての生協イメージの打ち出しがあげられる。環境に配慮した商品をつくる、たとえば漂白剤を使用しない、台所用の紙は環境により害が少ないものにする、環境によい商品にはクリスマス・ツリーのマークをつける、また「あなたの孫の孫があなたに感謝するだろう」「添加物なしのパンを毎日とどける」「赤ん坊に安全な衣服を」といったアピールである。

ただし、地方での広告はなお価格一本槍であり、なかなかイメージまでは手が回らないそうである。

このように生協側から積極的に改革を行い、消費者ニーズに応えようという姿勢は十二分にうかがえる。また全国どこからでもＫＦのテスト・キッチンに電話できるという「直訴」システムのなかで、生協商品に対する組合員の意見も吸収されているのかも知れない。しかし、聞き取りの限りでは、生協側がこのように積極的に組合員・消費者ニーズに応えようとする一方交通的な、その意味で恩恵的な接近の努力はよく理解できたものの、例えばＫＦの商品開発や各単協の店舗政策（出閉店といった）について、組合員自らが主体的に意思決定に参加するという、いわば正規の拘束力をもった参加形態での組合員ニーズの反映方法については聞き漏らしたが、おそらくないだろう。

前述のように、雇用形態での店舗展開を採らざるをえない生協には、ＩＣＡとの競争上のハンディがあり、それ自体は越えがたいというか、また越えてはならないものがある。その下で、果たして生協サイドからの努力のみで、このハンディを越えて、生協らしい組合員ニーズへのアプローチができるだろうか。

九月のコープかながわの高齢化社会に関する国際シンポジウムのために来日したスウェーデン協同組合研究所の所長達（同研究所には調査団も訪問してお世話になっている）が、私の勤務する大学の生協の見学にこられた際に、前述のような戦略で果たしてＩＣＡに対抗できるのかを率直にうかがったところ、彼らとしても、「それでは十分ではない、我々はスウェーデンの住宅生協、高齢者住宅生協のような組合員の主体的参加の方式こそが決め手だと考えている」という話だった。同シンポジウムの報告で、同国の住宅生協は、住宅を建てて終わりではなく、そこでの民主的で自助的な参加感にあふれる協同生活の創造に正念場があり、学習・旅行・スポーツ等のグループ活動、歩く会、緊急電話連絡網、買物介助等組合員活動やボランティア活動が積極的になされているということである。

それは、ある意味でＩＣＡの家族営業的、「むらのよろず屋」的な店舗がもっている地域密着・生活密着型のあたたかさの追求でもあろう。かくしてスウェーデンにおいては、生協サイドからの組合員ニーズへの積極的アプローチに加えて、住宅生協型の組合員参加のあり方が模索されているといえよう。

Ⅲ　イタリア――外からの競争と内からの参加と

イギリスの生協が国内の大手チェーン・ストア等との競争、スウェーデンの生協がＩＣＡ傘下の家族営業的なコンビニエンス・ストアとの競争に直面しているのに対し、イタリアの生協は、一九九二年のＥＣ統合を控えてフランス等からの流通資本の進出にどう対抗するか、が最優先課題となっている。イタリアでも効率追求、規模の経済追求に対して一定の危惧感の表明はあるが、「しかしイタリアが今おかれている状況下では効率追求が大切だ」といった趣旨の発言が異口同音になされた。つまり主体的条件と、競争条件の劇的変化の下で客観的に要請されている水準や課題とのギャップを、生協を支える世代の交替時期のなかでどう克服していくか、という困難な課題にイタリアの生協は直面しているように思われた。

商業省での聞き取りでは、イタリアの今日の商業規制の基本法は一九七一年四二六号法であるが、そこでは市が条例で商業計画をつくり、出店規制を行うこととし、人口一〇万人未満の都市では四〇〇㎡、一〇万人以上の都市では一五〇〇㎡以上の場合は許可制とし、それ未満の場合は商工会議所への届出制だが、市の計画に合致しなければ受理されないというものだった。（これは商業省の説明では、イタリアに特有の零細店舗の規制と近代化のためだというが、他方、流通企業連合協会ＦＡＤＩでの聞き取りでは、中小企業保護を目的としたものだという）。また四二六号は、三〇〇人未満の中小企業は近代化のための財政的援助を受けられることとし、生協については地域に貢献するものとして、出店許可を要しない組織とされ、税制上の優遇措置も採られた。また一〇年前までは員外利用も認められなかった。それは法的規制というより小さな生協が多かったので実態として員外利用が少なかったわけだが、それが企業的組織になってきたのに応じて員外利用が認められるようになったという。

しかし、小売業の零細化はあとをたたず、法が流通近代化にうまく機能していないということで、八三年にマルコーラ法が制定されて自由化の方向が採られ、ついで一二一号法で一店舗二業種以上が申請した場合には六〇〇㎡までは自由化され、つい最近には三業種以上の場合には八〇〇～一二〇〇㎡までは市の権限で自動的に認めることができるようになったという。しかし、このような四二六号法やマルコーラ法では九二年EC統合に対応できないので、全く新しい商業法を模索しており、そのため八九年四月には自治体や政党で大研究集会を開いたが、そこでは大企業のスーパーの出店も自由化しろだとか、商工会議所への届け出を自由化しろとか、あるいは商業規制は廃止して都市計画規制だけにしろとかいった極端な自由化論も出されたという。いずれにせよイタリア社会は、九二年を規制によってではなく自由化とそれに対する近代化によって切り抜けようと身構えている（以上は各機関・団体から聞き取りによるが、必ずしも整合的でない。商業省で説明してくれたのが、あまりに美人の若い女性係官二名でポッとなってしまったせいもあるが、そもそもイタリアの商業・都市計画規制は複雑で説明が難しく、とくに両者の間が混乱しているともいわれ、商業省自身、役所間での統一はなく「勝手にやっており、市の裁量にかかっている」としている。日本語の文献をみても、イデオロギー的な面の研究にかたより、制度面での基礎的な情報に乏しい感じがし、充実が期待される）。

このような九二年EC統合課題へのイタリア生協の姿勢を、社会党政権下のミラノ市を核とするロンバルディア州（ロンバルディア生協、州連合会）の事例にみてみたい(5)。

同州の生協は、大単協としてのロンバルディア生協と一二一の小単協からなるが、八八年にミラノ郊外の新興住宅地・ボノーラのショッピング・センターのキーテナントとしてハイパーマーケットをつくった。その際に、同ハイパーを経営する事業連合体をつくった（ロンバルディア生協ほか四単協の出資だが、事業連合の法形式を整えるためで、事実上はロンバルディア生協の単独支配）。それに伴って、同州の生協は、①ハイパーを経営する事業連合、④八〇〇～三〇〇〇㎡のスーパーを経営するロンバルディア生協、③八〇〇㎡未満のスーパーレットを経営する一二一の小単協、の三つに業態別に分化することになった。「業態別店舗網による専門性については、ロンバルディアで実現し、ハイパー、スーパー、スーパーレットがそれぞれ違った協同組合に分離した」（前掲のバルベリーニ報告）。

①と②は、財政的にはロンバルディア生協の傘下にあるわけだが、ハイパーだけをあえて独立させたのは、経営上の最大限の自由を与えること（ハイパーの社長も、ハイパーは最も分権化しており、ほとんどの決定権をもっているとしている。彼自身、ロンバルディア生協を再建し「救済者」とニックネームをつけられている同生協の前理事長）、同時にロンバルディア生協への経営上のリスク波及の回避、そして労働組織、労働組合が違うことへの対応、この三つの理由による。このような業態別分化は、当然に業態間の競合を生み、このような組織分化では、生協間の競合にもつながりうるが、スーパーは生き残れないとしてもスーパーレットは大丈夫だという判断の下に、あえてハイパー建設を最優先させ、九三年までにはハイパーを全部で五つ建設する計画である（以上の戦略については、八九年四月のコープかながわ主催の国際シンポジウム「先進国生協の二一世紀ビジョン」におけるロンバルディア生協理事長・ベルトリーニ氏の報告による）。

このような、実態としてはロンバルディア生協の一環でありながら、形式的には独立した事業連合の経営になるハイパーに対して、生協組合員はいかなる関係にたつのか。

まず同生協の全体についてみると、二年ごとに開催される総代会（三四％が女性）、総代会による理事二九名（女性が二名）の選出といったルートの他に、二年ごとに選出される最大限二一名の組合員で構成される三一の地区（店舗）運営委員会があり、また同委員会の正副議長によって構成される評議会が年に三回開かれる。この委員会は、生協の外部社会に対する橋渡しの役割を担い、文化・社会・スポーツ・レクリエーション活動を通じて地域における生協の信頼を高めることを主たる目的としている。同委員会は生協や店舗の運営について賞賛・批判する権限をもち、そこで重要な指摘がなされると担当者に連絡され、問題があれば役員会で取り上げられることになっているが、店舗の経営についての提案はできないということである。

なぜなら、「店舗の経営と協同組合のあり方とは別の問題だからだ」という。その理由としては、イタリアの生協運動を今まで支えてきた人々は、イデオロギーに基づく人だが、これらの人々が高齢化で後退し、それに代わって消費者問題、環境問題等に関心をもつ若い層も育ってきてはいるが、まだ十分ではなく、そのような過渡期にあっては、組合員が取り上げる問題はえてして「小さな問題」が多く、それをいちいち取り上げていたらかえって組合員と店舗の矛盾が起きるからである、という。そもそも組合員が経営に口を出したことでは過去に「苦い経験」があったし、組合員はとくにハイパーのような高度に発達した店舗の技術をコントロールするだけの力をもっていない、というわけである。

この「苦い経験」ということに関わって、生協連にロンバルディア生協の再生の秘密は何かを聞いたところ、「古い役員の首を切ったからだ。それに尽きる」という答だった。このような反応は、ロンドン生協についての店長クラスの理解とあまりにも一致しているといえよう。

とはいえ、組合員組織部門のイニシアチブが商品開発に結実した例もあるという。それはリンやフロンガスの使用禁止、無農薬の果物等である。

しかしハイパーには、このような店舗委員会さえない。ハイパーが立地する地域には組合員はいるが、ハイパーとは関係がない。ハイパーをつくった時に、地域の組合員から「なぜ委員会を構成する等参加の道が開けないのか」という質問が集中し、対応に苦労したが、ハイパーの運営によって組合員にも経済的な利益が生じることを強調して、「とりあえず納得してもらった」という。かくして生協の最中枢店舗に事業連合形態が導入されると、組合員は、単協―事業連合―ハイパーという極めて間接的な立場におかれるわけである。

そうなると、組合員と生協との関係は、先の総代会、理事会を通じる間接民主主義、店舗運営委員会がリードする生協事業本体とは関わりのない文化活動面での地域への生協アピール活動ということになり、残るのはまさに経済的利益ということになる。「ロンバルディアは競争が激しく、低価格でないとやっていけない。そこが大企業を排除し、また賃金も相対的に低いエミリア州などと違うところだ（ロンバルディアでは生協労働者も大企業労働者並みの賃金を要求する）、このような経済環境下では、大企業と競争して低価格を実現することこそが組合員のためでもある」、と生協連幹部は力説する。

しかし、員外利用の下では、低価格は消費者一般の利益であり、固有に組合員のためのものではない。イタリアにおいては、八八年法で、出資に対する配当が可能となった。郵便貯金利子の二五％アップまでが認められるが、ロンバルディア生協の場合は一〇％にしたという。残る法的規制は組合員債の二〇〇〇万リラの制限のみだが、これが撤廃されれば現在応募している組合員は二〜三倍の額まで出すのが可能ではないかとしている。これには名目九％、税引き後七八五％の金利が支払われる。いうまでもなく出資金は組合解散時あるいは脱退時にしか払い戻せないが、組合員債は期限限りのものである。

この組合員債は、生協にとっていかなる意味をもつか。生協連の説明では、第一に、九％という高い利子を払うという組合員サービス、第二に銀行金利より安い財源の確保、第三に大規模化した生協に必要な多額の流動資本の確保、の三点にあるという。これがなければ、投資額を控えなければならない。とはいえロンバルディアの場合は、投資計画の資金はほとんど内部蓄積で賄い、組合員債は一〇〜二〇％を占める程度であり、ほとんど期待されていないという。

しかし前掲の栗本著によると八〇年のイタリアの一四大生協平均の場合、総資産に占める組合員債の割合は四九％

と最大のウエイトを占めている。投資計画と総資産、また時点の違いはあるが、大きくくい違っており、ロンバルディアは特殊なものかも知れない。だが、レーガ傘下の協同組合では、主として新たな協同組合の設立資金の融資という目的のようだが、つぎつぎに新たな金融機関が設立されており、財政政策が重要な課題になっており、それは場合によっては協同組合の変質をもたらすような問題を内包している（前掲・バルベリーニ報告等）。

なお、他のメンバーによる聞き取りでは、「出資組合員」というカテゴリーも生まれつつあるようである。確かに、若干の出資金を払って生協に加入し、もっぱら組合員債への応募でその高利を享受することを目的とする者も出かねないといえる。キリスト教民主党の商業委員会の委員長ビアンキーニ氏は、「組合員債という形で金を借り、その運用利益を投資に回すようになると、協同組合全体に大きな影響が出てくる」と共産党傘下のレーガ系統の「赤い協同組合」の行き方に批判的である。

話が出資金や組合員債の性格に立ち入りすぎたが、イタリアの生協における組合員参加についてほかの有名なセツィオーネ・ソーチの活動があげられる。我々の仲間もエミリア州のベネット生協のセツィオーネを傍聴する貴重な機会に恵まれたが、今までに紹介されたセツィオーネの組織形態をみると、組合員数に対してはごく少数の運営委員会が活動のイニシアチブをとっているようであり、その権利関係は先のロンバルディア生協の店舗運営委員会とそう変わらないと見受けられる。もしそうだとすれば、先に提起した問題は依然として変わりないといえよう。

冒頭に述べたようにイタリアの生協、協同組合は、ともかく九二年統合をひかえ、外国の競合といかに戦うかという「上からの課題」に直面しており、それが組合員の生協運営参加という「下からの課題」の検討に優先しているような印象を受けざるをえなかった。とすれば問題は、イギリスやスウェーデンが、違った競争局面で当面した問題を、イタリアもまた共有しているといわざるをえない。「スウェーデンでは組合員の生協離れがみられたが、イタリアでは組合員に特典を保証してきた」（ボローニア大学ステファン・ツァン教授）という認識自体が既に問題を胎んでいるのである。

イタリアの「企業システム論」は、効率主義の観点に立つものとして日本ではマイナス・イメージで捉えられているようだが、一面では、このような大型化し組合員から自立化（疎外化）しかねないハイパーのような店舗と組合員との関係、そして大小さまざまな生協間の関係、単協と指導機関との関係等のあるべき姿の模索でもあろう。そしてイタリアにおいても環境問題に対する関心の高まりは強く、社・共系の「赤い協同組合」もキリ民党系の「白い協同組合」も同じくポー河の汚染防止にはよい意味でイニシアチブをとろうとしている。このような環境問題、消費者問題に関心をもつ若い組合員層による生協の世代交替をにらみつつ、新たな参加問題にチャレンジしようとする構えもほのかにみえるといえよう。

Ⅳ　農産物の新鮮・安全志向

最後に農業との関係について簡単に触れる。私は、案内いただいた各国のスーパーの生鮮食料品、とくに青果物の売場を興味をもって見学したが、イギリス、スウェーデンでは輸入物が圧倒的だといえる。しかし、その輸入先はスウェーデンも含め、ヨーロッパなかんずくＥＣ諸国の範囲に概ね限られているといえる。そのことが確認できるのも、ひとつひとつの品や束に輸入先国（原産国）表示がきちんとなされているからである。実は、輸入先を品目ごとにフィールド・ノートにメモしたのだが、ストックホルムからの飛行機のポケットに忘れてしまい、紹介できないのが残念である。そのような輸入品中心とはいえ、品数は豊富にみえた。

さてイギリスでの聞き取りは、農業関係者としてはかなりショックであった。まずＣＷＳは、イギリス最大の農場所有者であることを誇りにしているが、協同組合党の話では、基本的に農業も含め生産全般からは撤退する方向にあるということであり、我々の帰国後もCWSの農場の一部はゴルフ場に転換されたということである。「イギリスよお前もか」といいたくなるが、ゴルフは向こうが大先輩である。

またCUは、その傘下にアイルランド農協卸売連合会を組み入れてはいるが、協同組合党のナショナル・セクリタリーによると、イギリスのナショナル・ファーマーズ・ユニオンは大規模農業者の団体であり、我々とは敵対関係にあるとしていた。同時に彼は、EC統合のなかで、ヨーロッパの外延部に位置するイギリス農業は、効率化や集約化についていけなくなって全滅するのではないか、とはなはだ悲観的というか傍観的な見方だった。

しかし、ロンドン大学のそばの書店ディロンズの店頭には、キッチン・ガーデン（「台所菜園」？）のカラフルな解説書がところ狭しと並び、テレビ・ラジオの解説番組も多いという。イギリスの生協でも環境問題への関心は高かったが、農業政策でも自然環境の維持との関係あるいは農業保護と田園維持との関係がクローズ・アップされている。かくして両者は少なくとも潜在的には大いに接点をもっているはずだが、まだそこまでは問題意識が展開していないのかも知れない。

スウェーデンでは、自然食品志向への積極的対応は、組合員の生協離れを防ぐキーポイントだった。ストックホルム生協での聞き取りでは、そもそも生協は、食品の質を高め、量や目方のインチキを防ぐことから始まったが、七〇年代になると「質の良いものを食べたい」という要求が高まり、八〇年代にはその傾向がさらに強まり、マスコミも農薬や添加物、水俣病の問題等を報道するようになり、全消費者的な問題にひろがってきた。そこで八五年に「食品の日」を設け、同生協でも「昔のたべものを覚えているかい」という呼びかけに始まるCountry Shop（「田舎のたべもの屋」）の運動が開始された。八六年の生協大会で、できるだけ添加物を使用しない新鮮な食品を生協で販売する旨が決議された。生協のパンフレットによると、植物質の飼料だけで飼ったブロイラー（グリーン・チキン）や同じ飼料による放し飼い鶏の茶色の卵、防腐剤を使わないパン、添加物・化学肥料等を使わない有機質肥料による穀物・

野菜・果物、放し飼いの豚からつくった肉等が、それである。そもそもスウェーデンでは中世には豚は森で放し飼いしていたというわけである。しかもこれらをできるだけ近隣地域、ストックホルム近郊から生産者との契約で仕入れることに力を入れ、フランス等の外国の有機農業生産者グループとも契約している。農業者の機関紙に広告を出したところ一〇〇の回答があり、そこから取引生産者を厳選したという。

いうまでもなくスウェーデンは協同組合王国であり、また農業政策についても今日のヨーロッパの効率を重んじつつ主要食料一〇〇％の自給率を保つような農業政策の原型をつくった国として知られる(6)。日本の農協にあたる農業生産組織体L・Fが強固であり、生協は国内農産物についてはこのL・Fから仕入れている。先の自然食品の運動は、その延長線上で、このような協同組合間提携のうえにさらに厳しい「質」の追求を導入する試みにも発展しうる可能性をもっている。

ストックホルム生協のこの運動は、地についた環境問題への取組により、先の住宅生協の取組などとならんで、消費生協の内部で生協組合員がそのアイデンティティーを取り戻す有力な回路となろう。

最後にイタリアであるが、飛行機がミラノ空港にさしかかった時、日本の都市近郊の畑作地帯のような小区画の農地の広がりがみえたので、のちほどロンバルディア生協の案内者に聞いたところ、老人福祉農園ということだった。これはポローニアで市が所有する老人福祉農園を開始し、それをミラノ市がならったことだということだが、老齢年金をもらいながら田園生活を楽しむもので、非常に評判がよく、ミラノ市は農地が少ないので一般市民の需要にまで応えられていないという話だった。周知のようにミラノ市は、都市自体を公園化し、そのなかで農地も保全する北パルコ、南パルコの計画をもっており(7)、そういえば我々がミラノ市参事にいただいたお土産も、一二八八年から一九四五年にかけてのミラノの庭園史だった。

ロンバルディア生協の話では、生鮮食料品は八〇％が国内産で、同生協の仕入れは、農協から四五％、民間の出荷団体から四五％、そして市場から一〇％ということだった。生協のお店でも、さすがにイタリアの品数は豊富で、とくに魚類はイギリスやスウェーデンはほんの数種類といった感じだったのに対して、豊かさを感じた。

周知のようにイタリアは小専門農協が林立し、レーガの傘下にも農協全国連合会ANCAがはいっているが、歴史的にもキリ民党系のイタリア協同組合同盟CCIに属するものが多く、同盟内で農協の占める地位が高い。「農協の分野ではCCIの方が強い。とくに南部ではCCIが強い」ということだ(8)。

こういう系列間の協同組合の勢力のアンバランス、農協の小規模性と生協の大型化志向との間に大きなギャップもありそうだが、レーガの系統でもCCIの系統でも協同組合間提携の大きな可能性をもっていると見受けられた。

ともあれ、のぞき見的な印象ではあるが、第一に、ヨーロッパ諸国は、確かに自然的条件等で自国の生鮮食料品生産には恵まれない場合にも、ヨーロッパ、EC規模での確保の線が貫かれており、日本のようにあくまで一国規模で自給率を問題にせざるをえない国との立場の違いを感じた。第二に、市民のなかに市民農園的な「農」志向が強いこと、第三に、環境問題への強い関心とあいまって新鮮で安全な農産物への志向が高まっていること、の三点が印象的だった。その意味では生協の農業への関わりと関心は今後より高まっていくだろう。また第二、第三の動きは、日本にも共通する世界的な潮流になりつつあるといえよう。

まとめ――ヨーロッパから日本へ

以上の三カ国の生協の共通項をまとめると、①店舗を主要業態とし、②員外利用の制限、事業展開の地域制限等の制約を受けず、その意味で大幅な「営業の自由」を享受し、③その代わり資本一般とほぼ同一次元での激しい競争を余儀なくされ、④生協経営と組合員活動、マネジメントとデモクラシーを峻別するといった点である。

そして本稿では主として④の面について検討してみたわけだが、実は④の面は、①～③の面と一定の内的な関連を有しており、そこだけを切り離してあれこれ論じたりするのは早計であろう。日本の生協が二一世紀に向けて店舗展開を重視していくとしても、それは班組織を基盤とし、共同購入の延長として店舗展開という思想になろうが、以上の「ヨーロッパ型」の展開は、そういう思想が現実性をもつための客観的メカニズムの問題について何程か示唆的だといえよう。

そのような四つの要因の相互連関性は一応みたうえで、本稿では、特に④の点がヨーロッパ型生協の一定の停滞なりたち遅れのひとつの原因ではないか、いいかえればヨーロッパでの激しい流通競争に生きぬいていくには、その点での何らかの改善が必要ではないか、という感想を述べてみた。このような印象は、生協の総代会や理事会の機能や実態についての調査抜きのそれであり、理事会等の内容に立ち入ることができれば、もっと違っていたかも知れない。

そして本稿で強調したかったことは、ヨーロッパの生協がその弱点を多かれ少なかれ自覚し、その克服のためにいろんな努力をしていることだった。そこではもういちど組合員の生協への帰属意識を高めるためにも、生協組合員のアイデンティティーの確認のためにも、環境問題等への真剣な取組がなされ、そのような努力の一環に食料問題が位置づけられている点に非常に興味深いものを感じた。

しかしそれらの模索や努力は、なお経済的利益の提供や消費者運動代行的というか、生協事業本体の外回りでの「参加」問題にとどまっているような気がした。それを本稿では「恩恵的」と表現してみたが、「上からの」というい い方でもよい。

以上のような印象からすれば、ＩＣＡマルカス会長が提起した「協同組合と基本的価値」、すなわち「参加、民主主義、誠実、他人への配慮」は、協同組合の道徳哲学ないしは倫理綱領の提起であろうが、ヨーロッパでも日本でも問われているのは、このような「仏」に関する崇高な論議もさることながら、「魂を入れる仏」をどう組織機構的に創造していくかではないだろうか。

注

(1)神奈川県生協連等『これからの生協』一九八七。
(2)栗本昭『先進国生協運動のゆくえ』ミネルヴァ書房、一九八七、六八頁。
(3)内藤英憲「スウェーデンにおける消費協同組合の現状と問題点」『産業研究』四号、一九八三。
(4)栗本・前掲書、八七頁。
(5)イタリアの生協の組織問題とそこでのロンバルディア州の位置づけについては、イタリア生協連組織問題セミナーにおけるバルベリーニ会長の報告を参照されたい。大津荘一訳、『生活協同組合研究』No.一六〇〜一六四、一九八九。
(6)久宗高・並木正吉「過剰を招かない食糧自給政策とは」『現代農業』八九年七月増刊号。
(7)宮本憲一『環境経済学』岩波書店、一九八九、三五〇頁。
(8)生活問題研究所編『イタリア協同組合レポート』五一頁。

「ヨーロッパ型生協と組合員参加問題」日本生協連二一世紀ビジョン研究会編『欧州三カ国生協調査報告資料集』日生協、一九九一年

第7章　生協事業連合の国際比較

はじめに——本章の課題領域

生協の事業連帯には、共同仕入、機能統合、破綻生協の救済、弱小生協の支援等の多様な形があるが、中核は法人格をもつ事業連合の設立である。

法人格をもつ事業連合は、自然人組合員からなる単位生協を一次組織とすれば、それらを会員とする二次組織であり、そこには単協とは異なる「独自のメカニズムと独自の特性があり、特別の原則を必要としている」(1)。とすればたんなる事業論を越えた考察が必要であり、また事業連帯は優れて実践的な産物なので、「特別な原則」は実践をトレースするなかでしかみいだせない。また、事業連帯、事業連合はＩＣＡの新しい協同組合原則の第六の協同組合間協同の一つとして、国際的な経験をもっている。

以上を踏まえて本章では、日本の事業連帯を歴史的にトレースし、そこでの論点を整理し、ヨーロッパの経験も踏まえながら、共通する課題を展望する。

Ⅰ　日本における事業連帯・連合の展開

1　第Ⅰ期・設立期：一九九〇年代前半まで

地域生協の事業連合は一九九〇年代前半から法人化が始まった。その背景は次の三点である。

第一に、日本生協連（以下「日生協」とする）は、その第一次中計で「拠点生協づくり」を提起し、それに基づいて「県内連帯」という名のもとに県単一生協をめざした合併が追求された。事業連帯・事業連合は、このような「県内連帯」の次のステップとして、「県域を越えるリージョナルな連帯」として課題設定されたものである（リージョナルとは、東北、関東、北陸等のエリアをさす）。例えばいち早く県内連帯の目途をつけた神奈川・静岡が、トップを切って最も統合色の強いユーコープ事業連合の結成に向かった。しかし完全な県内連帯（県一生協化）がなされたわけではなく、「県内拠点生協による県域を越える事業連合づくり」というのが実態であり、拠点生協以外の生協（本章では便宜的に「周辺生協」と呼ぶ）も事業連合に参加している。その場合は統合度の高い拠点生協同士の連合と統合度が低い周辺単協の参加という二重構造になるが、このような構造は現在も引き続いている。

第二に、事業連合の設立には、「県内連帯から県間連帯へ」という量的発展論だけではなく、破綻した周辺生協や連帯構想の県域を越えた救済というのっぴきならぬ事情も働いていた。

第三に、一九八〇年代までに次々と共同購入生協が立ち上がるなかで、量的には共同購入が日本の生協の主要業態、成功体験となっていたが、店舗の比重が高い先発生協を中心に八〇年代後半から共同購入の伸び悩み現象が現れ、新たに店舗展開が問われるようになり、また、後発生協も店舗展開へのチャレンジを課題としていた。

共同購入は「班」が荷受け組織となる単品大量結集型の、生協に独自の業態であり、競合がおらず、ノウハウは先

表7-1　地域生協の事業連合（2003年度）

事業連合名	法人化年	会員生協数	会員組合員数（万人）	会員事業高（億円）	うち事業連合供給の割合（%）
コープ東北サンネット	1995	4	79	1590	26
コープネット	1992	6	233	4239	62
首都圏コープ	1990	8	70	1347	70
ユーコープ	1990	6	160	2226	77
生活クラブ生協	1990	21	26	754	64
コープ北陸		3	23	325	65
東海コープ	1994	4	56	944	67
コープきんき	2003	7	154	2367	
コープ中国四国（2005年予定）		9	138	1950	
コープ九州	1993	8	131	1929	35
グリーンコープ	1992	14	33	574	79

注：2003年度の関係生協の総会資料等により生協総研が集計。中四国については2004年度の数値。

発生協に学べる低投資業態だが、店舗業態にはＳＭ（スーパーマーケット）チェーンという競合が既に存在しており、多品種少量仕入を必要とし、ハード面での多額投資、ソフト面での店舗運営ノウハウの修得等、単協の力量を越える面があり、それを「連帯」の力で突破したいというのが、当時の事業連合化の最大の動機だった。

日生協の「九〇年代後半における課題と目標」（九五年）は、「リージョナル連帯の構築と全国連帯の再編」を打ち出し、「ＳＭ、ＳＳＭ（大型スーパーマーケット）業態の店舗展開では、物流基地を中心とする商勢圏にチェーン展開することが最も効率的」で、「リージョナルな範囲が、共同購入とＳＭ店舗の業態をチェーン・オペレーション・システムによって運営していく単位として最適」とした。「店舗はリージョナルで」が経験則とされたのである(2)。

一九九〇年には、「本格的な店舗展開が全国の生協に求められている」として、その課題を「全国の先進的な生協が必要なリスクを負担しながら」追求する「日本生協店舗近代化機構」（コモ・ジャパン）が設立されている(3)。コモ・ジャパンの設立と事業連合化との関連は必ずしも明らかではないが、コモ・ジャパンは店舗生協が軒並み不振に陥るなかで九九年には解散する。

立ち上げられた事業連合の概要を**表7―1**にまとめておく。

2　第Ⅱ期・見直し期：一九九〇年代後半

立ち上がった事業連合はとくに二つの面で成果をあげた。第一は周辺生協の引き上げ効果である。当時の生協陣営には単協と連合の両方に資源配分、投資をするだけの余力はなかったので、連合化は主として拠点単協の経営資源なかんずく商品部を連合に移行させる形でなされた。それによって周辺生協の品揃え、仕入条件、労働条件、経営能力等を拠点生協水準に引き上げる「連帯効果」が発揮された。

第二に、とくに東日本の連合では、所期の目的である店舗開発効果が発揮された。拠点生協のモデルを参考にその指導下で新たなタイプの店舗の出店がなされ、成功を収めた。

事業連合化は、拠点生協にとっても規模拡大効果をもつはずだった。共同購入がかげりをみせるなかで、連合化による大都市周縁部県への進出は合併に代わる規模の経済の追求手段であり得たからである。連合の準備・立ち上がり期は折からのバブル経済と重なり、特にそのような効果を期待できた。

しかしながら連合の立ち上げ直後からバブル経済が崩壊し、あるいはバブル崩壊のなかでの連合立ち上げになり、不況のなかで供給増は困難となり、拠点生協が期待したほどの規模拡大効果は現れなかった。後述する部分機能連帯型の連合は、連合としての資本投資を極力行わない方針だったが、統合度(4)の高いユーコープ等は連合自らが投資したことにより高コスト化し、その投資の失敗と新型店舗（一〇〇〇坪のＳＳＭ）の不振が重なった。

このようなことを背景に、九〇年代なかばには早くも事業連合の見直し論が巻き起こった。見直し論を例示すれば、①会員生協が都合の良い機能だけを「いいとこどり」「つまみ食い」する連帯では規模拡大が果たされない、②商品部の連合移行により組合員に依拠した商品開発力が低下した、③不況下でコスト削減が厳しく求められるなかで機能重複によってコストが高まった、等である。そこから、「店舗開発という所期の目的を果たせない連合は破綻した」、

「連合をつくってそこに業務委託するより拠点生協が周辺生協から直接に業務受託した方がよかった」という評価も生まれた。

このような見直し論の多くにとっては後述する部分機能連帯型を強く打ち出したコープ東北サンネットが理想の姿に写った。

高い統合度を求めたユーコープでは、連合と会員生協の「機能分担ではなく、会員生協がすべての機能を有し執行する責任を負う上で、会員生協としての自立した主体性を確立すること」「会員生協機能の拡大強化に伴い従来連合で行ってきた業務を、会員生協に移管する」と反動が大きく、共済事業等の拠点生協への移管、連合の店舗、共同購入・個配の各事業推進委員会の主催・議長の拠点単協の担当者への移管がなされた（九七年理事会）。

要するに拠点生協にバブル期の「余裕」がなくなり、それは不振である店舗業態の比重の高いところほどそうだった。そのため拠点生協の不振の原因を事業連合の責任にすり替えるような面もあり、「（連合から）逃げる拠点生協、（連合を）追う周辺生協」という当初とは逆の構図になった。

こうして拠点生協の店舗事業等の不振、大規模化して組合員から遠くなった生協への不満、統合度を高めた連合への不信、一部生協の不祥事、創設期トップの交替等とも重なって、各生協は内向きに経営再建や事業構造改革事業（端的に労働分配率の「世間並み」への引き下げ）に取り組むようになり、連合は足踏み状況になった(5)。

3　第Ⅲ期・新たな展開期：二一世紀

しかし結果的に主要機能の単協移管、事業連合の解散等の事態には至らなかった。事業連合化は既に時代のすう勢になっていたのである。そのなかで世紀の変わり目に新たな展開がみられだした。

第一は、事業連合の空白地域だった近畿、中国、北陸、四国でも事業連帯が強まり、コープきんきは二〇〇三年に法人化、コープ中国四国も二〇〇五年予定となり、事業連合が全国的に出揃う見通しとなった。いいかえればリージョナル連帯の次のステップとしてナショナル連帯が日程にのぼる条件ができた。

第二に、形式的には県域を越える事業連帯・連合には入らないが、北海道でコープさっぽろが自らの経営再建を果たしつつ、釧路市民生協の統合、道央市民生協の全面業務提携、宗谷市民生協、コープとかち、コープどうとうとの業務提携等を行っている。それは、地域的拡がりと供給高二一〇〇億円という規模からしても内容的には広域事業連合並みといえる。東北でもコープふくしまの加入具体化や員外生協との共同仕入等がなされている。連合に接続しうる連帯の強まりである。

第三は、コープとうきょうのコープネットへの参加（九九年）により、供給高で四五〇〇億円規模の最大の事業連合が成立し、コープちばの共同購入事業の統合、長野の参加も具体化した。この新たな連帯の特徴点は多いが、さしあたり、①二〇〇三年度の供給高に占める共同購入の割合は、とうきょう、さいたまともに五九％と高く（コープネット全体で六七％）、この間の経営的な揺れが少なかった共同購入主体の生協のイニシアティブによるものであること、②中核となるとうきょうとさいたまが「新たな協同のレベル」すなわち限りなく高い統合度を追求していること、③日生協との商品開発の共同化を進め（二〇〇〇年に共同開発商品発売）、日生協との「事業共同化の方向を展望」し、日生協を核とする全国連帯の追求に繋げようとする点である。

日生協は以前から首都圏一本化を事業連合化の核心に据えてきたが、それが数歩前進したわけで、それらを踏まえて九中計（二〇〇四〜二〇〇六年度案）で、①二〇〇〇億円以上の規模をもつ全国七〜一〇のリージョナルグループの形成、②それと日生協の提携、③そのためのコープネット事業連合と日本生協連のより踏み込んだ提携の先行事例づくり、④物流・情報システム等日生協インフラの共同利用、ＳＭ店舗のリージョナル・チェーン（五〇店規模）確立、全国で五〇〇〜一〇〇〇店規模のＳＭ店舗づくりを掲げた。二〇〇〇年からは委員会を立ち上げ、全国共同開発と一部の連合・単協とのエリア共同開発を開始した。

要するに日生協とのコープ商品共同開発、日生協インフラの共同利用、そしてＳＭのリージョナルあるいはナショナル・チェーン展開である。「生協の供給事業の商品面での全国的なチェーン体制」(6)は前からいわれてきたことだが、それが現実性を帯びてきたわけである。「リージョナル連帯から全国連帯へ」が第Ⅲ期のスローガンである。

4　新たな展開の背景と論点

新たな展開を促した要因の第一は、いうまでもなく長期不況とデフレのなかで低価格訴求への対応が必須になったことだ。いわゆるＥＤＬＰの世界である。そのためには規模の経済を商品の開発・調達、物流等のあらゆる面で追求し、管理コストを引き下げる必要がある。

第二に、流通資本の再編・業態転換、競合の出店ラッシュへの対抗である。

第三に、この間の食品の偽装表示、ＢＳＥ、鶏インフルエンザ等の安全問題への対応である。信頼に基づく「顔の見える産直」だけでは対抗し切れない、市場社会における不信に科学的に対抗するには検査・安全管理体制の確立が不可欠となった。

第四に、ウォルマート、カルフール、テスコ等の多国籍流通資本の日本上陸への対抗である。ウォルマートと提携した西友はウォルマートの主力業態・スーパーセンター（食品ＳＭとホームセンター）を相次いで出店した（その後、外資の撤退も報じられている）。

第五に、以上のような状況をシビアにみせるヨーロッパの経験である。この間、日本の生協トップが相次いでヨーロッパを視察しているが、そこでイタリア、イギリス等の生協トップが異口同音に「忠告」したことは、競合が進出する前に先手を打たないと競争に負けるということだった。

要するに第Ⅰ期のテーマが店舗開発だったのに対して、第Ⅲ期のそれは「価格」だといえるが、関係者の現局面の競合・競争の捉え方には差がある。

一方は、多国籍商業資本への対抗を前面にだし、ともかく低価格化で対抗しようとし、そのために全国ＳＭチェーン化を図ろうとする捉え方であり、イオンのトップバリューが目標とされる。

他方では、店舗業態重点の生協は、共同購入業態は本部集中型でいけるとしても、店舗は現場感覚が重要だとして、健闘しているローカルチェーンも睨みつつ、インストアのベーカリーや総菜、魚、精肉等の対面販売を取り入れた「個店化」方向を模索しようとする。

前者の例がコープネット、後者の例がユーコープである（新店舗・ミアクチーナの展開）。またコープこうべはローカルで三〇〇〇億円を最適規模として、それへの収斂（しゅうれん）を当面の方針とし、品揃えはコープこうべＰＢとＮＢを主体とし、日生協商品はあくまで補完と位置付け、ロット・加工品系で日生協に期待する。

要するに「より良いものをより安く」は共通目標だが、「良い」と「安い」の均衡点をどこに、どのように求めるかの相違を残している。しかし「良い」も「安い」も相対的であり、価格訴求だけでも、個店化だけでも、ともに限界がある。また最適規模もエリアや競合の捉え方によってフレキシブルであり、刻々変化している。ナショナル連帯のためには、このような戦略意思の相違を実践的に克服していく必要がある。

Ⅱ　事業連帯の諸類型

事業連帯をいちおう統合型、部分機能連帯型、共同仕入型に分けてみていく。「いちおう」としたのは分類はもとより相対的だからである。なぜ型が分かれるのかは単協間関係論によるが、それが必ずしもあてはまらないのが第Ⅲ

期の特徴でもある。

1　統合型

第Ⅰ期に最も強く打ち出したのがユーコープであり、第Ⅲ期にはコープネットである。

ユーコープは当初は「事業連合から連合へ」（九一年）、すなわち事業のみを統合する「事業連」から組合員組織を含む「連合」、すなわち県域を越えた事実上の単協合併を打ち出した。より正確には、単協の事業機能の基本を連合に吸い上げ、単協は総代会、加盟脱退承認、予算決算、資産投資のみを行い、実質的には幾つかの地区本部に分割して、そこで組合員活動、店舗運営、農産・水産の一部仕入れを行う。いわば単協を「オーナーズ・ソサエティ」（後述）として中抜きし、連合—地区生協の二本立てとし、連合はフランチャイズ・チェーンのフランチャイザー、地区生協はフランチャイジーかつ組合員組織となるという構想である。

しかし生協法の壁、組合員や職員の「私の生協が遠くなる」というとまどいのなかで、九三年からは組合員活動・人事・決算・管財機能を単協に戻した「戦略的連合・機能連合組織」に方針転換した。さらに九七年には前述のように逆揺れして、ＯＪＴ、共済、広報、単協人事等を単協に移管している。しかし事業面での統合度は、生鮮・産直品も含めて全商品を連合を通すこととし、システム・物流も統合するなど高い（**表7—1**で統合度は七七％と最高）。

近年はコープかながわが店舗をはじめとする経営立て直しに全力を注ぐなかで、事業連合としての結集力には陰りがみえ、人事交流等も途絶えている。フランチャイズ・チェーンから個店化への揺れも大きい。

第Ⅲ期をリードするコープネットにおけるコープとうきょうとさいたまコープは、当初は、「合併をめざすものではない」と断りつつも「コープネットの場での実質合同」を嘔っていたが、ネット・とうきょう・さいたまの「三者中計」（二〇〇四年六月）では「新たな協同のレベル」をめざすという表現に改めている。とはいえ三者の常勤役員の意思統一の場を統合したこと、「組合員組織の基本構造の見直し」（当初は「一致」）等には、従来にない統合への意思をみることができる。しかし現状では商品の仕入・販売面の統一はなされたが、物流や管理システムの統一はこれからで、統合度も六二％と事業連合のなかでは平均的で、戦略意思の統一が先行している。

実は多くの事業連合が、その初発には統合・合併を将来展望していたのが事実であり、その点では高い統合度の追求は、発想としてはこの二事例に限られることではない。県内連帯（拠点生協づくり）の次のステップとして地域連帯が追求された経緯からしても、それは一面では自然な発想でもあった。

また第Ⅲ期のコープネットを第Ⅰ期のユーコープの再現とみるのも正しくない。この間の世情の変化を反映して情報公開度ははるかに高まり、ガラス張りのなかで、リージョナル連帯からナショナル連帯を展望しての「統合」の追求である。

2　部分機能連帯型

当初はユーコープ、Kネットを除く全連帯が（前述のコープネットも含め）この類型であり、今日に至るまで主流をなす類型である。拠点単協の商品部を連合商品部に移すことを基本に、連合としての設備投資等は極力避けて簡便を旨とし、事業については会員単協の合意した部分についてのみ統合する形である。従って、店舗開発、店舗事業のみを統合するケース、共同購入にも踏み込むケース、生鮮や産直品は単協扱いにするケース等様々である。連合は基本的にコストセンター（かかった費用を会員生協から徴収）とし、独自の資本形成は避け、いつでも解散できる可能性を担保する。良くいえば「一致点に基づいた連帯」、悪くいえば「いいとこどり連帯、つまみ食い連帯」である。

ここでは「単協主権」が声高に主張されるが、具体的には誰の主権なのか、単協トップなのか、単協組合員なのか定かでない面が残る。後述するように事業のみの連合であることを強調すれば、経営の実質責任を担う単協専務の主権というのが実態に即しているかも知れない。しかしより正確には後述するガバナンス問題として提起されるべきである。

また商品部という生協事業の心臓部を連合に移管してしまった後では、単協主権を抽象的に主張するだけでは始まらず、連合商品部を誰が統治するかが問題になる。

この類型にあっては、単協同士が合意した水準までしか統合は進まない。現実の統合度をみると、単協主権の主張の強かった東北は二六％、九州は三五％にとどまる。逆に当初は連合の「独走」を牽制するために最も神経質に各種の組織的な手だてを講じた東海コープが、現状では六七％という相対的に高い統合度を達成している点は注目される。一致したところでしか連帯しないのは民主主義の原則であり、統合型といえども一致して統合をめざした点に変わりはないとすれば、両者の相違は単協主権イデオロギーではなく、事業ビジョンの相違だろう。

3　共同仕入型

コープこうべを核とする「Ｋネット協同連帯機構」がこれにあたる。法人格をもたない任意組織で、自ら事業は行わず、加盟生協はコープこうべと協定を結んで、主として店舗ＮＢの共同仕入れを行い、二〇〇二年度には西日本を中心に一八生協が四七一億円仕入れている。コープこうべの生産商品は員外利用になるが、店舗商品を中心とする一般の仕入れは員外利用ではないとしている。

「Ｋネット綱領」（九六年）では、商品事業の強化、店舗事業の業態確立、共同購入事業の強化、経営資源の相互利用を掲げており、九七年頃は「すべてのリソースを結合へ」、「Ｋネットを越えるネットワークづくり」「調整型から戦略性の高い意思決定への転換」と事業連合化の気配もみせたが、現状はコープこうべからすれば、「友誼団体」であり、自らは「コーディネーター」だとする。コープきんきが立ち上がり、メンバーはほとんど重複しているので、その影響を受けることになろう。

コープこうべはコモ・ジャパンを通じる店舗開発やコモテック・こうべ（九三年）を通じる店舗人材養成等でその卓越したノウハウを他生協に開放してきたが、そのような連帯活動を店舗商品にも拡げ、コープこうべが確保した仕入れ条件を参加生協に享受させる関係といえる。部分機能連帯型の「いいとこどり」の部分をさらにおおらかにした、「どうぞお使いください」の連帯だが、核となるコープこうべが経営的に厳しくなれば、そのゆとりもなくなり、発展は難しくなる。

4　事業連合における単協間関係

以上のような諸類型は会員単協の主体的選択によるものだが、ある程度までは会員である単協間関係に客観的に規定されているといえる。単協間関係というと、正規の構成員しか視野に入らないが、実は多くの連合が正規メンバー以外の小生協と連帯関係をもっていることは前述の通りである。

そのうえで正規メンバーについてみると、ユーコープの場合は設立当初「一二対二」ということがよくいわれたが、これはかながわ・しずおかの供給高比率であり、さらに両者より一桁少ない市民生協やまなしが加わる。これだけの差がある単協間の連合は統合型になりやすい。

それに対して、東北ではみやぎ、とうきょうが参加する前のコープネットではさいたま・ちば、コープ九州ではエフコープ（福岡）が突出しているが、ユーコープにおけるほど決定的なものではない。距離的にも離れ、それぞれユニークな個性をもった単協間の連合となると、やはり単協主権尊重型の部分機能連帯ということになろう。

Kネットの場合は加盟生協が多いにもかかわらず、供給高の半分はコープこうべが占めて超突出的であり、そこでは実態的に統合型になるか、それともコープこうべの恩恵を一方的に受ける関係にならざるを得ない。

以上は結果論だが、それに対して第Ⅲ期のコープきんきは、供給高に決定的な差のない七生協が連合を立ち上げ、いわば「拠点なき連合」である点で、またコープネットにおけるとうきょうとさいたまといった供給高で肩を並べる大生協同士が「新たな協同のレベル」づくりにチャレンジする点で、二〇世紀には経験しなかった単協間関係の構築であり、以上の類型を相対化するものといえる。いいかえれば二一世紀には「対等連帯」ともいうべき新しい（本来の連帯という言葉にふさわしい）型が登場したといえる。対等連帯が対等合併に行き着くのかは、生協法第五条の帰趨とかかわって不明である。

Ⅲ　事業連合における参加とガバナンス

1　問題の所在

事業連合は、第一に、自然人組合員の人的結合を本旨とする協同組合にあって、協同組合という法人組織を組合員とする二次組織の点で、さらに事業のみを行う二次組織という点で、二重の特殊性をもつ。

仮に事業のみを行う二次組織に生協の事業が全て機能統合されたと考えれば（統合型）、事業は二次組織、組合員組織は一次組織という協同組合の分裂が起こる。さらに前述のフランチャイズ・チェーンモデルのように二次組織が仕入機能、一次組織が小売機能となれば、事業も分裂することになる。

部分機能連帯型でも本質は変わらない。二次組織は事業を部分統合するのみと理解すれば、それは単協事業の延長上に位置づけられることになり、そこでの単協主権の発揮も単協専務が行使すればよいことで、一般的組合員は関わりないことになる。

要するに事業連合は、協同組合において一体であるべきとされる「組合員組織と経営、運動と事業」の乖離（かいり）をもたらす可能性が高い組織化だといえる。これは事業連合の「原罪」であり、その自覚が必要である。

そこで、それを回避し事業と運動の一体化を図るには単協合併しかないとして統合型を根拠づける見解もみられ、それを阻む現行生協法の問題性が指摘される。確かに競合が全国展開どころか国際展開を図るグローバリゼーションの時代に、ひとり生協だけを県域に閉じこめる現行生協法は完全に時代遅れであり、規制緩和は必須だといえる。

では法規制がなくなり、仮に県域を越える単協合併が可能になったら、事業連合が抱える問題が解決するかといえば、そうはならないだろう。大規模化した今日の協同組合は等しく組織と経営の乖離に悩んでおり、事業連合化はそれを組織問題としてあからさまにしたまでである。そこで協同組合のガバナンスと組合員参加の問題が提起されることになる。

2　事業連合のガバナンス

事業のみを行う二次組織という事業連合の組織形態自体が自然人組合員からは遠く、幾重もの間接（代議制）民主主義でのみ結ばれており、経営者支配を招きやすい。そこから、事業連合がそれ自体の意思と資本をもって単協のコントロールの効かないところにいってしまうのではないかという懸念、事業連合に自然人組合員が積極的に関わるべきでないかという考えが、立ち上がり期の多くの事業連合に共通していた。

そこで事業連合の正規の理事会の構成が検討されるとともに、単協（非常勤）理事による合同協議会・交流会等が試みられたりした。しかしそれでは意思決定の二重化を免れず、混乱の元になりうる。そこで幾多の変遷を経つつ、今日では連合理事会に連合・単協の常勤理事だけでなく非常勤理事を加える方向にほぼ収斂しているが、逆行事例もみられる。

しかし非常勤理事を加えれば自然人組合員の声が反映されるという単純な問題ではない。第一に、多くが主婦である非常勤理事にとって経営の専門的事項は「素人」であり、生活者、生協利用者としてのその持ち味を活かすには、たんに単協理事としての資格・活動だけでなく、連合事業等に関わる各種委員会活動等のバックアップを受ける必要がある。第二に、連合会のフォーマルな間接民主主義のあり方としては、単協経営を代表する理事（理事長・専務等）が連合理事会と単協理事会のフィードバック機能を十分に果たしうるか否かが決定的である。連合と単協の双方的コミュニケーションの第一義的な担い手は彼らである。第三に、常勤役員を単協のそれも含めてどう構成するか、そこに決済金額等を含む専決権限をどこまで与えるかによって、実質的な運営はかなりの程度決まってしまう。単協・連合の常勤役員が連合に集中すれば、単協まで含めて経営者支配が行き渡り、また専決権限が高すぎれば経営者支配が強まり理事会は形骸化する。低すぎれば連合経営の動きは鈍り、理事会は煩雑になる。

以上、経営と組合員および経営内部のガバナンスについて触れたが、単協の仕入部門や商品事業を統合した事業連合が事業として関係する範囲はそれ自体として大規模であり、かつ単協や単協組合員との関係だけでなく、外部の仕入先との関係も広範にわたり、その社会的責任は極めて大きい。食品の不当表示問題等の多くも事業連合と農協系統子会社等との取引関係において発生している。

このような社会的責任は、事業連合化したと否とにかかわらず生協大規模化に付随する問題でもある。このような社会的責任の面でのガバナンスを考えた場合、単協以上に経営責任と経営監視責任のそれぞれの明確化、そしてステークホールダーも含め、広く社会から員外理事等を招くとともに、社会に対する経営の透明性の強化が欠かせない。

3　事業連合への組合員参加

前述のように、事業連合をたんなる事業だけの連合会と捉えれば、単協専務の主権行使で足りるかも知れないが、それでは肝心の商品の開発・調達への組合員参加は途絶えてしまい「市場の内部化」により市場経済に対抗しようとする「協同組合らしさ」は失われる。前述の第Ⅱの見直し期に拠点生協の多くが痛感したのも、商品部を連合に移したことに伴う組合員参加の後退による商品力の低下だった。

連合の商品事業等への組合員参加については、上述の理事会参加に加えて、以前から連合専務の諮問機関等として単協組合員をメンバーとする商品・安全・店舗・共同購入等の各種委員会が組織されてきた。このような試みは統合型のユーコープにおいても、また「新たな協同のレベル」を追求するコープネットにおいても意識的に追求されている。

しかし組合員参加といっても、委員会方式は特定のメンバーに限られる。そこで市場経済を前提とした今日のポイントとしては、組合員からのクレーム・意見・要望への対応である。単協によせられたそれをなるべく現場に近いところで迅速果敢に対応するとともに、連合に専門部署を置いて集約・分析・蓄積しつつ、事業や運営に反映させていくことが必要である。前述のように二次組織は本来的に間接（代議制）民主主義になるが、それが閉塞しがちなもとでは、このような参加型民主主義、双方向型コミュニケーションが大切である。

Ⅳ　ヨーロッパ生協の事業連帯

1　なぜヨーロッパか

ヨーロッパにおける事業連帯・事業連合の有り様は(7)、前述のように日本の今日のナショナル連帯の提起にも多大の影響を与えている。例えば「首都圏においてはスウェーデン型でやってほしい、それ以外はイタリア型でもスウェーデン型でもよい。しかし両方の二重構造をとるよりは、スウェーデン型の方がよいと思います。（中略）コープネットとしては全面的に結集するという姿勢で臨みたい」(8)という意見がある。

ちなみにスウェーデンでは、「単協→KF（スウェーデン生協連）→コープノルデン株式会社（北欧三国の生協）→コープスウェーデン株式会社」という連鎖的な資本出資関係をとり、そこでは単協は資本所有者である「オーナーズ・ソサエティ」となり、事業は株式会社化した生協が北欧三国、スウェーデン規模で行う。つまり組織は人的結合（協同組合）だとしても、事業は資本結合（株式会社）という乖離状況を呈している。しかもスウェーデンの人口は八八〇万人で神奈川県を少し上回る程度、ノルウェー、デンマークと併せても一八六〇万人程度で、東京と埼玉を足した人口より少ない。いってみれば県規模の話であり、人口一・二億人の日本との比較は難しい。

それよりも事業連帯の点ではイギリスの共同仕入が、事業連合の点ではイタリアが参考になると思われるので、その事例を簡単に紹介する。

2　イギリスの事業連帯

イギリスの生協の凋落は激しい。食品シェアは一九六〇年代に二五％だったのが、一九九〇年には八％、ある分析では三・五％で下げ止まるとされている。CWS（卸売生協連合会）とそこから分立した小売のCRSが大きな比重を占めるが、CWSも小売を行っていたスコットランドCWSを統合することにより小売部門にも進出するようになった。そして資本によるCWSの買収騒動を経て、二〇〇〇年にはCWSとCRSが合併し、卸連合会にして小売も行うコーペラティブ・グループ（CG）となった。CGとその他九生協でイギリス生協の事業高の九三％を占め、なかでもCGは単独で五六％を占める。

さかのぼってCWSは一九九三年に他の三単協と共同仕入のためのCo-operative Retail Trading Group（「共同仕入機構」と意訳されているが、以下CRTG）を設立した。それは二〇〇一年以降ほぼイギリスの全生協の共同仕入機関となった。CRTGはもともと卸売連合会であったCWSが、現実には一元的な卸の地位を占めることができなかったことに対する代替機関とも解釈できる。

イギリス生協は三〇年前には大きな店舗を展開したが、ここ一〇年ほどは市街地および郊外住宅地等に立地するCVS（コンビニエンスストア、日本のミニスーパー、スーパーレットに近い）に収斂していった（CGに次いで第二位のユナイテッド生協の場合、CVS四三九店、SM四三店、スーパーストア四店、同生協ではCVSは二七〇平方メートル以下）。このようなCVS業態への収斂と仕入共同化の時期は一致する。

二〇〇一年には最後に残ったユナイテッド生協もCRTGに参加することになり、ほぼ仕入全国一本化となった。ユナイテッドは、それまでは仕入力で決して負けないと自負していたが、実際は条件的に劣ることが判明した。参加の最大の理由は価格、次いで品揃えとリベートである。組合員（その範囲は問題だが）はユナイテッドのCRTG加入は承知しており、品揃え、とくに精肉と生鮮品の質が良くなったと評価しているという。

イギリスではテスコ、アズダ等の資本がSMの主流だが、とくにテスコ・エクスプレスがCVS六〇〇店を買収する等してCVS業態にも進出し、SMのもつ食品とくに生鮮品の商品力を使って品質、品揃え、価格ともに優れた競争力を発揮している。イギリスではCVSの価格はSMの一五〜二〇%高とされているが、テスコは五%に設定している。それに対してCGもテスコ・エクスプレス店を素材に店舗改革に取り組んでいるが、そのような価格競争激化が全国共同仕入の成立背景をなしているといえる。

CRTGは法人格をもたない任意団体であり、法的行為はCGが担い、両者は事実上切り離せない関係にある。それだけにCGからの独立した意思決定がガバナンスの中核をなしているが〈注7〉の文献を参照）、ハードを伴う実務面はCGに依存するところが大きい。共同仕入のための（食品）バイヤーは全てCGが雇用したうえで（単協のバイヤーは移籍か配置換え）、CRTGのカテゴリー・マネジメント・チーム（CMT）として働き、その給与はCRTGがメンバーから徴収して、CGに支払う。

食品は生鮮も含めて共同仕入に統一され、非食品はCRTGとの契約には入っていないが、実際にはCRTGを通じる仕入れが増えている。その他、旅行センター、デパート部門の仕入もCRTGが担当し始めている。

CRTGが実際に担当するのは、仕入価格の決定、品揃え、プロモーションとプロモーション価格の設定、売り場スペースと棚割の計画である。品揃えは場所や店舗業態によって変え、地方に根ざす商品の仕入については単協が決められた日程に従ってCRTGに申告し、CRTGがイングランド、スコットランド、ウエールズ、北アイルランドそれぞれの地域の管理チームと検討して最終決定する。供給サイドが単協を訪問することは禁じられ、共同仕入が守られているかはCRTGが定期的にチェックしているが、品揃えとプロモーションの九五％は守られているという。

プロモーションを除く通常の売価決定、店舗開発、店舗運営は単協が行う。出閉店、店舗のレイアウトや陳列場所は単協が決めるが、生協のCVSは「ウエルカム」の名前とコンセプトで統一されており、前述のようにCRTGにパネルが設置されデザインやカラーを検討しており、単協は大いにそれを参考にしている。

メーカーとの実際の取引は、CRTGが交渉して決定した品揃えと価格の条件に即して単協が発注し、代金は単協がメーカーに直接に支払う。リベートはCRTGにプールされ、その運営費を引いて単協に配分される。

物流はCGのそれを使うが、一部は単協に残っており、その統一がCRTGパネルの具体的課題になっている。PBは約五割、自営農場の生産物を除きCGの自家製は少ない。

3　イタリアの事業連帯と事業連合

イタリアの生協はナショナルなコープイタリア、リージョナルな広域事業連合、ローカルな単協の三重構造になっている(9)。イタリアでは九大生協に事業の九五％が集中しており、それが全国三地域の広域事業連合を形成する（トスカーナ地方は途上）。そのうちチェントラーレ・アドリアティカに属する単協（三つの大きな生協と三〇の小生協）の供給高が全国の四二％を占めるので、同事業連合を例にとる。

アドリア海沿岸地域（ディストリクト）には物流を担当する事業連合（ＣＩＣＣ）が既に四半世紀前から営業しているが、三年前からマーケティングを担当する事業連合を検討し、二〇〇三年一〇月から営業している。立ち上げた理由は端的にいって、フランスをはじめとする外資の進出、そのシェアの急拡大、それに伴う競争激化のなかで、生協がトップの座を維持するには新たな企業モデルが必要であり、単協が仕入れからマーケティングまで全てをやっていたのではリスクが大きく、専門化の効果を追求する必要があるということである。

ここ数年、低所得層はもとよりゆとりある層も低価格志向になっており、コスト引き下げが必須になっている。三者の関係をみると、まずコープイタリアは「仕入れ・マーケティング・センター」として、品揃え、仕入価格、セールスプロモーション等に責任をもつ。実際には、商品を、①品質面でのリーダー商品（ＮＢ）、②市場リーダー商品（ＮＢ）、③ＣＯＯＰ商品、④ローカル商品、⑤低価格本位の商品の五カテゴリーに分け、④を除く商品をコープイタリアが直接に仕入れ、④は単協が仕入れるが最終決定権はコープイタリアにあり、品質等のチェック責任もコープイタリアにある（ａ全国集中商品、ｂ半全国商品、ｃ分散型商品に分けると、ａにはテレビ等、ｂにはパスタ、下着、オリーブ油等、ｃにはチーズ、ワイン、パン、サラダ菜、総菜等が入り、ａからｃへと④の比重が増す）。

コープイタリアは、食品については単協からの注文を単協・事業連合の物流センターに回し、物流センターが仕入先に注文し、代金を支払う。非食は単協→コープイタリア→仕入先と注文し、物流センター→コープイタリア→仕入先と代金支払いされる。代金は仕入価格＋物流費でマージンはとらない。仕入量と小売売価は単協が決める。

コープ商品の開発・調達はコープイタリアが行うが、エージェントを通じて、おいしいか否か、競合商品と比較してどうかの全国五〇〇人規模のブラインド・テストを行う。

出店は単協が行い、コープイタリアはハードには一切タッチしない。単協ごとに行うのは自治体の都市計画に関わる許可制度と関連するが、投資に伴う財産権の問題もあろう。店の業態、フォーマット、レイアウト等についてはコープイタリアが専門家とともに研究しているが、「これが望ましい」という形での関与はしない。

以上のようなコープイタリア—単協の関係を前提として、広域事業連合は、単協が行っていた④の仕入れを統合して担うことになる。よって事業連合の成立により生協の対コープイタリア関係には基本的な変化はない。

事業連合はカテゴリー④について、品揃え、仕入れ価格・売価の決定、プロモーション、ロイヤリティ、宣伝、棚割（フェーシング）を行う。価格やマージンを決めるのは連合だからというのがその理由だが、各単協の直面する競合との関係で、単協からの売価に関する希望は聞くことになる。しかし連合が単協の損益に責任をもつわけではない。グローサリー、冷凍品、精肉、非食品についてはカテゴリー別仕入れ、乳製品、総菜、魚、青果物については一〇名程度のスペシャリストを各エリアに配置してエリア別仕入をしている。

前述のようにコープ商品の開発はコープイタリア、出店はもっぱら単協の領域である。

事業連合の理事は三大単協の正副理事長と商業部長であり、経営役員会は理事長と三大単協の商業部長、それに事業連合のＳＭ、ＨＭ（ハイパーマーケット）、オペレーションの三部長が随時参加する。理事長はコープイタリアの理事でもある。日本の専務に当たる人はおらず理事長が兼ねる。

同理事長に、単協の事業連合への統合はないのか聞くと、自分は合併には反対ではないが、地域に組合員と密接な関連をもつ単協があることは生協の強みだという答えであり、また三大事業連合の統一（オールイタリア化）はないのか聞くと、「原理的にはそうだとしても、夢をみるのと実際に行うのは違う」という。

4　まとめ

イギリス、イタリアに共通していることは、ナショナル—リージョナル—ローカルを通じて生協陣営の戦略意思が明確で、段階や単位組織による乱れがない点である。われわれ外国人に対する対応という面を割り引いたとしても、その点は揺るがない。かつ段階間の機能の重複・競合は若干残るにしても基本的に整理されている。

そのうえで両国ともＣＲＴＧなりコープイタリアが、全国規模で仕入条件の交渉・決定を行っている。ＣＲＴＧに典型的だが、何らハードをもたない任意組織が、そのような力を発揮するのは、積極的には前述の戦略意思の統一に基づく一致した実践であり、消極的には日本のような超寡占的卸資本あるいは共同仕入資本が存在せず、生協とメーカーとの直接的関係になる点であろう(10)。このように統合力は強いが、同時に仕入先、品揃え、価格について単協サイドの意向を吸収するチャンネルも設けられ、柔軟性を有している。

さらに日本と比較すれば、イギリスはＣＶＳ、イタリアはＳＭとＨＭへの業態統一がある。イギリスのＣＶＳ特化が選択の結果か競争敗退の結果か、またサバイバル戦略として妥当か等の問題は残るにせよ、業態の統一、シンプル化もまた共同仕入を支える条件であろう。日本は共同購入、個配、店舗となお業態軸が収斂していないが、事業連合は店舗展開と換券しており、そして少なくとも店舗については「食を中心とするＳＭ」という方針に収斂しつつある点で一定の条件は熟しつつある。

またヨーロッパになくて日本にあるのは、商品事業への組合員参加である。ヨーロッパでは組合員の活動・参加といえば福祉や環境へのそれであり、商品政策・事業への参加ではない。商品開発にあたって組合員の声を聞くことはしない。売れるか売れないかで組合員の満足度はわかるとされ、満足度調査もなされている。フリーダイヤルもある。商品テストも一般消費者に対するものであり、組合員が含まれているかは偶然である。そこが員外利用規制のある日本との違いでもある（とはいえコープ・アドリアティカのＨＭの例では員外利用は二六％に過ぎない）。「協同組合らしさ」の発揮の一つが「組合員の声を聞く」こと（市場の内部化）にあるとすれば、ヨーロッパはその決め手を欠いている。

おわりに――ネットワークとしての協同組合

協同組合を前述のように組織・運動と事業・経営の統一体とみる理解もあるが、組織と経営はアプリオリに一体ではない。デモクラシーとマネジメント（効率）は絶えず矛盾しうる。それを踏まえれば協同組合は「組織・運動と経営・事業の矛盾的統合体」である(11)。いいかえれば運動体の適正規模と企業体の適正規模はアプリオリに一致しない。

その意味では単協を県域内に残しつつ、事業の適正規模を求めて、県域を越えた事業連合を立ち上げ、さらにはナショナルな連帯を志向することは経済合理的である。ポイントは、組織、事業、部門、カテゴリー、商品ごとにそれぞれ異なる適正規模を見極め、それに応じてローカル・リージョナル・ナショナルな連帯を仕組み、そのネットワークを構築することである。そしてそのレベルごとに組合員の参加と理解の透明度を高める努力をしていくことである。前者はヨーロッパが先行しており、後者は日本が先行している。

事業連合がよく使う言葉に「ネットワーク」がある。「コープ東北サンネット」や「コープネット」の「ネット」とは「ネットワーク」の「ネット」だろう。矛盾的統合体としての協同組合は、その適正規模をそれぞれ異にする協同組合の諸組織・機能の重層的なネットワークのなかにしか存在しない。そのようなネットワークをどう構築しつつ、そのガバナンスと組合員参加をどう保証するかがグローバリゼーション時代の課題である。

注

(1) ベーク『変化する世界　協同組合の基本的価値』ＪＪＣ、一九九二。

（2）第Ⅰ期については、拙稿「事業連合化の時代の生協課題」『生活協同組合研究』一九九五年四月号。
（3）コモについては、「特集ＣＯＭＯ・Ｊａｐａｎの事業と目標」『生協運動』一九九三年一一月。
（4）「統合度」は本稿の言葉で、事業範囲や機能の統合度を指すが、指標的には［連合供給高／会員生協供給高］で計ることにする。
（5）第Ⅱ期については、拙稿「生協の事業構造改革――事業連合と個配」『生活協同組合研究』二〇〇〇年四月号。
（6）高村勲『生協経営論』コープ出版、一九九三、六〇頁。
（7）以下、ヨーロッパの生協については、栗本昭監修『ヨーロッパの生協の構造改革――生き残りをかけた挑戦』コープ出版、二〇〇三、序章（栗本）、第一章（イギリス、山内明子）、第三章（スウェーデン、小熊竹彦）、第四章（イタリア、大津荘一）を参照。
（8）矢野和博「コープネットにおける経営構造改革の視点」『生協運営資料』二〇〇三年一月。
（9）この項は拙稿「事業連帯の新たな展開と課題」『生活協同組合研究』二〇〇四年一二月号からの引用である。
（10）独禁法、協同組合法等との法的関係もあろうが、その知見はない。
（11）このような理解については拙著『新版　農業問題入門』第一〇章、大月書店、二〇〇三。

「生協の事業外連帯・事業連合」現代生協論編集委員会編『現代生協論の探求』コープ出版、二〇〇五年

第8章　マルクスの土地所有論と農民像

はじめに

国権的・集権的社会主義の崩壊や市場経済への移行にともない、「マルクス離れ」が急速に進んでいる。しかし現存した集権的社会主義国のリアルな実態分析と、そこでのマルクスの理論的受容の適否の点検を抜きにした、いわば世界の時流にのったような精算主義的な「マルクス離れ」は、人類に途方もない知的回り道を強いるだけだろう。崩壊しあるいは現存する社会主義の建設過程において、とくに家族小経営的生産様式やその土台としての小土地所有の扱いは枢要点をなした。そしてこの「小経営という生産様式」のもつ歴史的な意義と限界を明確にし、「否定の否定」論の出発点においたのは、ほかならぬマルクス『資本論』だった。つまり歴史的過渡期の分析に家族小経営の位置づけは欠かせない。

本稿は、以上のような観点にたって、マルクスがその変革の理論と政策を模索するなかで、土地所有や小農民をどのように捉え、いかなる土地・農民政策を構想していったかをトレースすることにしたい(1)。

マルクスの所説は通常、小農没落論、土地国有化論に総括される。理論的にはたしかにそうだが、マルクス自身によっても現実にそれがあてはまるのは、「もっとも進歩した諸国」なかんずくイギリスのみであり（特殊には東ドイツ）、彼らにとってより現実的・一般的だった問題の焦点は、ヨーロッパの小農国における土地政策農民獲得政策だった。そこでは、理論が指し示す方向を人類史的な射程における目標としながらも、具体的なプロセスと政策が必要とされたのである。

いわゆる「労農同盟論」の成立過程を「時系列的な変化」として捉えるアプローチに対しては批判的な見解もある(2)。もちろん革命家達は、理論・革命の原則と現実・政策との絶えざる緊張のなかにあり、また論争の時と場と相手によってそのいい方や力点を変える。したがって作業にあたっては、一般的に論じられたことの現実的限定性に留意し、限定的に述べられたことの安易な一般化は厳につつしむべきである。同時に、変革の理論はそのような試行錯誤のなかでしかきたえられないものであり、それを「理論」の現実への「妥協」とみるか、理論の発展とみるかは、それ自体が論理的に解明されるべき事柄である。本稿ではそのような理論の展開過程をトレースしたい。

マルクスの理論展開はエンゲルスとともにあったが、両者にはかなりの違いが存在する。当該問題についていうならば、マルクスは主としてイギリスやフランスを守備範囲とし、エンゲルスはドイツなかんずく東ドイツが帰趨を制するものと位置づけていた。違いの背景には、このような対象の違いもあろう。そこで本稿ではマルクスを主とし、エンゲルスにもふれるという形にしたい。

彼らの土地所有論と農民論はもとより不可分の関係にあるが、どちらかといえば土地所有論が革命的高揚期の合間に考察されるのに対し、農民論、農民政策は革命的高揚期に飛躍をみることが多く、それぞれ相対的に独自の発展経路をたどるので、一応は両者を分けて考察することとする。しかし最後の一八七〇年代にあっては、この両者の一体的展開がみられるのが特徴的である（なお引用に際しては、『マルクス・エンゲルス全集』の邦訳（大月書店）の巻数を〇で囲んで示し、次いで頁数を示す。『経済学批判要綱』については大月書店刊・高木幸二郎監訳の頁数を示す。訳は少し変えたところがある）。

Ⅰ　マルクスの土地所有論

1　所有の本質論

マルクスの所有・土地所有の本質論は、一言でいえば疎外論的所有論であり、本源的所有論である。そして両者を結ぶのが共同体的所有論だといえる。そしてこのような共同体的所有論は、マルクスの研究の出発点から『資本論』等の到達点に至るまで、深められることはあっても変わることはなかった。

マルクスは、自らが経済学研究と「社会主義」への出発点となったとする「第六回ライン州議会の議事第三論文木材窃盗取締法に関する討論」（一八四二年）で、枯れ枝・枯れ木・落穂拾い、二番刈り等の「貧民の慣習的権利は、その最も豊かな源泉をゲルマン的権利にもとめうる」が（①一二五頁）、その権利行使が「ローマ法にその原型をもつ現存の抽象的私法の諸カテゴリーを適用することによって」（同一三七頁）窃盗とされてしまう彼の故郷の現実を批判する。研究の出発点において、このようなゲルマン法的土地所有権の現実と、そのローマ法的所有権理解にたった解釈との対立に遭遇したことは、マルクスにとって運命的ともいえよう。

マルクスは、いちはやく経済学の研究をはじめたエンゲルスの「国民経済学批判大綱」（一八四四年）等における競争論的な見地を受け継いで、「経済学・哲学草稿」（一八四四年）において、この「競争の結果、所有地の大きな部分は資本家たちの手に落ちて、資本家たちは同時に地主となる」という「土地所有の資本化」（㊵四二五頁）を論じて、ひとまずは土地所有をも「私的所有」に一般化する。

だがマルクスにいわせれば、エンゲルスが強調する「競争」は「国民経済学者が動かすところの車輪」に過ぎず、彼らは「私的所有の事実から出発する。それはわれわれにこの事実そのものを説明しはしない」。かくして私的所有の「事実そのものを説明」すること、すなわち「私的所有の普遍的本質」、「真に人間的かつ社会的な所有に対してそれはどんなあり方をしているか」（同四四二頁）こそが、マルクスにとっての真の問題である。

この問いに対して、「草稿」は「疎外された労働」論をもって答えようとする。すなわちその第一規定（労働者の生産物からの疎外）、第二規定（労働の自己疎外）から第三の「類的本質からの疎外」がみちびかれる。「人間が意識的な類的存在であること」は「対象的世界の実践的産出、非有機的自然の加工」において実証されるが、「疎外された労働」は、かかる類的本質をたんなる「肉体的生存の手段」「個人的生活の手段」たらしめてしまう（同四三八頁）。その結果、「人間の人間からの疎外」が起こる。すなわち「疎外され外在化された労働を通じて労働者は、労働とは無縁な、労働の外にいる人間のこの労働に対するあり方を産み出す。労働者の労働に対するあり方は、資本家の……労働に対するあり方を産み出す。それゆえ私的所有は、外在化された労働、労働者の自然と彼自身に対する外的なあり方の産物、結果、必然的帰結である」（同四四〇頁）。

それに対して「人間的自己疎外としての私的所有のポジティブな廃棄、したがってまた人間による、また人間のための人間的本質の現実的獲得としての共産主義」は、「個と類とのあいだの、抗争の真の解消」であり、そこでは「活動と享受とはそれらの内容からしてもまたあり方からしても社会的であり、社会的な活動と社会的な享受である」（同四五七〜八頁）。いいかえれば「現実の個別的人間が、……個別的人間のままでありながら、……類的存在となったときはじめて、……人間的解放は完成されたことになる」（「ユダヤ人問題によせて」一八四三年、①四〇七頁）。

さらに『ドイツ・イデオロギー』（一八四五〜四六年）においては、「労働の分割のそのつどの段階は労働の材料、用具および産物にかんして諸個人相互間の間柄をも規定する」、すなわち「労働の分割のさまざまな発展段階の数だけ所有のさまざまな形態がある」（③一八頁）として、生産力発展とのかかわりで「所有」が捉えられる。そして「現代的普遍的交通は万人のもとへ隷属させられることによってしか諸個人のもとに隷属させられることはでき」

ず、「プロレタリアの占有の場合には一群の生産用具が各個人のもとに隷属させられ、そして所有は万人のもとに隷属させ」られることになる（同六四頁）。こうして生産は「自由に結合した諸個人の全体的計画」に服する。すなわち「インチキ共同体」「幻想的な共同体」でなく「ほんとうの共同体において諸個人は彼らの連帯の、またこの連帯をとおして……自由を手にいれる」（同七〇頁）とされる。

このような「人間的自己疎外としての私的所有」の把握、そのポジティブな廃棄としての「人間的本質の獲得物としての共産主義」「ほんとうの共同体」の展望のうちにマルクス所有論の出発点が定式化される。

しかし「私的所有の、換言すればまさに経済の、運動のうちに全革命運動はその経験的な土台をも理論をも見出す」（㊵四七五頁）。かくして疎外論的所有論の哲学的見地は「経済の運動」把握のうちに深められねばならない。「私的所有は、単純な関係でも、また抽象的な概念でも、原理でもなくブルジョワ的生産関係の総体」のことであり、「ブルジョワ的生産関係の総体は、階級関係」なのである（『哲学の貧困』一八四六〜四七年、④三七四頁）。

マルクスの経済学研究の最初の集大成たる『経済学批判要綱』（一八五七〜五八年）は、以上の「疎外された労働」としての私的所有に対して、「所有の本源的形態」を鋭く対置する。すなわち『要綱』は、「ブルジョワ的所有の「第一法則」＝「労働と所有の同一性」から、「第二法則」＝「労働者が彼自身の労働の生産物をわがものとしないこと、……逆にいえば他人の労働が資本の所有として現われる」（『要綱』四〇六頁）、「疎外の最も極端な形態――労働にたいする資本の関係」（同四五一頁）への「領有法則の転回」過程を分析する。

すなわち賃労働・資本の歴史的前提は、「自由な小土地所有、ならびに東洋的共同体を基礎とする共同体的土地所有を解体することである。このふたつのいずれの形態にあっても、労働者は自己の所有（Eigentum）としての彼の労働の客観的諸条件と関係している。これこそが労働とその物的前提との自然的統一（natürliche Einheit）である」（同四〇七頁）。

そこで「共同体的土地所有」の三つの形態、「アジア的基本形態」「ギリシャ・ローマ的（古典古代的）形態」「ゲルマン的形態」が比較されるが、結論的には「所有の本源的形態（ursprüngliche Form）は、それ自体直接的な共同所有である（東洋的形態は、スラヴ的形態では変形されている。古代的およびゲルマン的所有では対立物に発展しているが、対立物であっても、しかもなおそのかくれた基礎をなしている）」としている（同四三一～二頁）。

すなわち東洋的形態では「存在するのはただ共同体的所有と私的占有だけ」であり、古典古代的形態では、共同体・国家が所有する公有地の「他の部分は分割され、そしてそれぞれの分割地は私的所有であり」、ゲルマン的形態では「彼らがローマの平民のように公有地の利用［から］しめだされ、剥奪されていたかぎりでは、厳密に私的所有者（Privateigentumer）そのものである。公有地は、ゲルマン人のばあいには、むしろ個人的所有の補完としてのみ現われ」、「共同体は、これらの個人的土地所有者そのものの相互の交渉のうちにだけ存在する」（同四一七頁）といった相違があるが、そこでも共同体が「かくれた基礎をなしている」点では「直接的な共同所有」すなわち共同体的所有なのである。

そしてそのいずれにあっても「労働する（生産する）主体（ないしは自己を再生産する主体）が、自分のものとしての彼の生産と再生産の条件に対して関係」している（同四三〇頁）。かくして「所有とは本源的には、自分に属するものとしての、自分のものとしての、人間固有の定在とともに前提されたものとしての自然的生産諸条件に対する人間の関係行為のことにほかならない」（同四二五頁）。

このような所有の本源的形態、すなわち共同体を媒介あるいは「かくれた基礎」とする、労働する主体の、自分のものとしての生産条件に対する関係行為に対して、「労働の資本に対する、すなわち資本としての客観的な労働の条件に対する関係行為」（同四三一頁）が対置されるのである。

かくして「所有の本源的形態」は、①共同体を媒介にし、あるいは「かくれた基礎」にしているという点での「共同所有」「共同体的土地所有」であり、②そこでの労働主体と労働の客観的諸条件との「自然的統一」、「労働者と労働条件の本源的統一」（㉖Ⅲ、五四六頁）である⑶。そして後者は「自由な小土地所有」「小さい家族農業」（同）にも共通している。

以上を比喩的に総括すれば、「経済学・哲学草稿」等のマルクスが、私的所有の本質を「疎外された労働」として把握する「所有の哲学」を論じたのに対して、『要綱』は「所有の本源的形態」という「所有の歴史学」を展開したといえる。そして前者が「私的所有のポジティブな廃棄」を「ほんとうの共同体」に求めたとすれば、後者は「所有の本源的形態」を「共同体的所有」に求めた（「アジア的共同体（自然発生的共産主義）」同五四七頁）。つまり所有の「哲学」と「歴史学」を結ぶのは、将来と原始のちがいはあれ「共同体」「コミュニズム」なのである。

そして「所有の本源的形態」から「疎外された労働」としての「私的所有」への旋回（原始的蓄積）を起点とする「所有の経済学」こそが、次なる課題となる。

2　『資本論』と近代的土地所有論

共同体的所有は「原則的に制限された生産力の発展だけに照応する。生産力の発展は、これらの形態を解体するし、その解体自体が人間の生産力の発展なのである」（『要綱』四三二頁）。かくしてわれわれもまた、私的所有の枠内での生産力発展の一時期を経なければならない。「所有の経済学」の展開としての近代的土地所有論である。

「リカードウの意見」では、地代は「ブルジョワ的生産の諸条件に従属した封建的所有」であるとされ（『哲学の貧困』④一七五〜六頁）、『剰余価値学説史』（一八六二〜六三年）においても「近代的土地所有というのは封建的なものでありながら、それへの資本の働きかけによって変化させられたもの」と捉えられた（㉖Ⅱ、一九四頁）。『資本論』においては、近代的土地所有は「資本制生産様式の歴史的な結果」、「歴史的な前提」、および「永続的な基礎」と把握され、それゆえ経済学批判プランにおいても、資本・土地所有・賃労働の序列が描かれる。

マルクスの地代・土地所有論は、リカードウに内在してのリカードウ批判（差額地代）、リカードウを越えてのリカードウ批判（絶対地代）として展開する。

すなわち差額地代論にあっては、下降序列と収穫逓減を前提として、差額地代の累積のもとで資本蓄積が終焉してしまうという、産業資本家サイドからの一方的な土地所有批判に対して、地代総額あるいは平均地代の上昇（土地所有の利害）と相対的剰余価値生産・資本蓄積（総資本の利害）の両立可能性（差額地代第二形態）を論証し(4)、資本と土地所有が妥協しつつ、ともに労働者階級に対立する構造を明らかにする。

それに対して絶対地代論では、農業における価値と生産価格の差額をもって「絶対地代」とし、価値を越える「独占地代」と峻別しつつ、前者だけを差額地代とともに地代の「唯一の正常な形態」とした。いったい誰にとって、なぜ「正常」なのか。農業で生産された価値の限度内での絶対地代は、工業で生産された剰余価値の再配分までは要求しない。しかし農業で生産された価値を越える独占地代は、資本の有機的構成の農工格差を前提した場合、工業で生産された剰余価値に食い込み、その土地所有への再配分要求を意味する。資本にとっては、前者であれば農業が存在しないと仮定すればあきらめられる話だが、後者では農業部門の存在が積極的なマイナスになる。

つまり絶対地代は、農業で生産された価値の範囲内での再配分という、工業に代表される資本が許容しうる「限度」を示したものに過ぎない。その限りでは、絶対地代論で論じられた土地所有とは、このような資本の許容限度内での高度に抽象化された「土地所有」に他ならない。だが他方では、そのような絶対地代の成立メカニズムとして、資本に対する「外的な力および制限」としての「土地所有の独占」の行使が不可欠であるとすれば、われわれは「土地所有の独占」の内容に踏み込まざるをえない(5)。

では「土地所有の独占」とは何か。『学説史』では「土地所有の独占は、ちょうど資本の独占のみが資本家をして労働者から剰余労働を搾取することを可能にするように、土地所有者をして資本家から……」と、「土地所有の独占」を「資本の独占」と併立させるが、のちに「ゴータ綱領批判」（一八七五年）では、「労働手段は地主（土地所有の独占は資本独占の基礎でさえある）と、資本家の独占である」⑲一五頁）として、「地主を攻撃せずに資本家階級だけを攻撃する」ラサールを厳しく批判する。要するに「土地所有の独占」とは、土地所有から労働者のみならず資本をも排除する「階級独占」なのである。

このような階級独占は経済的には土地所有の供給独占（制限）として作用する。すなわち「多くの豊饒な土地がイングランドのようなヨーロッパの最も発達している諸国で耕作されていない」（㉖Ⅱ、三九九頁）、「フーリエも言っているように、どの文明国でも土地のかなりの大きな部分がいつでも耕作されずにある」（㉕b、九七二頁）(6)。

しかし階級独占のより本格的な行使は、すでに「経済学・哲学草稿」が指摘しているように、「工業の支配下にあっては、土地所有はそれの封建的威力をただ対外的独占によってのみ確実に保持することができ」るという「対外的独占」の形をとり、それに対抗して工業は土地所有を「外国の土地所有との競争へ投げ入れ」ようとする（㊵四二九頁）。「土地貴族の両派たるトーリ党もウィッグ党もともに進んで『穀物法』を彼らの党派争いを越えた恒星としてうやまった」（『ジョン・ラッセル卿』一八五五年、⑪三九五頁）。要するに国家権力の行使による穀物法の施行こそが、土地所有の階級独占の最も有力な貫徹形態に他ならない(7)。

「土地の貴族と資本の貴族は、彼らの経済的独占を守り永久化するために、彼らの政治的特権を利用することを常とする。……下院は土地所有者の議院なのだ、と彼（パーマストン）は叫んだのである」（『国際労働者協会創立宣言』一八六四年、⑯一〇頁）。

要するに土地所有は、それがたとえ「近代的」なものであれ、たんに価値と生産価格の差額の収取に満足するような階級調和的存在ではなく、その独占力を行使してより多くの剰余価値の分け前にあずかろうとし、そのためには政治権力をも駆使する存在なのである。それゆえ土地所有の変革は、いずれの国にあっても革命・戦争・大恐慌等の「圧力」を必要とする。

このような土地所有の具体像に対するマルクスの関心は、イギリスの「近代的土地所有」の実像のみならず、「イギリスの地主制度の保塁」「イギリス土地貴族の牙城」としてのアイルランド土地問題、『要綱』における共同体的土地所有、「資本の文明化作用」のインパクトの下におかれたインドの土地所有、晩年のロシア土地問題への沈潜等、『資本論』原蓄コースの西ヨーロッパ的限定に比例してますます高まってくるのである。

3　合理的農業と私的土地所有批判

このような「階級独占」としての近代的土地所有の生産関係的把握と並んで、『資本論』は「合理的農業」の見地からする私的土地所有の批判とその廃棄の人類史的意義を明らかにした点で決定的な意義をもつ。

周知のようにマルクスは一方では分割地所有の生産力的限界を厳しく指摘する。「この用具（土地）の分割すなわち分割地制度が存在するフランスでは、一般に、農業労働の分割も土地への機械の応用も、おこなわれていない」（『哲学の貧困』④一五九頁）、「彼らの生産の場である分割地は、その耕作に分業を適用したり、科学を応用したりする余地がなく、したがってまた、そこでは、多様な発展も、さまざまな才能も、ゆたかな社会関係も、生まれてくる余地がない」（『ルイ・ボナパルトのブリュメール一八日』⑧一九四頁）。小規模農業は「労働の社会的生産力の発展、労働の社会的な諸形態、大規模な牧畜、科学の累進的な応用を排除する」（㉕a、一〇三四頁）。

このような大規模耕作の生産力的優位性の指摘は、たとえば一八七二年の「土地の国有化について」等でも変わらない。「われわれのもっている科学的知識、われわれが支配している機械その他のような農業技術手段は、土地の一部を大規模に耕作しないかぎり、決して有効に適用できない」「大規模な耕作は、……小規模な零細地の耕作にくらべてはるかにすぐれた成績をあげることができる」(⑱五三頁)。

しかしながら、このような「労働の社会的生産力の発展」だけが『資本論』の見地ではない。他方では、資本主義的な大規模農業が「人間と自然とのあいだの物質代謝を攪乱」し、「資本主義農業のどんな進歩も……土地から掠奪するための技術である」(㉓a、六五六~七頁)ことが指摘される。そしてこのような「近代的農業の消極的側面の展開は、リービヒの不朽の功績の一つであ」り、「ドイツにおける農芸化学、ことにリービヒやシェーンバインは、この(地代——引用者)問題に関してはすべての経済学者をひっくるめてもそれ以上に重要だ」(一八六六年二月一三日付けエンゲルス宛て手紙)。

それまでのマルクス地代論にあっては、地代に関わる土地条件は、単位収量の「差」のみが問題とされる相対概念としての「豊度」(Fruchtbarkeit)だけが問題だった。そのようなリカードウ等から受け継いだ相対概念としての豊度とともに、ドイツ農学流の絶対概念たる「地力」(Bodenkraft)が登場し、それとの関連で「地力の搾取や乱費」を行わず、「入れ替わっていく人間世代の連鎖の手放すことのできない存在・再生産条件」(㉕b、一〇四四頁)として農業を「自覚的合理的に取り扱う」「合理的農業」(今日の言葉でいえば「持続可能な農業」)の見地が取り入れられることになる(8)。

しかし「合理的農業」論は、『資本論』においては、私的土地所有と資本主義によって二重に否定される形でしか説かれない。

すなわち第一に、「真に合理的な農業はどこでも私的所有において越えがたい限界にぶつかる」。たとえば有益費問題の存在は「借地期間中に完全な還流を期待できないような全ての改良や投資を避け」させるという「合理的農業の最大の障害の一つ」を生み出す(㉕b、七九七~八〇〇頁)。また価格から回収することのできない、したがって生産的投資からの控除としての非生産的な土地購入投資は、「一般に土地の私有と合理的な農業との、つまり土地の正常な社会的利用との、矛盾」である（同一〇四〇頁）。

第二に、このような矛盾は、私的所有の廃止としてのブルジョワ的土地国有によっても解決されない。すなわち土地生産物が市場価格の変動にさらされ、栽培自体が価格に左右されるという市場メカニズムの支配、そして「資本主義的生産の全精神が直接目前の金もうけに向けられているということ、このようなことは、互いにつながっている人間の恒常的な生活条件の全体をまかなわなければならない農業とは矛盾している」（同七九八頁）。

要するに「合理的農業は資本主義体制とは両立せず（後者は前者の技術的発達を促進）、それは自分で労働する小農民の手かまたは結合した生産者達の統制かを必要とする」（㉕a、一五三頁）のである。

かくして、これまでの「労働の社会的生産力の発展」の見地からは小規模農業・小土地所有がもっぱら批判されたのに対し、新たな「労働の自然発生的生産力」（㉕b、八三一頁）、「地力」、「合理的農業」の観点からは、むしろ大規模農業・大土地所有が批判の対象となる。すなわち大小「どちらの形態でも、……地力の搾取や乱費が現われ」るが、とくに「大きい所有の場合には、借地農業者や所有者の富をできるだけふやすために、この手段を利用しつくす」からである。それとの対抗で、「自分で労働する小農民」は、「合理的農業」の担い手とさえみなされるのである。

いずれにせよ大小の土地所有に対する批判は、「農業の制限や障害としての私有に対する批判にいきつく」（同⑩四〇～二頁）。かくして「より高度な経済的社会構成体の立場からみれば、地球に対する個々人の私有は、……ばかげたものとして現われるであろう。一つの社会全体でさえも、一つの国でさえも、じつはすべての同時代の社会をいっしょにしたものでさえも、土地の所有者ではないのである。それらはただ土地の占有者であり土地の用益者であるだけであって、それらは、よき家父として、土地を改良して次の世代に伝えなければならない」（同九九五頁）。

かくしてここに、私的土地所有の批判・止揚は、たんなる労働生産性の発展といった見地ではなく、「人間世代の連鎖」すなわち人類の永続的生存条件の確保という人類史的見地を与えられるのである。

ではそのような人類の「再生産条件」の確保はいかにして可能か。その点を論じたのが『資本論』第一部第二四章の「否定の否定」「個人的所有」の再建論である。すなわち「資本主義的生産様式から生まれる資本主義的取得様式は、したがってまた資本主義的所有も、自分の労働にもとづく個人的な（individuellen）私的所有（Privateigentum）の第一の否定である。しかし、資本主義的生産は、一つの自然過程的な必然性をもって、それ自身の否定を生みだす。それは否定の否定である。この否定は、私的所有を再建しはしないが、しかし資本主義時代の成果を基礎とする個人的所有（individuelle Eigentum）をつくりだす。すなわち、協業と土地の共有と労働そのものによって生産される生産手段の共有を基礎とする個人的所有をつくりだす」（㉓b、九九四頁）。

この点については、フランス語版『資本論』および同ドイツ語第三版が「共有」を「共同占有」（Gemeinbesitzes）に書き替えたこととともあいまって、「土地の共有」「生産手段の共有」とは何をさすのか、そもそも再建される「個人的所有」とは何かをめぐる長く煩雑な論争があり、たとえば「共有」＝「共同占有」を「協同組合的所有」⑼、あるいは「否定の否定」後の労働者によるそれとする見解⑽もみられる。

しかし素直に読めば、「資本主義時代の成果」と、協業、土地と生産手段の「共有」＝「共同占有」とは、文法的に同格、内容的には同義である。それは当該箇所のすぐあとにくる「事実上すでに社会的生産経営にもとづいている資本主義的所有から社会的（gesellschaftlich）所有への転化」という文章にも明らかであり⑾、「資本主義的生産様式の基本形態」（㉓a、四四〇頁）としての協業の展開が、労働者集団による生産手段の共同占有＝事実上の共同所有をもたらしている現実を述べたものといえる。

このような見解はマルクスが各所で強調してきたことである。たとえば「協業や分業によって、また自然諸力に対する社会的支配の諸成果と労働との結合によって、労働そのものが社会的労働として組織されるということ。これらの両面から、資本主義的生産は私的所有および私的労働を、なお対立的諸形態においてであるとはいえ、廃棄する」

(26)Ⅲ、五五一～二頁、ただし訳文は『マルクス資本論草稿集　経済学批判Ⅴ』八巻、大月書店、五三五頁による)。
では再建される「個人的所有」とは何か。なぜ「社会的所有」が「個人的所有」と呼ばれるのか。それに回答を与えるのは先に第一項でみたマルクスの所有の本質論に他ならない。

すなわち第一に「個人」とは何か。「疎外された労働」としての私的所有論では、マルクスは人間が「類的本質からの疎外」から解放された「個人」になること、すなわち「階級成員」(『ドイツ・イデオロギー』)、「個々別々の労働者」「孤立した労働者」(『資本論』)としてではなく、そしてまた「インチキ共同体」「幻想的な共同体」ではなく「ほんとうの共同体」(『ドイツ・イデオロギー』)に媒介され、「現実の個別的人間が、個別的人間のままで……類的存在」になる(「ユダヤ人問題によせて」)ことを指摘した。

第二に「個人的所有」とは何か。本源的所有論では、たとえばゲルマン的形態について、一方では共同体の「公有地の利用からしめだされ、剥脱された(priviertwaren)私的所有者(Privateigentumer)」と規定しながら、他方では「公有地は、ゲルマン人の場合は、むしろ個人的所有(individuelle Eigentum)の補完として」、「共同体は、これらの個人的所有者そのものの相互の交渉のうちにだけ存在する」として、共同体との関わりでは「個人的所有(者)」と規定する。要するに同じ一つのものが、共同体との関わりを断ち切られたところでは「私的所有」とされ、共同体との関わりを有する限りは「個人的所有」とされるのである。

かくして「個人的所有の再建」とは、労働主体が、「ほんとうの共同体」に媒介された「個人」として、自らの労働条件との「本源的統一」「自然発生的統一」を回復・再建することに他ならない。つまりここでは、「個人的所有の再建」は「ほんとうの共同体」の再建と同義なのである。同時期、マルクスは、パリ・コミューンについて、それは「現在おもに労働を奴隷化し搾取する手段となっている生産手段、すなわち土地と資本を、自由な協同労働の純然たる道具に変えることによって、個人的所有を事実にしようと望んだ」がゆえに共産主義と批判されたとしているが

（『フランスの内乱』⑰三一九頁）、まさに「自由な協同労働の純然たる道具に変え」、「個人的所有を事実にする」主体はパリ・コミューンに具体化された共同体なのである。そこでのポイントは、社会的所有、協同組合的所有、国有といった所有の具体的法制度形態を云々することではなく、人間の個人としての定在、「自由な協同労働」をもたらす「ほんとうの共同体」をいかに構築するかなのである⑿。

4　土地国有化論の提起と限定

「ブルジョワ的所有の廃止」「私的所有の廃止」が『共産党宣言』（一八四八年）の言葉だった。そこでは「これらの方策は国によって異なる」が「もっとも進歩した国々」では「一、土地所有を収奪し、地代を国家の経費にあてること。二、強度の累進（所得）税。三、相続権の廃止」がかかげられた。その「もっとも進歩した国」イギリスでは、チャーチストの二分派がほかならぬ土地問題をめぐって衝突し、プチブル的な「オコナーと彼の党は、一部の労働者を小さな地片におちつかせ、最後には土地の細分化をイギリスで一般化させ」ようとしたのに対して、「チャーチストの革命的分派は、この細分化の要求に、全土地所有の没収の要求を対置し、それが細分化されることなく、そのまま国有財産とされることを望んでいる」（「評論」一八五〇年、⑦四五六頁）。

ドイツの同志に対する「一八五〇年三月の中央委局舎の同盟員へのよびかけ」は、封建領地の農民への分割というプチブル的要求を退けて、「労働者は、没収された封建的所有をそのまま国有地として、労働者入植地にあてるように要求しなければならない」とし、「農村プロレタリアート」を「雇用」して営まれる「封建的領地」の国有化を主張した（⑦二五七頁）。

土地所有に対する労働者階級の政策が本格的に論じられるようになったのは、一八六四年に結成された国際労働者協会（第一インターナショナル）の六七年以降の大会においてである⒀。そこではマルクス派、プルードン派、ラサール派、アイゼナッハ派等の諸派がそれぞれの変革プログラムとの関連で、またその対象とする土地所有の性格（大土地所有か農民的土地所有か）との関わりで、論争を繰り返したが、一八六九年のバーゼル大会で「社会には、土地の私有を廃止し土地を共同所有に転化する権利があることを声明」した（マルクス＝エンゲルス『労農同盟論（1）』大月書店、国民文庫、一九六六年より引用）。

しかし決議は、「共同所有」の具体的内容まで立ち入らなかったため、それを耕作する農業経営のあり方との関連で、これまた意見の相違を残した。このようななかで、声明の一カ月後、総評議会メンバーの参加のもとに、ロンドンで「土地労働連盟」が結成される。そこで「四〇名以上の著名な労働者代表の執行評議会が任命され」「熟考のすえ評議会は次の点について意見の一致をみた」。その筆頭が「土地の国有化」である。マルクスが手を入れたその呼びかけ文は、続けて「人民は、自然のたまものの正統な相続人である。生活の源泉である土地が少数の私的個人の支配下におかれ、その気まぐれにまかせられている状態を、合理的な社会は放置することができない。全人民によって選出され、その受託者たる政府こそが、社会全体の利益のためにそれを管理できる唯一の権力である」（『土地労働連盟から大ブリテンとアイルランドの男女労働者へのよびかけ』一八六九年、⑩五六七〜八頁）とする。

マルクスは、「バーゼル大会の一成果としてみるべきものは、……土地労働連盟の結成であって、これにより労働党は完全にブルジョワジーとは絶縁するのだ」、とその高い評価をエンゲルスに書き送る。同じ手紙でマルクスは、第一インターにおいてももっぱら農民的土地所有のみを論じるドイツの社会主義者達を念頭に、「ドイツには小農民的土地所有と並んで大土地所有が存在していて、これが生きのびている封建経済の基礎をなしているのではないか」として、ドイツの封建的大土地所有をも国有化の対象とする（一八六九年一〇月三〇日付け手紙、㉜三〇三頁）。

一八七二年、第一インターのマンチェスター支部から、そこでの農業問題論議の混乱を解くことを求められたマルクスは、有名な「土地の国有化について」の草案を書く。「土地の私有が実際にそのような普遍的合意に基礎をおくものとすれば、社会の多数者がそれを是認するのを拒んだその瞬間から、それが消滅するということは、明白である」とし、「農業に集団的な組織労働や機械や同様の発明を応用する必要によって、土地の国有化が『社会的必要』となり、さらには「農産物価格がたえず高騰をつづけていること」も「社会的必要性」を証明しているとする。

このような政策としての土地国有化の提起については、次の二点が確認される。第一に、「私的所有の廃止」をかかげた『共産党宣言』以来の立場からしても、また『資本論』にいたる理論の歩みのなかからも、私的土地所有の廃止・土地国有化は必然であった。だがその具体的な政策的提起は、国有化が現実にイギリスの労働者階級のなかで問題とされ、労働運動のなかに現実的基盤をもつに至るなかでの提起であるという点である。第二には、その対象がイギリスの大土地所有やドイツの封建的大土地所有等、大農場的に耕作される大土地所有に限定されている点である（エンゲルス『ドイツ農民戦争』第二版への序文一八七〇年、⑯三九五頁、を参照）(14)。

他方、「土地の国有化について」は、「農民的所有は『土地国有化』にたいする最大の障害であるから、フランスは、その現状においては、この大問題の解決「の手がかり」をもとめるべき国ではないことは確かである」と、農民的土地所有を国有化の対象から明確に除外する。

「過渡的な諸方策でさえ、どこでも当面存在している諸関係に適応しなければならないであろうし、小土地所有の諸国では、大土地所有の諸国とは本質的に違ったものになるであろう」（エンゲルス『住宅問題』一八七二～七三年、⑱二八三頁）。ではいったい小土地所有に対してはいかなる「方策」がとられるべきなのか。同時期の彼らが直面していたのはまさにその課題であるが、そのためには、マルクスの農民像と農民政策の展開を跡づける必要がある。それが次節の課題である。

Ⅱ　マルクスの農民像と農民政策

1　労農同盟の必要性

『共産党宣言』は、農民等の中間身分が「ブルジョワジーとたたかうのは、すべて中間身分として自分の存在を没落から守るためである。したがって彼らは革命的でなく、保守的である。それどころか、反動的でさえある。なぜなら、彼らは歴史の歯車の車輪を逆に回そうとするのだからである。もし彼らが革命的になることがあるとすれば、それは、彼らがプロレタリアートのなかに落ちこむ時がせまっているとさとった場合であり、彼らの現在の利益ではなしに、未来の利益を守る場合であり、彼ら自身の立場をすてて、プロレタリアートの立場にたつ場合である」（④四八五頁）。

ここには、農民が「革命的」となる場合がありうること、その客観的条件と農民自身によるその自覚の可能性の指摘はあるものの、そのような条件を積極的につくりだすためにプロレタリアートが農民層に主体的にどう働きかけるべきかの政策はない。その背景には、小農民的土地所有は「われわれが廃止するまでもない。工業の発達がすでにそれを廃止したし、またいまなお日々に廃止しつつある」（同四八八頁）という、農民層分解の急速な進行に対する法則的認識がある。このような認識にたつ限り、そこには、そもそも固有の歴史的課題は存在せず、したがってまた政策の必要性も存在しないからである。

たしかに、一八四八年革命における農民の革命からの「離反」（⑥三五〇頁）、ルイ・ボナパルトが六〇〇万票を獲得するという四八年一〇月の「農民反乱」「農民のクーデタ」（『フランスにおける階級闘争』一八五〇年、⑦四一頁）は、農民が「保守的」「反動的」であることを証明したといえる。しかしそれは事の半面でしかなかった。「歴史の学校でのひそひそ話によると、どの政府も、農民をだまそうとする間は酒税の廃止を約束するが、農民をだましてしまうやいなや、この税をそのまま存置するか、または復活するということだった。……ルイ・ボナパルトも、ほかのものとちがわない」。彼もまた喉元過ぎれば酒税を復活する。かくして「革命的な急ピッチで、一撃一撃と農民を襲った幻滅」のなかで「農民は次第に革命化した」（⑦七九～八二頁）。それに対し「もっぱら地方諸県と農民に対抗するため」に、ボナパルトは学校教師取締法、市町村長取締法等の地方自治権否定の弾圧措置をとるが、それは一層「革命を地方化し、農民化した」（同八二～頁）。

このような「革命的な急ピッチ」での歴史の急旋回をマルクスは次の二点に総括する。

第一は、「フランスの全人口の三分の二をこえる農村人口」という現実をふまえるとき、「農民と小ブルジョワが、ブルジョワ秩序に反対し、資本の支配に反対して立ちあがり、彼らが、その前衛闘士であるプロレタリアに味方せざるをえなくなるまでは、フランスの労働者は一歩も前進することはできず、ブルジョワ秩序を髪の毛一本ほどもそこなうことはできな」いという、プロレタリアートにとっての農民との同盟の必要不可欠性である。

第二は、農民の利益からしても、プロレタリアートとの同盟が必要な点である。分割地制度のもとでは「人口が増加し、それとともに土地の分割が増すのに比例して、生産用具、つまり土地の値段が上がり、しかも土地の生産性は低下し、またそれに比例して農業は衰退し、農民は負債に陥る。……抵当化は抵当化を生み、そして農民がもう、その分割地を新しい負債の担保とすることができなくなると、……農民は直接に高利貸付の餌食となり、それだけ高利貸付の利息は莫大となる。……こうした過程は、フランスでは、たえず増大する租税の負担と裁判の費用によって促進された」。「農民の搾取が、ただ形式の点で産業プロレタリアートの搾取とちがっているだけだということがわかるだろう。搾取者とは同一者、すなわち資本である」（⑦八〇～一頁）。こうして「いまでは農民の利益は、ナポレオンの治下でのように、ブルジョワジーの利益と、資本と調和せずに、それと対立している。そこで農民は、ブルジョワ的秩序をくつがえすことを任務とする都市プロレタリアートを、自分の本来の同盟者かつ指導者とみるのである」（⑧一九七頁）。

『共産党宣言』では農民の革命化はたんなる仮定でしかなかった。しかし今や「フランス全土の半分にもおよぶ農民蜂起」が起こった。仮定は現実のものになったのである。このような現実こそが、マルクスをして短時間のうちに、『共産党宣言』的な農民像と農民への態度を大きく転換させ、労農同盟の必要性と可能性の認識をうちださせるにいたったといえる。

しかしそれはまだ労農同盟の政治的経済的必要性の指摘にとどまる。このような必要性を現実のものたらしめるために、プロレタリアートは農民に対して主体的にいかなる政策を提起すべきか。その点については、一八四八年革命は「何をなすべきか」ではなく、「何をしてはならないか」を教えるにとどまった。この課題の解明は、次なる革命的高揚期としてのパリ・コミューン期を待つことになる。

2　農業労働者論と分割地所有論

革命期と革命期の間の一八五〇～六〇年代には、世界市場の形成と史上初の世界市場恐慌の勃発がみられ、資本主義世界の成熟とともに『資本論』への理論の歩みが進められる。そのなかで、前節でみた地代論に代表される近代的土地所有論や合理的農業論とならんで、農業労働者論と分割地所有論が深められる。現実との関連では、前者が大土地所有の国の問題、後者がヨーロッパの小農国の問題だといえる。

前者からみていくと、『国際労働者協会宣言』（一八六四年）は、政府の「青書」があからさまにした農業労働者への注目から始まる。「いちばん重い罪人からなるイングランドとスコットランドの懲役囚でさえ、イングランドとスコットランドの農業労働者ほどの苦役はしておらず、その食事も農業労働者よりはずっとよい」（⑯三頁）。この「青書」の分析が『資本論』第一部の「資本主義的蓄積の一般的法則」の章の第五節の主内容をなしている。そしてその前節では農村の潜在的過剰人口が分析され「農村労働者は、賃金の最低限度まで押し下げられて」いることが明らかにされる。

『資本論』と同時期に執筆された『賃金・価格・利潤』でも、賃金の動向分析の例証が農業労働者に求められる。さらにマルクスは、「イングランドのいろいろな農業地域の平均賃金は、それらの地域が農奴制の状態から脱したときの事情のよしあしに応じて、今日でもなお多少のちがいがある」点に注目している（⑯一四九頁）。

同時に、一八六五年のスコットランドにおける農業労働者の労働組合の結成、六七年のバッキンガムシャにおける農業労働者のストライキ（㉓b、三三〇頁）、そして六〇年代末アイルランドにおける「借地農業者階級に対抗する農業労働者階級の台頭」（一八六九年一二月一〇日付け手紙）など実践面でも農業労働者への熱い視線が寄せられる。

要するに農業労働者の賃金は、「自由な労働者階級がどのような条件をもって形成されたか」（㉓a、二二四頁）という賃金の歴史的規定性の端的な現れであり、かつそれは農家人口が潜在的過剰人口化するなかで賃金の最底辺を形成し、その低みから賃金一般を制約する。したがってそこでの労働運動は労働者階級にとってとりわけ重要な意味をもつ。およそこのような位置づけが、マルクス・エンゲルスの農業労働者に対する熱い眼差しの背景をなすといえよう。

後者の分割地所有・分割地農民については、マルクス等にとって農民とは、「不器用で狡猾、ならず者で素朴、愚鈍な崇高さ、打算的な迷信、悲愴な茶番、独創的でとんまな時代錯誤、世界史的な悪ふざけ、文明人の知力では解きえない象形文字」（⑦四二頁）という、一筋縄ではまったく捉えきれない存在だった。

その分割地所有を、『資本論』は二重の歴史的性格をもった過渡的存在として捉える。すなわち第一に、「自営農民の自由な所有は、明らかに小経営のための土地所有の最も正常な形態である。すなわち、この小経営という生産様式にあっては、土地の占有は労働者が自分自身の労働の生産物の所有者であるための一つの条件なのであ」る。すなわち先にみた「労働と所有の本源的統一」がもつ歴史的意義。「土地の所有がこの経営様式の完全な発展のために必要である」。「土地所有は、この場合には個人的独立の発展のための基礎をなしている。それは農業そのものの発展にとって一つの必然的な通過点である」。

第二に、「それを没落させる諸要因はそれの制限を示している」。すなわちその補足をなす農村家内工業の滅亡へ共有地の横奪、大規模耕作との競争、分割地所有そのものによる生産力発展の排除、高利と租税による貧困、非生産的な土地購入投資など「分割地所有の必然的な法則」、「独自の害悪」の「諸要因」(㉕b、一〇三三～四頁)による「没落」である。

このような歴史的二重性の把握は、『ブリュメール一八日』における「革命的農民」と「保守的農民」、「若々しい分割地の概念」と「衰退した分割地」という対比のなかにすでに芽生えていたといえる。そこでは「現在のフランスの農民を没落させているものは、彼らの分割地そのものであり、土地の分割であり、ナポレオンがフランスに確立した所有形態である」とし、「農民の零落の原因を分割地所有そのものにではなくその外部に、すなわち第二次的な事情の影響に求める幻想」を厳しく戒めており(⑧一九六頁)、このような規定はしばしば小土地所有否定の論理に援用されたりする。

しかし『資本論』では、このような「分割地所有の必然的な法則」と並んでその他の「諸要因」が指摘されており、また前述のように『フランスにおける階級闘争』は、資本が農民の搾取者としてたちはだかる点を指摘しており、『ブリュメール一八日』のこのような指摘は、「ナポレオン的観念」の源泉についての批判的分析ととるべきだろう。そしてまた『資本論』の同じ節で、このような小さな土地所有批判と並んで大きな土地所有に対する批判が展開されている点は既に指摘したとおりである。

3　パリ・コミューンと農民自治

フランスの農民は、自らが選んだルイ・ボナパルトの第二帝政の政治体制と強制租税のもとで経済的困窮を強める。とくに一八五七〜五八年恐慌は、穀物価格を「破滅的な安値」（⑫六一六頁）に追い込み、「フランス農業は低い価格とそれに負わされている重い負担とのため成り立たなくなるだろうという訴えの声が高まった」（『フォークト君』一八六〇年、⑭五〇七頁）。そこで「中間階級と都市プロレタリアートとの一部を大がかりな国家土木建設や他の公共事業によって現政府につなぎとめよう」というボナパルティズム政策（「フランスの財政状態」⑮三六一頁）がうちだされるが、農村をうるおすものではなかった。

かくして「農民的所有は、すでにずっと以前にその正常な段階——すなわち農民的所有が現実であった段階、それが社会の経済的必要にこたえ、農村の生産者そのものを正常な生活条件のもとにおく生産様式、所有形態であった段階——をこえて発展している。それは衰退期に入っている」（『フランスにおける内乱第一草稿』一八七一年、⑰五二一頁）。ボナパルトの「農村という源泉がいまでは尽きて」（⑫三七三頁）しまった。これがパリ・コミューン期のフランス農村だった。

それに対してパリ・コミューンとは、「本質的に労働者階級の政府であり、横領者階級に対する生産者階級の闘争の所産であり、労働の経済的解放をなしとげるための、ついに発見された政治的形態」である（『フランスにおける内乱』⑰三一九頁）。「コミュニズム」をといてきたマルクスにとって、パリ・コミューンこそは自ら理論的に想定した理念の現実化であった。なおここで「生産者階級」という言葉が使われている点に注目したい。そこには農民も含まれるからである。

このようなパリ・コミューンの経験は、対農民政策の点で二つの大きな前進をマルクスにもたらした。

第一は、コミューンが、「なによりもまず勘定高い人間である」「フランスの農民に提供した即時の恩恵」の点である。コミューンは、五〇億フランの戦費調達についても「なによりもまずフランス農民の利益を代表している」（同五一八頁）。さらに「即時の恩恵」としては、安上がりな政府、「司法上の吸血鬼」の労働者並み賃金のコミューン吏員への置き換え、「独立の社会生活と政治生活」の回復、司祭による愚昧化の学校教師による啓蒙への置き換え、司祭の給料負担の強制から「自発的行為」への転換等があげられる。かくして「コミューンが農民に『コミューンの勝利が諸君のただ一つの希望である』と告げたのは完全に正しかった」（同三二二頁）。

要するに「現在の経済的条件のもとにあってさえ、農民に大きな即時の恩恵を与えることができる唯一の権力」（『草稿』同五二二頁）であらねばならぬという点である。

第二は、地方自治、農民自治論の具体化である。「パリを拠点とする政府の中央集権制をつうじて、農民は政府と資本家のパリによって抑圧され、そして労働者のパリは、農民の敵の手にゆだねられた地方権力によって抑圧されたのであった」。それゆえ「地方は、パリのコミューンと同時でなければ、自由となることはできない」（同五二九頁）。そしてまた「コミューンのパリと地方のあいだに自由な交通が三カ月もつづいたなら、農民の全般的蜂起が起こ」り（同三二三頁）、パリ・コミューンを支援したはずである。

つまり地方自治なき中央集権は、都市と農村、中央と地方、労働者と農民の分断支配と対立助長の機構に他ならず、それを打破するためには、「地方でもまた、生産者の自治」を確立すること、そのため「最も小さな田舎の集落にいたるまでコミューンがその政治形態」となり、「各地区のもろもろの農村コミューンは、［その地区の］中心都市におかれる代表者会議を通じてその共同事務を処理」し、「これらの地区会議がついでパリの全国代表機関に代表を送る」という「全国的組織のおおまかな見取図」が描かれた（同三二六頁）。こうして「コミューン制度は、農村の生産者をその地区の中心都市の知的な指導のもとにおき、都市の労働者というかたちで、彼らの利益の本来の受託者を彼らに確保してやったのである」（同三一八頁）⒂。

パリ・コミューンは、マルクス・エンゲルスの地方自治論に大きな転換をもたらしたといえる。すなわち「一八五〇年三月の中央委員会の同盟員への呼びかけ」では、「一七九三年のフランスでもそうであったように、今日のドイツでも、もっとも厳格な中央集権化を実現することが真の革命党の任務である」としたが、一八八五年版の当該箇所にエンゲルスは次のような注をつける。すなわち「これが書かれた当時は、フランスの中央集権的な行政機構は大革命によって導入されたもの」と誤解されていたが、「いまでは次のことが事実となっている。すなわちブリュメール一八日にいたる全革命期を通じて、県、郡、市町村の全行政機構は、行政区氏自身によって選ばれた官庁からなっていて、これが一般国法の範囲内で完全な自由をもって行動したということ、アメリカのそれに似たこの州および地方自治こそ、革命のもっとも強力なてこになったことである」（⑦三五八頁）⒃。

以上の二点、すなわち「即時の恩恵」論と地方自治論は、農民政策として「何をしてはならないか」ではなく、「何をなすべきか」を明らかにしたこと、労農同盟の構図を抽象的な階級同盟の次元にとどめず、民主的な地方自治制のもとでの都市と農村の同盟という地域次元に具体化した点で、労農同盟論の大きな前進をもたらした。

ところで、この地方自治論と前項の分割地所有論に関わる一つの論点を見過ごすことはできない。マルクスはすでに「ロシアにおける農民解放について」（一八五九年）で、「これまでロシアの共同体がもっていた民主主義的自治の権限を一切取り上げる地方行政、司法および警察の組織に対して農民はなんというだろうか？　こうした制度は、村落共同体によって全生活を支配され、個人的土地所有の観念をもたないで、共同体を自分の生活している土地の所有者と考えているロシアの農民に、まったく性に合わない」（⑫六四頁）と、ロシアの共同体の「民主主義的自治」を高く評価していた。にもかかわらずロシア共同体は、「ヴェ・イ・ザスーリチの手紙への回答の下書き」（一八八一年）によれば、「中央「集権」的な専制政治を出現させる」土台、「東洋的専制政治の自然発生的基礎」でもある。それに対して手紙下書きは、ロシア農耕共同体の「局地的小宇宙性」の打破のためには、「政府の組織である郷のかわりに、もろもろの共同体そのものによって選ばれ、かつそれらの共同体の利益を守る経済・行政機関として役だつ農民会議を設置するだけでよいであろう」⒆三九二頁）としている。

ここにも、パリ・コミューン時代の地方自治論が踏まえられているといえよう。しかしこの「ザスーリチへの手紙」の地方自治論には、もう一つの使命が託されているように思われる。すなわち前項でみたように、マルクスは分割地所有を「個人的独立の発展のための基礎」「農業そのものの発展にとっての一つの必然的な通過点」と歴史的に位置づけていた。だが「ザスーリチへの手紙」では、周知のように「自己労働にもとづく私的所有……は、やがて資本主義的私的所有によってとって代わられるだろう」という「歴史的宿命性」あるいは「資本主義制度の創生に関する私の分析」は、「西ヨーロッパ諸国に明示的に限定」されているとして、ロシア「農村共同体が、しだいにその原始的性格から離脱して、全国的な規模での集団的生産の要素として、直接に発展しうる」可能性をもつことを指摘した⒆三八七頁）。

だがその場合に「個人的独立の発展」等の歴史的課題がどうなるのかが、人間主体の陶冶と関わって重要な問題になる。これがここでの論点である。この問題について、先の引用は、「政府の郷」に代わる「共同体」の地方自治、それを通じる陶冶によって、分割地所有を通じる近代的主体形成が代位されるかの印象を与える。

このような解釈が許されるならば、しかしそれは果たして可能だろうかという疑問がでてくる。「ザスーリチへの手紙」は、「全中世をつうじて自由と人民生活の唯一のかまど」だったゲルマン共同体と同じ第二次的歴史構成に属するロシア「『農耕共同体』に固有なこの二重性がこの共同体に強敵な生命をあたえうる」とした。すなわち「共同所有とそれから生じるすべての社会的諸関係とが『農耕共同体』の基盤を強固にする」とともに、「私的な家屋、耕地の分割耕作、およびその果実の私的領有が、より原始的な諸共同社会の諸条件とは両立しない個人性の発展を可能にするからである」。そして「『農耕共同体』に含まれている私的所有の要素が集団的要素に打ち勝つか、それとも後者が前者に打ち勝つか」が問題であり(17)、その帰趨は「歴史的環境」に依存することになるとしている(⑲三九〇〜一頁)。

だがそこでも、「個人性の発展」をもたらすのは「私的所有の要素」なのであり、「ザスーリチへの手紙」は、農耕共同体のもつ「集団的要素」を重視するあまり、前述の分割地所有がもつ「個人的独立の発展のための基礎」としての機能を過小評価したきらいがある。分割地所有の成立という「西ヨーロッパ」型のコースをたどらなかった諸国における「個人的独立の発展」、あるいはそのうえにたつ民主主義の実現はいかにして可能なのか、地方自治等はそれをどこまで代位しうるのかは、国権的社会主義の崩壊とも関連して、依然として重い変革の課題であるといわねばならない(18)。

4　集団的所有移行論

『フランスにおける内乱』の「第一草稿」は、前述の「即時の恩恵」と並んで、「同時にまた、農民に彼らの現在の経済的諸条件の改造を保障し、一方では地主による収奪から農民を救い、他方では所有者の名目のもとで彼らがこうむっている圧迫、苦役、窮乏から農民を救うことのできる唯一の政府形態である。それは、農民の名目的な土地所有を彼ら自身の労働の果実の真の所有に転化することができ、真の独立生産者としての農民の地位を破壊することなしに、近代農学の恩恵——社会的必要によって要請されたものでありながら、現在では、敵対的な力として日々に農民を侵害しているところの——に農民をあずからせることのできる唯一の政府形態である。コミューン共和国から即時の利益を受けるので、農民はまもなくこの共和国を信頼するようになるだろう」とした(⑰五二一頁)。

しかし完成稿では、「即時の恩恵」にはふれたが、右の第一草稿の引用文に相当する箇所、すなわち「もっと複雑な、だが切実な諸問題、すなわち農民の分割地のうえに悪魔のようにのしかかっている抵当債務、分割地のうえ日ごとに増大する農村プロレタリアートや、近代的農業の発展そのものと資本主義的農業経営の競争とによってますます急速におしすすめられている農民の土地の収奪の問題について、ここでくわしく述べることは、まったく余計なことである」（同三二一頁）と、第一草稿の域にまでふみこむことをやめた。

その理由はいろいろ想像されるが、「第一草稿」にあっても、結局は課題提起の域はでておらず、課題に対する答えがマルクスのなかにも用意されていなかったことが最大の理由ではないだろうか。

いいかえれば「農民の名目的な土地所有を彼ら自身の労働の果実の真の所有に転化すること」「真の独立生産者としての農民の地位を破壊することなしに、近代農学の恩恵に彼らをあずからせること」、この道筋の解明はなお残された課題だったのである。

前節の末尾でも指摘したように、「土地国有化について」では、フランスをはじめとする小農国の農民的所有を国有化の対象から外したが、では農民的土地所有に積極的にどう対処すべきかについては全く触れられなかった。ところで『内乱』執筆の年（一八七一年）の九月に開かれたインターナショナルのロンドン協議会では、パリ・コミューンの経験の国際化が図られ、そこでマルクスは「第八決議――農業生産者」を提出し、「工業プロレタリアートの運動への農業生産者の参加を確保する手段についての報告を次期大会のために準備」すること、「インターナショナルの原理をひろめ、農村支部を設立するために、農村地域に扇動者を派遣すること」を提起した（同三九四頁）。ここでは農業労働者ではなく、農民をも含めた「農業生産者」という項目の立て方がされていることに注目したい。

このような残された政策課題、いいかえれば「農業生産者の参加を確保する手段」の問題に切り込んだのが、「バクーニンの著『国家制と無政府』摘要」（一八七四～七五年）である。「農民が私的土地所有者として大量に存在するところ、……西ヨーロッパ大陸のすべての国家でそうであるように、農民が多かれ少なかれかなりの多数を占めているところでは、次のようなことがおこる。すなわち農民が、これまでフランスでやってきたように、あらゆる労働者革命を妨げ、挫折させるか、あるいはプロレタリアートが……政府として、農民の状態が直接に改善され、そのため農民を革命の側に獲得するような諸方策をとらなければならないか、どちらかである。しかも、その諸方策は、土地の私的所有から集団的所有への移行を萌芽状態において容易にし、その結果農民がおのずから経済的に集団所有にすすむような方策であって、たとえば相続権の廃止を布告したり農民の所有の廃止を布告したりして、農民の気を悪くするようなことをしてはならない」(⑲六四二頁)。

　ここでの「集団的所有」とは、「農民の所有の廃止」すなわち国有化ではないから、協同組合的所有ということであろう。しかるにマルクスは、「土地の国有化について」において、「土地は全国民だけが所有できるという決定を、未来はくだすだろう。協同組合に結合した農業労働者の手に土地を渡すということは、生産者のうちのただ一つの階級だけに社会を引き渡すことにほかならない」としている。これをもってマルクスは過渡的形態としての協同組合的土地所有を否定していたとする見解もあるが[19]、しかしここでマルクスがいう「未来」とは、「社会は一つの自由な『生産者』の協同組合に変わる」ようなゴールとしての共産主義社会のことであり、過渡期における過渡的形態の否定ではないととりたい。さらにまた「土地の国有化について」は、前にも述べたように土地国有化が現実の課題となっている大土地所有の国・イギリスの労働者に向けられたものであり、マルクスは、大土地所有の国では国家が没収した土地を分割することには一貫して反対していた。

　かくして、農民のもつ一定の革命性を見失わず、それへのプロレタリアートの働きかけを具体的に組織化すること、その際にプロレタリアートの政府が、「現在の経済的条件」のもとでの「即時の恩恵」を農民に与えるとともに、農民の独立生産者、土地所有者の地位を破壊せずに、生産力発展をとげられるような土地所有の自発的集団化の展望を示し、それを促進する諸方策をとること、そのことにより農民を革命の側に獲得すること、ここにマルクスの農民獲得政策、労農同盟論のその最終的到達点をみることができる。

それから二〇年後、エンゲルスはその最晩年に、一九世紀末農業恐慌に苦しむ農民層とそれを傍観するカウツキー等の農業政策ニヒリズムを前に、「力ずくではなく実例とそのための社会的援助の提供によって」、「小農の私的経営と私的所有を協同組合的なものに移行させること」を実現する方向を提示したが（「フランスとドイツの農民問題」一八九四年）、世上有名なこの論文も、理論的にはマルクスの忠実な祖述にとどまる。かくして一八七〇年代なかば、マルクス・エンゲルスの農民政策は、その一応の確立をみたといえる。

おわりに

「一応の」としたのは、第一に、この方向に即してもなお、「萌芽状態において容易にし」「おのずから経済的に集団的所有にすすむような方策」の具体的提示という課題が残るからである。第二に、このような「プロレタリアートの政府」の成立を前提とした、革命政府が採用する諸政策の提示ということに対して、現実の農民層がどれほど魅力を感じ、プロレタリアートの側に移行するかという点で疑問が残るからである。

マルクスは「摘要」の先の引用に続けて、プロレタリアートが「なんらかの勝利のチャンスをもつためには、彼らは少なくとも、フランスのブルジョワジーが彼らの革命にあたって当時のフランスの農民のためにしてやったのと同じ程度のことを、必要な変更を加えて直接に農民のためにしてやることができなければならない」としている。「フランスのブルジョワジーが彼らの革命にあたって当時のフランスの農民のためにしてやった」最大のものは、他ならぬ分割地所有の創出だった。では「同じ程度のことを、必要な変更を加えて直接に農民のためにしてやること」とは、分割地所有の自発的集団化の援助のことなのか。それとも資本主義下のその他の諸改良をさすのか。

マルクスは『ゴータ綱領批判』(一八七五年)で、協同組合について、それが「政府からもブルジョワジーからも保護を受けずに労働者が自主的につくりだしたものであるとき、はじめて価値をもっている」⑲二七頁)としている。これはいうまでもなく資本主義支配のもとでの協同組合化についての話である。プロレタリアートが政権を握る以前に諸改良策を提起することは、当時の階級対立の状況、そこでの国家権力の性格からして不可能なことであり、にもかかわらず提起することは、できもしないことを約束するか、改良主義に堕するものでしかないと、エンゲルスは『フランスとドイツの農民問題』で厳しく批判した⒇。

二〇世紀の理論は、支配体制の側からの農業保護政策の提起のなかで、それに対抗する改良策を大胆に提起してきた㉑。それは時代状況、階級対抗の変化であり、それに即した理論の発展である。しかしそのことだけではまた、マルクスがし残した課題を解決することにはならない。

それに応えるはずの二〇世紀の社会主義の実践は、現実には国権的社会主義の建設として、マルクスやエンゲルスの自発的集団化という理論の核心をものの見事に裏切り、それとは正反対の非自発的強制的集団化を強行した。そしてその背後には、所有論の理解における「共同体」的視角の欠如、いいかえれば農民の経営の成熟度や生産力の発展段階を無視した生産関係なかんずく法的所有関係重視論があったといえる。

課題は依然として残されている。

注

(1)筆者はマルクス没後百年を記念する企画の一環として、マルクス・エンゲルスの展開を詳細にトレースした(「マルクス・エンゲルスの土地所有・農民論」『経済』一九八四年一・二月号)。逐一の文献参照と周辺論点についてはこちらに譲るので、参照されたい。

(2)「エンゲルスと『労農同盟』」(『経済学雑誌』八二巻六号、一九八二)に始まる星野中氏の『経済学雑誌』上の一連の論文は、このような「通説」批判であるが、筆者は多くの点で見解を異にする。

(3)磯辺俊彦『日本農業の土地問題』(東京大学出版会、一九八五)は、この『要綱』の本源的土地所有論に依拠して、大塚久雄『共同体の基礎理論』を批判しつつ、自作農的土地所有と共同体との関わりを解明し、「それがいかなる歴史的定在であるにせよ、労働する主体とその客体的条件の本源的結合は、必然的に一定の共同体を前提とし、基礎としている」(四五六頁)として、日本農業における「集団的自作農制」論を主張する。しかしここでは「土地所有の本源的形態」の「本源的」と、労働と所有の「本源的統一の「本源的」とを、重ね合わせて理解しているように思われる。マルクスは「土地所有の本源的形態」として共同体を背景とする「労働と所有の本源的統一」を指摘しており、共同体は「本源的形態」の不可欠の契機であるが、「労働と所有の本源的統一」がすべて共同体を前提しているとはいっていない。それは本文にもみるように「本源的統一」の例として「自由な小土地所有」と「共同体的土地所有」を並記している点にも明白である。日本の農地所有と「むら」との関係は、もっと別のところから、日本の現実に即して説かれるべきである。

(4)このような差額地代論の含蓄とその現実的応用としては、磯辺、前掲書の第四章第七節および第五章を参照。

(5)もしそうだとすれば『資本論』における土地所有の扱いは中途半端である。いわゆるプラン問題については、当初のプランにおいて「資本一般」には含まれていなかった諸問題、競争、信用、土地所有、賃労働等は現行『資本論』に編入された「基本規定」と『資本論』の範囲外の「特殊研究」とに「両極分解」したとする佐藤説が有力であるが(佐藤金三郎「『資本論』研究序説」岩波書店、一九九二、第三早、原論文は一九五四)、一口に「両極分解」といっても、どこに「基本規定」と「特殊研究」の論理的な境界線が引かれるかが問題であり、『資本論』は、こと土地所有については「基本規定」のごく一部を取り込んだにすぎないといえる。

(6)このような供給制限を、日高晋は、一部の地主が土地を貸さないことと解し、そのような事態が成り立ちにくいことを論じたが、それに対し土井日出夫「絶対地代と価値法則」(『山形大学紀要(社会科学)』一九巻二号、一九八九)は、「一部の地主」ではなく、地主が「一部の所有地」を貸さないことから絶対地代の成立を論じた。しかしこれは地主階級総体としてみるか、個別地主単位にみるかの相違に過ぎず、後者は客観的には、独占企業の操業度操作による独占価格形成のアナロジーといえる。所与の地代相場のもとでは地主は貸付面積の増大を通じてのみ地代総額の増加を追求でき、そこでもし地代釣り上げを図るとすれば、何らかの「独占」(地主間自由競争の制限)が必要である。

(7)もちろん『資本論』の成立は穀物法廃止後であり、また『資本論』において外国貿易が捨象されていることはいうまでもない。にもかかわらず土地所有者の「階級独占」は具体的にいかなる形で貫徹されるかについて、マルクスの念頭にはたとえば穀物法があったというのが、ここでの主張である。『資本論』を一国資本主義(国民経済)分析として、その具体的表象(イメージ)との関連で読み込んでみることも大事だと筆者は考える。

(8)マルクス「合理的農業」論への着目として磯辺、前掲書、一八四～五頁。マルクスとリービヒの関係については、椎名重明『農学の思想――マルクスとリービヒ』東京大学出版会、一九七六。

(9)福島正実・田口幸一『社会主義と共同占有』創樹社、一九八四。

(10)西野勉『経済学と所有』世界書院、一九八九、二二六頁。

(11)マルクスは「『オテーチェストブェンヌィエ・ザピスキ(祖国雑記)』編集部への手紙」(草稿、一八七七)のなかで「この生産(資本主義的生産――引用者)は、同時に社会的労働の生産諸力とすべての個人的労働者の全面的発展とに最大の飛躍をもたらすことによって、新たな経済秩序の諸要素をみずからつくりだした」とし、次に本文のこの箇所を引用したうえで、「ここで私は、これらについての証明をあたえることはしません。私のこの主張そのものが、それにさきだって資本主義的生についての諸事のなかにあたえられている長い叙述の要約にほかならない、という十分な理由があるわけですから」としている⒆一一六頁)。このようなマルクスの理論的指摘を踏まえれば、一連の無駄な論争は避けられた。なお当該論争との関連でこの箇所に注目したのは佐藤金三郎である(前掲著、三五四～六頁)。

(12)このような理解からすれば、日本において「コミュニズム」が字義通りにではなく「共産主義」と意訳され、いわば手段（生産手段の共有）が目的（コミュニズムの実現）と混同されてしまったことは大いに問題を残した。この点については、平田清明『市民社会と社会主義』岩波書店、一九六九、一九九頁を参照。この論争については、星野中「第一インターナショナルと農民問題（1）（2）」『経済学雑誌』八三巻一・二号、一九八二年を参照。

(14)一九六七年度の土地制度史学会大会において、山田盛太郎等は日本において土地国有化を提起するにいたった。折からの第二次高度成長を経て日本資本主義が輸出経済大国化し世界大に問題を拡げる危険性に対して、土地国有化→大規模農業→農工の国内循環の確立による問題回避を意図したものであるが、それは第一にマルクスのこのような位置づけを無視するものであり、第二に大規模農業＝高生産力という労働生産性偏重的な機械的な生産力理解にたつものであり、第三に大規模化→農業所得増→内需拡大といった農業基本法的な幻想にたつものであり、総じてマルクス理論の現実適用の戯画といってよいが、日本におけるマルクス理解の一つのあり方に深く根ざすものである。

(15)前注の大会報告において南克巳は全問題の核心は農民の完全な自決権であるとした。農民自治の強調は高く評価されるが内容的には「全問題の核心――農民の完全な自決権・国家権力との必然的な結びつきの開示」とされており、土地国有化と結びついた農民の国家権力参加問題とされマルクスが展望した地方自治的な観点とは大きく異なる。

(16)フランスの国家と地方自治の関係については遠藤輝明「フランス・レジョナリスムの歴史的位相」同編『地域と国家』日本経済評論社、一九九一を参照。

(17)前述の磯辺の大塚批判・集団的自作農制論はこのマルクスの「固有の二重性」論に基礎をおいている（磯辺前掲書、第九章第二・第三節）。そのことは現代日本の「むら」をゲルマン共同体・農耕共同体に通底するものと捉える理解につながると思われるが果たしてそう理解してよいだろうか。

(18)佐藤金三郎はザスーリチとペテルブルグ派との当該問題に関する対立について文献考証を踏まえつつ「自分は、マルクスの真意は、ペテルブルグ派の方にあったと考える」と述べたそうである（佐藤、前掲著における伊東光晴の序文）。筆者もまた、以上のような疑問から、「ザスーリチへの手紙」におけるマルクスの真意の把握は慎重であるべきだと考える。

(19)星野中「マルクスエンゲルスと農民（2）」『経済学雑誌』八四巻三号、一九八三、三七頁。

(20)エンゲルスは主としてフランス共産党を批判の対象としたがバイエルン社会民主党の「改良主義」の主張については、金子邦子「一九世紀末ドイツにおける農業協同組合の理念」椎名重明『団体主義』東京大学出版会、一九八五、所収を参照。

(21)暉峻衆三「労農同盟と現代」『科学と思想』二一～二三号、一九七六～七七年はこのような展開をトレースした先駆的な試みである。

「マルクスの土地所有論と農民政策」磯辺俊彦編著『危機における家族農業経営』日本経済評論社、一九九三年

自註

序章　科学研究費補助金に基づく集落営農等の共同研究の報告書（『基盤研究（B）地域農業再編の担い手としての農業生産法人の役割に関する実証研究』二〇〇七）に研究代表者として書いたものだが、今回、全面的に書き改め量も倍にした。共同研究のとりまとめというより、自らの今後の研究への準備ノートである。その意味で研究の続く限り「序章」であり、「序論」かも知れない。

第1章　本稿は一九七九年度の日本農業経済学会の大会討論会の報告を原稿にしたものである。司会は崎浦誠治氏、報告は荏開津典生、吉田忠氏と私。コメントは中安定子氏。本論文はその後、中安先生の編集による農文協の『昭和後期農業問題論集　第五巻　農村人口論・労働力論』（一九八三）に収録された。

「地域労働市場と兼業農家」は農業経済研究における私の最初のテーマであり、主な論文に次のものがある。

①「地域労働市場の展開と農家労働力の就業構造」田代洋一・宇野忠義・宇佐美繁『農民層分解の構造――戦後現段階』御茶の水書房、一九七五。

②「みかん農家の就業構造と兼業問題」磯辺俊彦編『みかん危機の経済分析』現代書館、一九七五。

③「農家労働力流動化の現段階的性格」田代隆・花田仁伍編『現代日本資本主義における農業問題』御茶の水書房、一九七六。

④「兼業深化と農業統計の現代的課題」磯辺俊彦編『日本の農家』農林統計協会、一九七九。

⑤「兼業深化と農家の就業構造」『西蒲原土地改良史』下巻、西蒲原土地改良区、一九八一。
⑥「日本の兼業農家問題」松浦利明・是永東彦編『先進国農業の兼業問題』富民協会、一九八四。
⑦「農家労働力」中安定子・荏開津典生編『農業経済研究の動向と展望』富民協会、一九九六。
このうち②⑤は水稲単作地帯、③は果樹作地帯における実証研究であり、②④⑤は磯辺俊彦氏の指導によるものである。

私にとって⑥あたりでこのテーマは終った。序章で述べたように一九七九年に時間当たり農業所得が農村日雇い賃金を下回る事態が統計的に確認されるようになり、本章で確認したようなシェーマが当てはまらなくなったことを知ったからである。⑥は私の一応の研究総括であり、当初はこれを収録するつもりだったが、いたずらに冗長なので差し替えた。
⑦は一九九四年までの研究レビューである。研究レビューという点で、後に私の研究の歴史的限界を鋭く指摘されたのは序章でも注記した山崎亮一氏である。代表として山崎亮一『周辺開発途上諸国の共生農業システム』（農林統計協会、二〇〇七）、および「地域労働市場論と一九八〇年代における日本経済の転換」（『農業問題研究』六一号、二〇〇七）をあげておく。これらは新しい段階の労働市場構造論の必要性を示唆している。
私どもがやったことについては、梶井功氏のコメントがある。「資本主義の各段階が、農村なり、農業なりに具体的にどういう影響を及ぼしているか一番具体的につかめるのは賃金だ。そのこととの関連で農村人口なり、農業人口なりを整理していけば、資本主義の規定性というものを、賃金という場でおさえることができる。そういう賃金の具体的なあり方をつかめないでいて、資本主義云々といってもはじまらない。そういう点でいうと、田代君なんかの仕事が意味をもったのは、そういう整理をやったからで、農村での賃金の具体的な類型差みたいなものを整理して、それとの関連で、農家の階層的動きに注目するというふうなね」（『日本農業の構造と展望――講座設立十五周年・梶井

教授還暦記念によせて』東京農工大学農学部農業生産組織学講座、一九八六)。講座の集まりという気安さからのご発言を引用するのは気が引けるが、その「資本主義の各段階」がまさに日本においても「兼業農業の時代からグローバル化の時代へ」へ旋回したことを確認したい。

第2章　労働市場論と並ぶ初期のもう一つのテーマが畜産的土地利用である。総研九州支所時代、調査の機会の乏しい私に九州経済調査協会の藤山和夫・長谷川亘氏が阿蘇・久住・飯田の牧野調査を回してくれた。若造一人に受託調査一本を回すのはリスキーな話であり、私も期待に応えるべく原野を駆け回った。一九七五年に大学に移ってからは、農政調査委員会の畜産的土地利用の調査に入れていただき継続することができた。主査は梶井功氏、事務局は故井上喜一郎・須川和比古氏であり、井上氏は『農業問題とのふれあい』(一九九三、私家本)で、この畜産研究会の経緯と意義、我々の調査方法の特徴等について懇切にふれておられる。須川氏には肉牛調査の手ほどきを受けた。一頭ごとに種付・分娩・出荷・価格を調べる詳細なものだが、農家の回答はよどみなかった。

本章は、それらの調査の自分なりの総括であり、関連する拙稿はほとんど注に入れた。

本章の地域は「兼業農業の時代」の裏面、地域労働市場の展開が困難で低賃金が支配する地帯での営農展開である。調査地は再訪することを心がけているが、できたのは波野村と小林市だけだった。このうち小林市・高津佐の二〇〇六年末の再訪結果を簡単に記す。

南九州の畑作畜産に日本型有畜農業成立のロマンを追ったものだが、三十年後はどうだったか(元の調査は一九七八年晩秋)。結論からいえば挫折だった。当時の畑作(ゴボウ)等と畜産のバランスは、畑作が価格低迷により衰退し、和牛は牛肉自由化やBSEの衝撃を受けながらも現在は高価格時代を迎え、有畜農家戸数は高齢化等で激減したが一戸当たりの規模拡大が進んでいる。市全体で当時の二一〇〇戸が一〇〇〇戸弱に半減したが、母牛頭数は六五〇〇頭から八四〇〇頭に増頭している。市の畜産行政の最大の関心は今や環境対策である。これは和牛よりも養豚・酪農等の糞尿処理問題であり、二一世紀に入り規制が厳しくなるなかで市は二〇〇三年にそれまでの有機完熟堆肥需給組合による糞尿処理施設を更新し新たに発酵処理施設を建設し、〇五年には発生するメタンガスによる発電で一部電力を自給するバイオマス活用事業も導入している。生産した堆肥を売りさばくことが目下の課題である。そのほか、市は主として酪農用に七一年に開設した市営牧場が、肉用牛の育成や不妊牛のリハビリに有効なことからその更新に取り組んでいる。七六年には市の畜産振興連合会を組織し、その下部組織の一つに和牛ヘルパー組合がおかれ、高齢者支援やセリへの牛の引き出し・運搬等に七八名（実働三五名）の組合員が活動している。

当時、われわれは高津佐と中谷の木の二集落の全戸調査を行った。今回、当時の古い調査票をもってそのうちの数戸を追跡調査した。高津佐についてみると、当時は二九戸の農家で和牛飼養農家は二三戸、一戸平均七・六頭だった。

今回はまず世帯主名の交替が一五戸、うち五戸は女性名義になった。女性から男性に代わったのも一戸ある。離農農家は四戸、貸付農家は五戸、和牛農家は一三戸で四割減った。

平均頭数は九・五頭で若干の増頭であるが、十頭以上に拡大した農家と四、五頭飼いに留まる農家、ひいては無畜化した農家への分化である。無畜化した農家はいうまでもなく離農・貸付農家である。肝心のゴボウ、サツマイモ等の園芸農家は四戸あるが、全て無畜化している。有畜農家は後述するように水田や畑をほとんど飼料畑化している。要するに有畜複合経営から畜産と畑作への完全分化である。その間を市の堆肥施設が繋ぐことになる。

数戸の追跡調査農家のうち、一戸だけ紹介しよう。この地域は戦前、陸軍軍馬補充部の産地であり、戦後も国県の試験場がおかれるなど畜産のメッカであるが、とくに高津佐集落はそのまとまりのよさと、五人ほどの熱心な先駆者が集落をリードするまとまりのよい集落だった。牛舎に藁くず一つ落ちていないといわれたものだ。

さて古い調査票は三〇年の隔たりを一挙に埋める効果をもったが、K家は当時、世帯主五四歳、後継者二九歳の二世代専業経営で和牛は十頭飼いで集落トップ・タイ。子牛一頭価格は集落平均がちょうど三〇万円に対し三九万円で、いい方だった。水田六〇アール、畑一九〇アールで、うち借地が四〇アール。ゴボウ三〇アール、カブ一〇アール、イタリアン二〇〇アール（うち水田三〇アール）、トウモロコシ一五〇アール（同一五アール）だった。

経営の展開としては畑を買って拡大し、母牛を二〇頭に倍増、ゴボウも四〇アールに拡大したいとしていた。子牛価格は現状で結構ということだった。

それから二八年。世帯主は一九八七年に六三歳で死亡し、Kさん（今回調査時五七歳）が跡を継いだ。先に現在の経営をみると、経営面積は畑の借地が拡大して全部で四〇〇アール、母牛は成牛二三頭、繁殖用子牛四頭で目標は達成。子牛価格は平均五五万円で上位の方である。繁殖経営が採算をとりつつ肥育経営とバランスをとるにはもう十万円安くてよいという判断である。

畑作はゴボウを七年前にやめた。手間がかかるのに全くカネにならないという理由である。後述するKさんの発病時期とも重なる。現在は水田・畑ともに全てトウモロコシ・ローズグラスとイタリアンである。トウモロコシはサイレージ、その他は乾草だが、サイレージは労力と施設が無駄ということで十年前にサイロ利用を畑でのビニール掛けに改めた。

さてKさんは一九九九年、五〇歳の時に、母牛一七～八頭まで拡大したところで難病指定されている重い病いにかかった。入院はせず、今も大学病院まで薬をとりにいく自宅療養で、だいぶ元気にはなったようだが、完治はしていない。Kさんは学校を出てからずっと農業従事し、父が役職で忙しいので、東方村のゴボウ部会が導入した機械のオペレーターも務めてきた。トウモロコシの刈り取り、サイロ詰め、イタリアンの梱包、田植えなど年の半分はオペレーターの仕事だった。その過重労働が発病の引き金をひいたかも知れない。

翌年に息子さん（調査時三四歳）が農協を辞めて就農し、集落外の友人に学びながら、牛も自家の牛は高いので売り、安くて将来性のある牛を購入して五〜六頭増やしてきた。「良い牛を高く買うことは誰でも出来る」という。Kさんが機械を揃えていたので、息子さんも飼料作作業の受託をしている。

将来的には母牛四〇頭くらいにしたいという。また毎年、年取った牛を四頭ぐらい手放して若い牛に切り換えていきたい。牛舎は昨年に四〇〜五〇頭規模のものを新築し、パドック二〇アールも併設し、畑の面積は足りているが、堆肥は不足気味なので購入している。最初の調査時とは違うのは母牛にも繁殖用飼料を与えるようになった点だ。

中谷の木の農家も調査したが、集落は昔から畜産単作的で規模拡大意欲が高かった。今回トップはTさん（四三歳）で、成牛四〇頭である。七四年に肥育から繁殖に切り換えた農家で、当時は経営耕地一五〇アール、成牛一五でトップだった。野菜作はしていなかった。頭数は九七〜二〇〇〇年にピークの五〇頭まで増やしたが、父の高齢化（七一歳）、口蹄疫・BSE問題、そして牛舎の手狭化等で現在規模にもどしている。妻は結婚時から小学校の先生をしており、労力的にも厳しく、一部作業は委託している。経営耕地は当時と変わらず、飼料購入は相当額にのぼり、かつ粗飼料購入の方が多く、堆肥は過剰で園芸農家に売却している。子牛価格はKさんと同水準、四五万円は欲しいという点も同じである。

以上から集落農家の気質の違いはあまり変わらないこと、にもかかわらず畜産特化は同じで高津佐の中谷の木化ともいえるが、堆肥を畑に還元する自然循環の基本は維持されているといえる。

ただ私の好みが変わった。かつては実態の抽象化・一般化に急でそれを科学だと思っていたが、今では数字や「科学」よりKさんのような人の生き方そのものに興味が行く。Kさんは、自分は奇跡的に復活できたと悦び、猟犬を飼って裏山で猪を狩り、自分で居ごこちのよい土間を作り、囲炉裏のそばで仲間と語らう。

牧野の研究については今日では問題意識と視角が変わり環境問題等が前面にでるようになった。牧野利用農業が経済的に困難になった反面だろう。若手の研究としては図師直也「入会牧野の縮小・潰廃過程と再編の可能性――阿蘇地域における牧野組合を事例として」『歴史と経済』一八二号、二〇〇四、が期待される。

第3章　農水省の経済・経営系試験研究機関が挙げて取り組んだ中山間地域に関する共同研究の、農業総合研究所分担の一角に加えていただいた成果である。企画したのは宇野忠義氏、実行責任は田畑保氏。自由気ままな大学人には想像を絶するご苦労をされたようだ。この調査で各県庁や条件不利地域農村を歩いたが、とりわけ印象深いのは旧西土佐村である。調査した集落は駐車場のスペースもなく川に張り出したようなところだった。

しかし宿泊は村営の「星羅四万十」というリゾートホテル。民業の民宿を圧迫しないためというが、そのアンバランスには考えさせられた。

調査時は中山間地域直接支払い政策の検討段階にあり、本稿は政策のあり方についての模索でもあったが、その後の政策展開は著作目録の『食料主権』『日本に農業は生き残れるか』『農政「改革」の構図』『戦後農政の総決算の構図』等の時論集でその都度トレースした。いま、神奈川県の同政策評価委員会の座長として政策の意義と困難をつぶさにみる立場になった。

なお第I部は基本的に前述の「兼業農業の時代」の時期のものに絞りたかったが、同じ農業・農村ということで、かつ高度成長期における兼業化と就職転出の果てが今日の過疎であるという関係で、九〇年代末執筆の本稿も入れることにした。

第4章　磯辺俊彦氏を中心として全国農業地域別の地域農業論を集成した『講座　日本の社会と農業』シリーズ（日本経済評論社）の「総括編」におけるシンポジウム報告の文章化である。ちなみに第一報告は保志恂氏が産業構造の視点から、第二報告は田中洋介氏が農法論の視点から、第三報告は私が担い手の視点から、そして第四報告は磯辺氏が生産＝生活の視点から行っている。また各巻の編者も報告している。各巻にも言及しているが、それぞれの巻には直接に当たっていただきたい。

私の報告については一部の参加者から執拗な批判があったが、既に亡くなったりリタイアした方々なので論点を繰り返すのはやめる。シリーズ全体には地域農業振興という時代の要請のなかで地域からの視角が強烈にあったが、同じく時代の制約でグローバルな視角は乏しかった。私としても本章は前述の「兼業農業の時代」における小括であり、第Ⅱ部のグローバル化時代との結節点にたつものであった。

本報告については祖父江昭二先生（和光大学名誉教授・劇団民藝顧問）からお言葉をいただいた。「その後、若い友人、農業経済学専攻の田代洋一君が送ってくれた編著『変革の日本農業論』に収められた田代報告「農民の自治と連帯」を読むと、早くから「地域」という対象と視点の重視を予言者風に説いておられた上原先生の新しい独自な「課題化的認識の方法」の提起が、「地域農業の再構成」という死活的で実践的な国民課題に立ち向かっている「農業者」の間で真剣に受け止められていることがしろうとなりにわかり、心ある人間同士が呼び求める声はどこかでひびき合うものだと感じた」（祖父江昭二『近代日本文学への射程……その視角と基盤と』未来社、一九九八、初出は一九八六）。

「若い友人」といっても、先生は私の高校時代の国語の先生であり、上原先生の存在を教えてくださったのも祖父江先生である。このシンポジウムでも「課題化的認識の方法」にはいろいろ批判があった。とくに田中洋介氏の土壌を無視して作物がなりたつわけではないという主観性への批判はその通りである。その点については、フランス革命の時に火薬の原料がないという人に「それはここにある」と地面をさしたという魯迅の話が唐突に思い起こされる。

いま、私が農業から地域・生活に研究のフィールドをシフトさせるに当たって唯一の指針となるのはやはり「課題化的認識」である。地域再生は地域に「あるもの」を見つめることからしか始まらない。

第5章　調査のきっかけは、国家買収した国有農地が大都市圏内に残っていて、その有効活用の方途を検討する研究の一環としての海外調査だった。耕作放棄＝土地余りがめだつようになるなかで、国内でも「農地の多面的機能」「多面的活用」の検討がなされ、ガット・ウルグアイ・ラウンドが終結に向かうなかで「農業の多面的機能」が強調されるようになった。

かくして都市、国公有地、多面的機能の三題噺を海外でどう辻褄を合わせるかにさんざん苦労し、小山義彦氏や石光研二氏のアドバイスをいただきながら、全国農地保有合理化協会の小野甲二氏と二人で通訳だよりの調査を行った。ミュンヘンでは後に横浜国大の同僚となった高橋寿一氏の参加も得た。

ミュンヘンでは市の都市計画課、バイエルン州内務省建設局、公有地取得を行っているバイエルン植民有限会社からもヒアリングを行ったが、現在では住宅建設のための公有地取得等が中心なので本章では割愛した。このうちの幾つかは飛び込みのヒアリングだったが、形式好きのドイツ人と思っていたのに快く対応してくれたのには驚いた。

イギリスのシティ・ファームは大島順子『フランスの教育ファーム』（日本教育新聞社、一九九九）に若干の紹介があり、日本のやや似た実践としては中央畜産会『畜産教育ファームの推進方向』（二〇〇四）があるが、日本の場合は畜産経営の「多面的機能」の追求であり、趣旨は同じだが性格は異なるといえる。

第6章　日生協の九〇年代構想のビジョン委員会の調査として一九八九年四月下旬から五月上旬にかけて二〇日弱かけて行った調査のレポートである。調査は斉藤嘉璋団長、兼子厚之・大津壮一事務局のもと、岩田正美（当時は都立大、現日本女子大）、鈴木敏正（北大）、成瀬龍夫（滋賀大）、田中秀樹（生協総研、現広島大）の諸氏が参加した。

調査はイギリス、スウェーデン、イタリアについて生協に関係する生協連、単協、業界団体、行政、政党、研究機関等をほぼ網羅的にインタビューする大がかりなもので、生まれて初めての海外調査なのにこのような機会をもてたのは幸せだった。私はもとより協同組合論、生協論の研究者ではなく、いわば飛び込みの調査研究だったが、その後の協同組合研究の原点を築くことができた。報告書は人目に触れるような形はとられなかったが、参加者各自のその後の研究にも刺激を与えたのではないかと思っている。

これを口切りとして、コープかながわ等の員外理事としての視察、同生協等が設立した協同組合総合研究所（ＣＲＩ）の調査としてヨーロッパの生協を繰り返し訪ねることになった。この間の変貌には著しいものがある。その点では本稿は反古に等しいが、逆にいえばヨーロッパ生協が今日の形をとる直前の姿をかいま見たことになり、とくにスウェーデンやイギリスの場合、そこでの初心と今日の姿の乖離を知ることができる。

最近の姿を活写したものとしては生協総研・栗本昭監修『ヨーロッパの生協と構造改革』（コープ出版、二〇〇三）がある。

第７章　前述のようにその後の私の生協研究はＣＲＩにおける日本の事業連合、そしてヨーロッパ小売業の一環としての生協に向かった。日本の協同組合研究は思想史的なものが多く、商売の話がよくわからない。そういう頭でっかちな研究に対するあきたらなさが、「ご託はどうでもいいから実態を知りたい」という研究方向に向かわせた。本章は、前章で紹介した一九八〇年代までのヨーロッパ生協が、グローバル化と大競争の時代にどう変容し、組織展開したかの報告でもある。

同時に本章は、一九九〇年代に始まった日本の生協の事業連合へのチャレンジのトレースであり、現時点での総括である。その時どきの報告は私が主査を務めたＣＲＩの報告書になっている。『生協事業連合化の時代の課題』（一九九四)、『九〇年代の生協事業連合』(二〇〇一)、『二一世紀の小売商業と生協事業』(二〇〇五)がそれだが、それぞれ『生活協同組合研究』の一九九五年四月号、二〇〇〇年四月号、二〇〇四年一二月号に要約的に述べている。CRIの最後の報告書は、CRIの閉所に伴い報告書の最終号にもなった。

Ⅱ部の他の章は一九九〇年代はじめのものだが、本章だけは二一世紀のものである。本章の外国調査は斉藤雅通(立命館大学)、川野訓志(専修大学)の流通研究専門家とともに行った。調査に際しては日本のナショナルセンターとしての日生協国際部のお世話になったが、同部は過去の調査の項目・内容についてのデータを集積し、それとの重複を厳しくチェックしており、当然といえば当然だがその調査研究態度は大いに参考になった。

さて本章についてははっきり補足しなければならない点がある。既に執筆当時からそういう動きはあったが、二〇〇七年八月、日本の二大事業連合であるコープネットとユーコープが二〇一〇年に統一法人化し、二〇一二年までに機能統合を完了する基本方針を決めた。統一事業連合は現在値で一四生協が関わり、五〇〇万組合員、七〇〇〇億円事業になる。

これにはもう一つの伏線がある。それは県を越えた単協の合併という問題である。二〇〇七年の生協法改正により主たる事業所の隣接県間で単一生協を組織することが認められた。それを踏まえてとくにコープネットのグループの一部生協間では単協合併が俎上にのぼっているようであり、それはユーコープのグループにも影響せざるをえない。その点は組織決定されたわけではないので以下では仮説的に扱うが、そもそも日本の生協陣営にとって、事業連合はそれ自体が目的なのか、それとも生協法が県域を越えての単協展開を禁止している下で、それを迂回するための便法的な措置なのか、本心が不明なところがあった。初期のユーコープは明らかに単協合併を視野においていたし、二一世紀に入ってのコープネットにもその志向が強い。

さらにユーコープ・グループ内部をみると、基本的に経営機能は全て事業連合に吸収され、単協には組合員組織と出資金が残されているだけといっても過言ではない。店舗は単協が所有し、運営も単協がしているかの形をとっているが、店長人事は事業連合が握っている。スウェーデン等で先行した「オーナーズソサエティ化」である。

そもそも事業連合化は、生協における運動・組織と事業・経営を分離しかねない原罪を抱えている。すなわち運動・組織は単協、事業・経営は事業連合という分裂である。それを回避し、一体化をとりもどすには事業連合の範囲で単協合併してしまうのがある意味で手っとり早い一つの解決法ではある。

生協がとくに店舗というスーパーマーケット・チェーンとの競合形態に傾斜すれば、そこでの国際資本も交えた熾烈な競争に打ち勝つにはスケールメリットの追求が不可欠であり、県域を越えた事業連合化は必至である。その論理の延長上には、県域を越えた単協合併、さらには新たな事業連合規模、すなわち関東一円の単一生協化さえ可能性として出てくる。

ここで問題は二つある。一つは巨大化した事業連合のマネジメントとガバナンスは人材的・機構的に可能かだが、それ自体は経営学の課題である。

もう一つは生協論の本来的課題である。すなわち、組合員組織からみれば事業面での適正規模（エリア）だけでなく、生活協同、住民自治の面からみた適正規模（エリア）があるはずである。それは現時点ではやはり県規模であると思われ、現在、それを突き崩して道州制に移行するか否かが熱い争点となっている。まず事業連合が県域を越えた統合を果たし、単協もそれに追随するとなると、生協陣営が率先して道州制の旗を振ることにもなりかねない。

今のところ、コープネットのグループとユーコープのグループでは単協合併をめぐっては温度差がありそうだが、事業連合の総代会は拘束議決制であり、単協ごとの投票となるので話は単純ではない。

この問題は現在の事業連合内部にもあり、かつそれが重大な問題を引き起こしたという事例は聞かないが、しかし可能性としては単協規模による票格差が意思決定に反映することを否定できない。そうなるとユーコープは単純に今まで通りの単協規模で行くとなると、劣勢は否めない。

主たる事業所の隣接県まで合併可なので、仮に東京に主たる事業所がおかれた場合、東京、神奈川、千葉、埼玉の単一生協化は可能だが、神奈川とともにユーコープ事業連合を構成していた静岡は単協としては切り離される。コープネット傘下の茨城・栃木・長野・群馬等にも同じことがいえる。今まで共に取り組んできたという点では問題だが、単協合併で巨大生協になることがハッピーかはわからない。

イタリアのように事業連合をそれ自体として目的とするか、それとも単協合併に代わる便法とするか、という原点からの問題が依然としてあるのである。事業連合それ自体を目的として位置づけてきた私の研究は時代や競争の論理に取り残されたようだ。グローバリゼーション時代の「ばらける」人びとの協同の再構築が求められている。

ここまで書いたところで二〇〇八年二月に入り中国製冷凍ギョーザによる中毒事件が国民を震撼させた。その主たる販売者の一つとして日生協、コープネットがあげられている。これらの団体は二〇〇一年前後の食の安全性問題の時にしきりに科学性を強調していた。しかるにテレビ会見では生協は輸入元等を信頼して安全性チェックをしていなかったと述べていた。そういうギョーザを「手作りギョーザ」として販売していたわけである。この問題は原因もさることながら、水際・国内で安全性をチェックできず、問題発生後も適切に対応できなかった国内体制に最大の問題がある。大規模生協の優位性が根底から問われる事件だといえよう。先に巨大化した事業連合のマネジメントとガバナンスは「経営学の課題」であって生協論の課題ではないかのように割り切ったが、まさにその安全性ガバナンスが問われる問題が巨大事業連合に発生したのであり、生協論としても本質に関わる問題である。先の見解は急いで修正しておきたい。

第8章　以上は全て多かれ少なかれ実態調査に基づくものであるが、本章のみは文献に基づくものである。私の研究論文の始点は「『経済学批判要綱』における資本循環論の展開」（『土地制度史学』第四五号、一九六九）だが、その系列に属するものといえる。そういう次第で他の実証研究とは分けてラストにもってきたが、本章が「協同」や「公共性」に関する本書の結論というわけではない。私にとってそれらの研究は本章の後に始まったものである。しかしこれからの社会のあり方を「協同」や「公共性」を軸に考えていく上で、私にとってマルクスの思想は汲めども尽きぬ泉であることは確かである。

なお社会主義体制、冷戦体制の崩壊後は、マルクス理論をアソシエーション論として読み直すのがはやりだが、日本語で「アソシエーション」等と書くと深遠な意味があるかのように装われるが、ヨーロッパでは普通の日常用語である。その点は留保しておきたい。

あとがき

一生を棒にふりしにあらざれどあな盛んなる紅葉と言はむ　　前川佐美雄

紅葉ならぬ桜の季節になぜかこの歌を思い出す。それなりにこの道を生き抜いてきたはずだが、この燃え盛る紅葉を前に果たしてオレは燃え尽くし得たのか、あるいは別の道もあったのでは……。これは紆余曲折・毀誉褒貶の激しかった希代の歌人の自負と惑いと後悔の歌か。花も紅葉も季節はまた巡りくるが、人の生は繰り返せない。そう開き直って本書を編んだ。

実はここ二、三年職場でやることがなくなっていた。代わりに自分の時間が増えたので、それを活して本を三冊出しておさらばしようと思った。それぞれの背表紙に三つの四角いボッチを並べ、それを順に塗っていくことで巻数の代わりにした。やれるか自信がなかったので、そのことは版元との約束のみにとどめたが、『集落営農と農業生産法人』『この国のかたちと農業』、そして本書を足かけ三年で何とかまとめることができた。最初の本のあとがきに「せめて二、三枚の花びらを掃き集めて早めに店じまいし」と書いたが、「花びら」ならぬ「朽ち葉」になってしまった。

これらも含め還暦後に大小十冊の本を筑波書房から出してもらった。ついては同書房と鶴見治彦社長、横浜国大の研究室の松崎めぐみさんをはじめ多くの方々のお世話になった。

研究室を去るに当たって改めて深く感謝したい。

二〇〇八年三月　　田代　洋一

著作目録

『原野利用農業の展開と草地改良』九州経済調査協会、一九七五年三月
『農民層分解の構造――戦後現段』宇野忠義・宇佐美繁と共著、御茶の水書房、一九七五年五月
『日本の農業102・103　農家出身のUターン労働力』弘田澄夫と共著、農政調査委員会、一九七六年二月
『農業政策の経済学』翻訳（G・ハレット著、三沢獄郎監訳）、大明堂、一九七六年三月
『日本の農業140・141　水田利用再編対策下の八郎潟農業』鈴木直建と共著、農政調査委員会、一九八二年三月
『変革の日本農業論』磯辺俊彦・保志恂・田中洋介と共編著、日本経済評論社、一九八六年二月
『日本に農業はいらないか』大月書店、一九八七年一二月
『だれのためのコメ自由化か』大月書店、一九九〇年一二月
『計画的都市農業への挑戦』編著、日本経済評論社、一九九一年七月
『農業問題入門』井野隆一と共著、大月書店、一九九二年一月
『農地政策と地域』日本経済評論社、一九九三年九月
『論点　コメと食管』編著、大月書店一九九四年六月
『食料主権――二一世紀の農政課題』日本経済評論社、一九九八年三月
『日本に農業は生き残れるか』大月書店、二〇〇一年七月
『〔新版〕農業問題入門』大月書店、二〇〇三年二月

『農政「改革」の構図』筑波書房、二〇〇三年八月
『WTOと日本農業』筑波書房ブックレット、二〇〇四年一月
『日本農業の主体形成』編著、筑波書房、二〇〇四年四月
『日本農村の主体形成』編著、筑波書房、二〇〇四年四月
『食料・農業・農村基本計画の見直しを切る』筑波書房ブックレット、二〇〇四年八月
『「戦後農政の総決算」の構図』筑波書房、二〇〇五年七月
『現代の経済政策［第三版］』萩原伸次郎・金澤史男と共編著、有斐閣、二〇〇六年四月
『集落営農と農業生産法人』筑波書房、二〇〇六年八月
『この国のかたちと農業』筑波書房、二〇〇七年一一月
『古本屋を歩きながら』二〇〇八年三月（筑波書房）

著者略歴

田代洋一（たしろ　よういち）

1943年 8 月　千葉県夷隅郡御宿町に生まれる
1966年 3 月　東京教育大学文学部社会科学科経済学専攻卒業
　　　 4 月　農林水産省入省、林野庁林政課
1967年 4 月　農業総合研究所海外部
1970年 4 月　農業総合研究所九州支所
1975年 4 月　横浜国立大学助教授、経済学部
1985年 4 月　同教授
1994年 4 月　大学院国際開発研究科兼担教授
1995年 5 月　博士（経済学）（京都大学）
1996年 4 月　経済学部長（～1998年3月）
1999年 4 月　大学院国際社会科学研究科専担教授、
　　　　　　同研究科長（～2001年3月）
2008年 3 月　横浜国立大学退職
2008年 4 月　大妻女子大学社会情報学部教授、
　　　　　　横浜国立大学名誉教授

農業・協同・公共性

2008年 4 月 1 日　第 1 版第 1 刷発行

著　者　田代洋一
発行者　鶴見治彦
発行所　筑波書房
東京都新宿区神楽坂 2 －19 銀鈴会館
〒162－0825
電話03（3267）8599
郵便振替00150－3－39715
http://www.tsukuba-shobo.co.jp

定価はカバーに表示してあります

印刷／製本　平河工業社

ISBN978-4-8119-0325-5 C0033

「戦後農政の総決算」の構図

新基本計画批判

田代 洋一 著　四六判　定価（本体２０００円＋税）

農政「改革」の構図

田代 洋一 著　四六判　定価（本体２０００円＋税）

集落営農と農業生産法人

農の協同を紡ぐ

田代洋一著　A5判　定価（本体3000円＋税）

この国のかたちと農業

田代洋一著　四六判　定価（本体2000円＋税）